构建深度智慧物联网

朱清波　高　瞻　宋庭新　编著

科学出版社

北京

内 容 简 介

本书较为全面地介绍物联网相关的基本概念、智慧体系结构,并对智能传感器、无线传感网络、嵌入式终端平台等物联网基础硬件进行比较系统的介绍。同时还对智慧物联网所依靠的理论和实现软件部分,如复杂网络、云计算平台、智慧数据爬虫、智慧数据挖掘和智慧语义搜索等进行简要介绍。另外,本书通过实用系统的设计过程,使读者比较全面地掌握物联网的应用和设计方法。

本书可作为高等院校计算机、系统工程、测控和机电等专业高年级本科生和研究生的教材,也可供相关领域的技术人员参考。

图书在版编目(CIP)数据

构建深度智慧物联网/朱清波,高瞻,宋庭新编著. —北京:科学出版社,2015.5
ISBN 978-7-03-044274-1

Ⅰ. ①构… Ⅱ. ①朱…②高…③宋… Ⅲ. ①互联网络-应用②智能技术-应用 Ⅳ. ①TP393.4②TP18

中国版本图书馆 CIP 数据核字(2015)第 097349 号

责任编辑:王 哲 纪四稳 / 责任校对:桂伟利
责任印制:徐晓晨 / 封面设计:迷底书装

科学出版社出版
北京东黄城根北街 16 号
邮政编码:100717
http://www.sciencep.com

北京凌奇印刷有限责任公司印刷
科学出版社发行 各地新华书店经销
*
2015 年 5 月第 一 版 开本:720×1 000 1/16
2019 年 1 月第四次印刷 印张:15
字数:289 000
定价:98.00元
(如有印装质量问题,我社负责调换)

作 者 简 介

朱清波（1982 年～　）男，湖北工业大学机械工程学院副教授。2009 年毕业于湖北工业大学，获工学硕士学位。曾于 2008～2009 年在新加坡管理大学信息系统学院（School of Information System，Singapore Management University）从事信息系统研究工作，目前主要从事物联网与物流相关技术研究，主持和参与政府纵向、企业横向课题 8 项，发表论文 8 篇，获得 2 项软件著作权和 1 项专利。

高瞻（1979 年～　）男，湖北交通职业技术学院讲师，软件开发高级工程师。2001 年毕业于华中师范大学，获工学硕士学位，目前主要从事信息化相关技术研究，共主持省部级课题 2 项，主持厅级课题 5 项，参与政府纵向、企业横向课题 8 项，发表论文 11 篇，出版学术专著 1 部。

宋庭新（1972 年～　）男，湖北工业大学机械工程学院教授，华中科技大学博士，清华大学博士后，美国佐治亚理工学院访问学者。兼任湖北省机械工程学会工业工程专业委员会副理事长，湖北省人工智能学会常务理事，湖北省运筹学会理事。目前主要从事物联网与物流工程、云计算与大数据、企业信息系统集成等相关技术研究，共主持国家和省部级科研项目 12 项，发表论文 38 篇，出版学术专著 1 部，教材 1 部，获得 4 项发明专利和 9 项软件著作权，获得中国电子学会科技进步奖二等奖 1 项，湖北省高等学校优秀教学成果奖二等奖 1 项。

前　言

　　物联网是新一代信息技术的重要组成部分，这里包含两层意思：其一，物联网的核心和基础仍然是互联网，它是在互联网基础上延伸和扩展的网络；其二，其用户端延伸和扩展到了任何物品与物品之间，进行信息交换和通信。物联网就是"物物相连的互联网"。物联网通过智能感知、识别技术与普适计算，广泛应用于网络的融合中，也因此被称为继计算机、互联网之后世界信息产业发展的第三次浪潮。物联网是互联网的应用拓展，与其说物联网是网络，不如说物联网是业务和应用。因此，应用创新是物联网发展的核心，以用户体验为核心的创新 2.0 是物联网发展的灵魂。

　　每当清晨，窗帘会适时自动打开，将第一缕阳光洒满你房间；当你将手掌贴在衣柜门上时，衣柜就会检测到你的体温，并综合气温为你搭配着装；家里的冰箱会对其中的食物进行监控，提示哪些食物即将过期，如果某些食物短缺，也会自动地联系超市帮助订购。这些近似科幻的生活场景正是物联网时代带给人们的便利生活。

　　物联网通过各式各样的传感器获取信息，随之而来的就是如何处理急速膨胀的数据？又如何让这些数据产生智慧？这无疑对数据挖掘技术提出了新的挑战。在这里数据挖掘只是一个代表性概念，它是一些能够实现物联网"智能化""智慧化"的分析技术和应用的统称。细分起来，包括数据挖掘和数据仓库、云计算、人工智能、专家系统、智慧搜索等技术和应用。在通常情况下，数据分析的步骤是：首先收集数据，将其存储在数据库中，再用模型对数据库进行搜索，这种高度结构化的方式通常需要耗费很多时间；其次要对收集的数据进行融合，该过程对多维数据或信息进行处理，组合出更有效、更符合用户需求的数据；最后用先进的软件算法在数据流入的同时对其进行分析，使程序在短时间内对环境变化做出智能的回应。

　　如何完成从收集融合后的数据到信息、到知识、再到智慧的转换呢？信息技术的发展成就已远远出乎人们的想象，只要给它提供一个平台，它就可以像精灵一样创造出无限的智慧。完成这一过程有很多方式，可以用机器学习的办法让机器本身具有一定的智能，也可以采用专家系统，建立一个内部含有大量的某个领域专家水平的知识与经验的数据库，使系统能够利用人类专家的知识和解决问题的方法来处理该领域的问题。从学习的方法来看有两类任务：有监督的学习和无监督的学习。前者利用已知的类别标志，对一组训练样本进行学习，发现样本特征与类别之间的关系，用于预测新样本的类别，这个过程称为分类。后者在样本类别未知的情况下，根据样本之间的相似性进行分组，这个过程称为聚类。在物联网数据挖掘中，同样存在这两种学习，由于所处理的样本数据蕴含着路径信息，称为基于路径的分类和聚类。基于路径的分类根据物品在一段时间内的移动路径，判断物品所属的类别。例如，在物流监控中，将货物的运输轨迹分为正常和异常两种,发现这两类轨迹的特征可以用来监测可疑行为。对路径的分类通常需要先将路径划分为子序列,然后利用决策树、神经网络、贝叶斯等方法进行分类。基于路径的聚类发现相似的路径群,揭示路径之间的关系以及路径与其他特征之间的关系。聚类的结果可以用来优化道路设计,减少交通阻塞,预测交通流量。路径聚类一般包括数据表示、相似度量定义、聚类、聚类描述和聚类评价几个步骤。通过以上步骤可以使得物联网具有一定的智能,能够自行地处理一些问题,使人们的生活更加便捷舒适。

物联网涉及多学科融合,若要设计一个完美的物联网项目,设计人员必须具备坚实的软硬件工程经验。本书力图从不同学科专业知识出发来理解物联网的搭建和设计过程,为此,分别对智能传感器、无线传感网络、嵌入式终端平台、复杂网络、云计算平台、智慧数据爬虫、智慧数据挖掘和智慧语义搜索进行介绍,既介绍本学科知识又讲解该学科与物联网的联系与应用,强调物联网工程实用性是本书的目的所在。

本书的研究内容得到了多个项目基金的资助。本书的问世是集体智慧的结晶,感谢赵大兴、刘幺和、宋庭新等为本书内容的写作付出的辛勤劳动,感谢湖北工业大学对本书出版的大力支持。最后,要向我温柔体贴的妻子吴祯祯在生活上、事业上对我的关心、支持和理解表示深深的谢意。

尽管全书内容是经过作者多次修改才定稿的,但由于时间仓促,难免存在一些疏漏或不足,希望广大读者批评指正。

作　者

2014 年 11 月

目　　录

前言

第1章　物联网概述 ·· 1
　1.1　引言 ··· 1
　1.2　物联网的特点 ··· 2
　1.3　物联网的全面感知 ··· 3
　1.4　物联网的智慧运算 ··· 3
　1.5　物联网的智慧分析 ··· 5

第2章　智能传感器 ·· 9
　2.1　引言 ··· 9
　2.2　传感器的基本原理 ··· 9
　　2.2.1　传感器的定义 ··· 9
　　2.2.2　传感器的结构 ·· 10
　　2.2.3　传感器的应用模式 ·· 11
　2.3　智能传感器的基本原理 ·· 14
　　2.3.1　智能传感器的定义 ·· 14
　　2.3.2　智能传感器的产生 ·· 15
　　2.3.3　智能传感器的功能 ·· 15
　　2.3.4　智能传感器的特点 ·· 16
　2.4　智能传感器的系统结构 ·· 17
　2.5　智能传感器的实现 ·· 19
　　2.5.1　集成化 ··· 20
　　2.5.2　软件化 ··· 23
　2.6　智能传感器数据校正技术 ·· 23
　　2.6.1　非线性自校正技术 ·· 23
　　2.6.2　软件抗干扰技术 ·· 24
　　2.6.3　自补偿技术 ·· 27
　　2.6.4　自检技术 ·· 33
　2.7　多传感器信息融合 ·· 34
　　2.7.1　多传感器信息类型及其融合方法 ··· 34
　　2.7.2　多传感器信息融合过程 ·· 36

2.7.3 多传感器信息融合结构 ···································· 37
2.7.4 多传感器信息融合方法 ···································· 39
2.7.5 多传感器融合实例 ··· 45
2.7.6 网络化 ·· 46
2.8 应用实例 ··· 49
第3章 复杂网络 ·· 52
3.1 引言 ··· 52
3.2 网络的概念 ·· 53
3.3 复杂网络的基本特征量 ··· 54
3.3.1 平均路径长度 ··· 54
3.3.2 簇系数 ·· 54
3.3.3 度分布 ·· 54
3.3.4 介数 ·· 55
3.4 复杂网络的基本模型 ··· 55
3.4.1 规则网络 ·· 55
3.4.2 ER 随机网络 ·· 56
3.4.3 小世界网络 ··· 58
3.4.4 无标度网络 ··· 61
3.5 物联网信息传播机制 ··· 62
3.5.1 研究模型的拓扑与建模 ···································· 63
3.5.2 信息传播模型搭建与分析 ·································· 65
3.5.3 信息传播动力学分析 ······································ 66
第4章 无线传感器网络 ·· 69
4.1 引言 ··· 69
4.2 无线传感器网络结构与特点 ······································ 71
4.2.1 网络拓扑结构 ··· 73
4.2.2 传感器节点结构 ··· 74
4.2.3 无线传感器网络协议栈 ···································· 74
4.3 无线传感器网络协议 ··· 76
4.3.1 洪泛式路由协议 ··· 76
4.3.2 以数据为中心的路由协议 ·································· 77
4.3.3 层次路由协议 ··· 79
4.3.4 基于位置信息的路由协议 ·································· 81
4.3.5 路由协议的比较 ··· 81
4.4 无线传感器网络与互联网融合 ···································· 81

4.5 应用实例 83
4.5.1 工程背景描述 83
4.5.2 项目解决的关键问题 85
4.5.3 项目的研究方法与技术路线 86

第5章 嵌入式终端平台 91
5.1 引言 91
5.2 嵌入式系统简介 91
5.2.1 嵌入式系统 91
5.2.2 嵌入式系统的分类 94
5.2.3 嵌入式系统发展趋势 95
5.3 嵌入式系统硬件 98
5.3.1 微处理器 98
5.3.2 存储器 99
5.3.3 常用总线与接口 101
5.4 嵌入式系统软件 104
5.4.1 嵌入式实时操作系统 104
5.4.2 RTOS 体系结构 105
5.4.3 RTOS 的衡量标准 106
5.4.4 RTOS 的分类方法 106
5.4.5 RTOS 的关键技术 107
5.5 主流嵌入式系统 108
5.6 VxWorks 实时操作系统 109
5.6.1 VxWorks 的体系结构 109
5.6.2 VxWorks 内核分析 110
5.7 Linux 实时操作系统 111
5.8 Windows CE 实时操作系统 112

第6章 云计算平台 117
6.1 引言 117
6.2 云计算的概念 118
6.3 云计算发展现状 120
6.4 云计算实现机制 121
6.5 网格计算与云计算 123
6.6 MongoDB 126
6.6.1 NoSQL 简介 126
6.6.2 MongoDB 简介 128

　　　　6.6.3　MongoDB 安装与配置 ··· 130

　　　　6.6.4　体系结构 ··· 134

　　　　6.6.5　数据库操作 ··· 138

　　　　6.6.6　管理端 GUI 工具 ·· 141

第 7 章　智慧数据爬虫 ··· 142

　　7.1　网络数据爬虫简介 ·· 142

　　　　7.1.1　为什么要在 Web 上爬行 ·· 143

　　　　7.1.2　爬行过程 ··· 143

　　　　7.1.3　智能爬行与聚焦爬虫 ·· 149

　　　　7.1.4　网页搜索策略 ··· 150

　　　　7.1.5　网页分析算法 ··· 150

　　7.2　构建智慧爬虫 ·· 152

　　　　7.2.1　核心算法 ··· 152

　　　　7.2.2　系统需求分析 ··· 153

　　　　7.2.3　网络爬虫体系结构 ··· 153

　　　　7.2.4　系统构造分析 ··· 154

　　　　7.2.5　爬行策略分析 ··· 155

　　　　7.2.6　URL 抽取、解析与保存 ·· 155

　　7.3　开源爬虫 ·· 157

　　　　7.3.1　Lucene ·· 157

　　　　7.3.2　Nutch ·· 159

第 8 章　智慧数据挖掘 ··· 162

　　8.1　数据挖掘 ·· 162

　　　　8.1.1　概论 ··· 162

　　　　8.1.2　数据挖掘研究的内容与本质 ··· 163

　　8.2　数据挖掘流程 ·· 165

　　8.3　数据挖掘的典型方法 ··· 167

　　　　8.3.1　神经网络 ··· 169

　　　　8.3.2　遗传算法 ··· 170

　　　　8.3.3　决策树方法 ··· 171

　　　　8.3.4　粗集方法 ··· 172

　　　　8.3.5　覆盖正例排斥反例方法 ·· 173

　　　　8.3.6　统计分析方法 ··· 173

　　　　8.3.7　模糊集方法 ··· 173

　　8.4　数据挖掘软件 ·· 173

　　　8.4.1　IBM Intelligent Miner ·· 174

　　　8.4.2　SAS Enterprise Miner ·· 175

　　　8.4.3　SPSS Clementine ·· 176

8.5　大数据及相关技术 ·· 180

　　　8.5.1　大数据发展历程 ·· 180

　　　8.5.2　大数据的代表技术 ·· 182

　　　8.5.3　Hadoop 体系结构 ·· 184

第9章　智慧语义搜索 ·· 188

9.1　智慧搜索引擎工作原理 ·· 189

9.2　本体语义 ·· 191

　　　9.2.1　语义 Web 的概念 ·· 191

　　　9.2.2　语义 Web 的体系结构 ·· 192

　　　9.2.3　Web 服务与语义 Web 服务 ·· 193

　　　9.2.4　用 OWL 构建领域本体过程 ·· 195

　　　9.2.5　本体构造工具 Protégé 介绍 ·· 196

　　　9.2.6　本体评估标准 ·· 197

9.3　语义 Web 服务的智能机器人控制 ·· 198

　　　9.3.1　智能机器人控制领域的 Web 服务体系结构 ···································· 198

　　　9.3.2　模型设计和开发的基本原则 ·· 199

　　　9.3.3　基于机械手本体的语义 Web 服务模型 ·· 199

　　　9.3.4　语义 Web 服务的参数匹配分析 ·· 200

　　　9.3.5　服务在参数上的匹配 ·· 201

　　　9.3.6　参数的语义可推导 ·· 203

　　　9.3.7　考虑参数语义的匹配算法 ·· 204

9.4　语义 Web 服务组合的控制流程实现 ·· 207

　　　9.4.1　总体技术路线 ·· 207

　　　9.4.2　实现 Web Service ·· 208

　　　9.4.3　组合服务的条件 ·· 211

　　　9.4.4　组合服务的匹配 ·· 213

　　　9.4.5　语义推理 ·· 218

　　　9.4.6　组合服务的执行 ·· 222

　　　9.4.7　实验结果与评价 ·· 222

参考文献 ·· 225

第 1 章　物联网概述

1.1　引　言

Internet 的发明已经解决了人与人之间的交流，但是对于人与机器、机器与机器之间的交互仍在探索中。早在物联网概念产生之前，人们已经在安全监测、自动抄表、维修服务、自动售货机、公共交通系统、车队管理、工业流程自动化、电动机械、城市信息化等环境中有了广泛的应用和解决方案实例。其实，M2M（Machine to Machine）模型是物联网的一个雏形。物联网（Internet of Things，IOT）又名传感网，是指通过射频识别（Radio Frequency Identification，RFID）、红外感应器、语音识别装置、条码识别、全球定位系统、激光扫描器等信息传感设备，按约定的协议，把任意物品与互联网连接起来，进行信息交换和通信，以实现智能化识别、定位、跟踪、监控和管理的一种网络。简而言之，物联网是通过在物品上嵌入电子标签、条形码等能够存储物体信息的标志，通过互联网将其信息发送到后台信息处理系统。各大信息系统可以互联形成一个庞大的网络，从而可达到对物品实施跟踪、监控等智能化管理的目的。在物联网概念产生之前，人们在自动化领域就提出了 M2M 通信领域的控制模型，如图 1.1 所示。M2M 表达的是多种不同类型通信技术的有机结合：机器之间通信、机器控制通信、人机交互通信、移动互联通信。M2M 技术综合了数据采集、全球定位系统、远程监控、通信、计算机、网络、设备、传感器等系统，使业务流程自动化，并创造增值，这种网络的特点是既有测控传感器的功能，又有分布式 Web Service 平台上数据查询功能以及各种在云计算平台上交互式应用服务。在这里，物联网的关键技术不仅是对物体实现操控，它通过技术手段的扩张，实现了人与物、物与物之间的相融与沟通。物联网并不是互联网简单的翻版，也不是互联网的接口，而是互联网的一种延伸。作为互联网的扩展，物联网具有互联网的特性，不仅能够实现由人找物，而且能够实现以物找人。

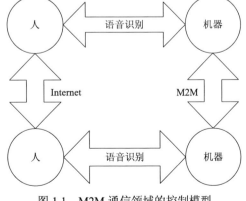

图 1.1　M2M 通信领域的控制模型

物联网的概念是在 1999 年提出的，顾名思义，物联网就是"物物相连的互联网"。它包含两层意思：第一，物联网的核心和基础仍然是互联网，其是在互联网基础上的延伸和扩展的网络；第二，其用户端延伸和扩展到了任何物品与物品之间，进行信息交换和通信。

2005 年，国际电信联盟（International Telecommunication Union，ITU）发布了一份题为 *The Internet of Things* 的年度报告，正式将物联网称为"The Internet of Things"，对物联网概念进行了扩展，提出了任何时间、任何地点、任何物体之间的互联（Any Time，Any Place，Any Things Connection），无所不在的网络（Ubiquitous Network）和无所不在的计算（Ubiquitous Computing）的发展蓝图。

物联网主要包括三个层次。首先是传感网络，也就是目前所说的包括 RFID、条形码、传感器等设备在内的传感网，主要用于信息的识别和采集；其次是信息传输网络，主要用于远距离无缝传输传感网所采集的巨量数据信息；最后是信息应用网络，该网络主要通过数据处理和解决方案来提供人们所需要的信息服务。

RFID 技术是物联网中非常重要的技术。以简单 RFID 系统为基础，结合已有的网络技术、数据库技术、中间件技术等，构筑一个由大量联网的阅读器和无数移动的标签组成的，比 Internet 更为庞大的物联网成为 RFID 技术发展的趋势。物联网用途广泛，遍及智能交通、环境保护、政府工作、公共安全、智能家居、智能消防、工业监测、老人护理、个人健康等多个领域。物联网是继计算机、互联网与移动通信网之后的又一次信息产业浪潮。

物联网是技术变革的产物，它代表了计算技术和通信技术的未来，它的发展依靠某些领域的技术革新，包括 RFID 技术、无线传感技术和纳米技术。RFID 技术通过射频信号自动识别目标对象并获取物体的特征数据，将日常生活中的物体连接到同一个网络和数据库中。无线传感技术用于检测事物物理特征的变化并适时收集变化数据，并对之进行处理（变换）和识别。纳米技术的发展则使越来越小的物体实现连接和交流。以上主要技术的发展将创建连接所有物体的物联网。随着集成化信息处理技术的发展，工业产品和日常物体都将表现出智能化的特征，可以被远程识别或检测。甚至连垃圾也可以被标记和网络化，最终由完全静态的物体转变为新型动态的物体。

1.2　物联网的特点

物联网定义是：通过 RFID、红外感应器、全球定位系统、激光扫描器等信息传感设备，按约定的协议，把任意物品与互联网连接起来，进行信息交换和通信，以实现智能化识别、定位、跟踪、监控和管理的一种网络。物联网把新一代信息技术充分运用在各行各业之中，具体地说，就是把感应器嵌入和装备到电网、铁路、桥梁、隧道、公路、建筑、供水系统、大坝、油气管道等各种物体中，然后将物联网与现有的互联网整合起来，实现人类社会与物理系统的整合，在这个整合的网络中，存在能力强大的中心计算机群，能够对整合网络内的人员、机器、设备和基础设施实时地管理和控制。在此基础上，人类可以以更加精细和动态的方式管理生产与生活，达到"智慧"状态，提高资源利用率和生产力水平，改善人与自然的关系。

1.3 物联网的全面感知

传感器是机器感知物质世界的"感觉器官",可以感知热、力、光、电、声、位移等信号,为网络系统的处理、传输、分析和反馈提供最原始的信息。随着科学技术的不断发展,传统的传感器正逐步实现微型化、智能化、信息化、网络化,正经历着从传统传感器(Dumb Sensor)、智能传感器(Smart Sensor)到嵌入式 Web 传感器(Embedded Web Sensor)的内涵不断丰富的发展过程。无线传感器网络(Wireless Sensor Network,WSN)是集分布式信息采集、信息传输和信息处理技术于一体的网络信息系统,以其低成本、微型化、低功耗和灵活的组网方式、铺设方式以及适合移动目标等特点受到广泛重视,它是关系国民经济发展和国家安全的重要技术。物联网正是通过遍布在各个角落和物体上的形形色色的传感器以及由它们组成的无线传感器网络,来感知整个物质世界的。传感器网络节点的基本组成包括如下几个基本单元:传感单元(由传感器和模数转换功能模块组成)、处理单元(包括 CPU、存储器、嵌入式操作系统等)、通信单元(由无线通信模块组成)和电源。此外,可以选择的其他功能单元包括定位系统、移动系统以及电源自供电系统等。在传感器网络中,节点可以通过飞机布撒或人工布置等方式,大量部署在被感知对象内部或者附近。这些节点通过自组织方式构成无线网络,以协作的方式实时感知、采集和处理网络覆盖区域中的信息,并通过多跳网络将数据经由汇聚节点(接收发送器)链路把整个区域内的信息传送到远程控制管理中心。另外,远程管理中心也可以对网络节点进行实时控制和操纵。总之,传感网的全面感知是物联网的特点之一。

1.4 物联网的智慧运算

众所周知,人类进入计算机时代已有 69 载,计算对人们的影响每时每刻都在加剧。如果哪天人们离开了芯片、标签、晶体管和海量的有用数据,那么人们熟悉而又美丽的世界将不复存在。21 世纪是数据爆炸的时代,数据内容的使用者将彻底改变消费模式,数据内容的提供者也将彻底转变服务模式。IDC(International Data Corporation)的数据显示,目前全球数据量每 18 个月就要翻一番,全球每年产生的数据量已达 1~2EB(1EB=1024PB,1PB=1024TB)。面对全球数据量的成倍增长,传统的数据运算模式将不能胜任需要,运算效率和资源优化将再次成为影响业务发展和人们日常生活的瓶颈问题。

针对此种形势,2015 年 3 月 31 日,IBM 宣布成立物联网事业部,并表示会在接下来的 4 年时间里投资 30 亿美元用于研究,超过 2000 名研究员、软件开发者和咨询师将工作于这一项目,陆续提供一些基于云计算的服务以及帮助开发者获取互联网连接设备数据的工具。结合早在 2011 年 3 月正式推出了"智慧的运算"(Smarter Computing)战略,并提出"智慧的运算"是帮助人们实现"智慧的地球"的重要战略。"智慧的运算"为数据而生,为工作而优化,通过云计算管理。

云计算是适应当前和未来信息化需要的一种新型交付和使用模式,通过云计算可以管理整个基础架构,也可以帮助实现"智慧的运算"。云计算的四种服务模型如图 1.2 所示。

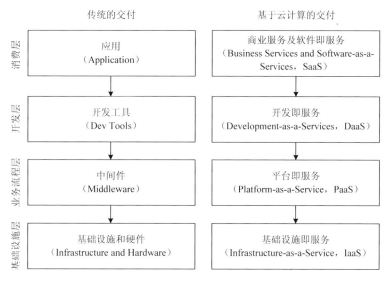

图 1.2　云计算的四种服务模型

据 IDC 统计,全球 IT 运维成本逐年攀升。与购买新服务器的成本增势平缓相比,服务器电力和冷却成本以及管理与维护成本在 IT 运维成本中的比重则逐年增加,而客户 IT 预算的增幅近年来却有不断放缓的趋势。

另外,随着企业的高速增长,IT 管理者发现他们的数据中心正面临巨大的挑战:越来越复杂的系统环境,越来越高的来自各个业务部门的数据服务需求,以及不断攀升的数据中心运营成本。面对这些挑战,企业越来越需要更加智能的数据中心来支持企业业务的快速发展。

"智慧的运算"提供了一种数字平台,用于整合硬件、基于分析的软件、网络管理服务和虚拟化,整个基础架构正在变得可以由软件定义,且工作负载可被所需分配到可编程的基础架构上。这一平台可通过三个主要特征来描述。

(1)为大数据设计(Designed for Big Data)。大数据和信息集成功能可以从大量数据中获得洞察力,从根本上改变公司使用信息的方式。

(2)由软件定义(Software-Defined Environment)。为了应对当前的数据数量、多样性和速度,企业数据中心必须更动态、更灵活,在"由软件定义"的环境中,网络、存储和服务器以及软件可以根据需求,随时对工作负载进行分配。

(3)开放协作(Open and Collaborative)。只有通过开放标准和平台,企业才能在当前丰富的创新生态系统中支持日益增多的非结构化数据、设备和服务,并且开展业务。

目前在 IT 领域的各个层面同样也发生着"智慧"的转变:得益于无处不在的智能

移动设备，IT 接入方法摆脱了原有的束缚，海量数据应运而生；通过改善流程生产力，IT 应用也更加注重改善流程生产力，为每个独立用户提供实时的监测；系统架构模式也由过去的异构孤岛向建立在工作负载优化系统之上的整合与更灵活的架构转变。

　　IT 的发展和应用正在以更快的速度和广度渗透和影响经济社会的方方面面。广大中小企业和各行各业用户，都比以往更加重视信息化建设，重视数据信息在个人和企业决策中所起的重要作用。而近年来兴起的物联网、云计算和虚拟化技术，更是将 IT 发展推向了又一个高潮。

　　物联网是现代信息技术发展到一定阶段后出现的一种聚合性应用与技术提升，它将各种感知技术、现代网络技术、人工智能与自动化技术聚合及集成应用，创造了一个智慧的世界。物联网服务支持系统框架图如图 1.3 所示。

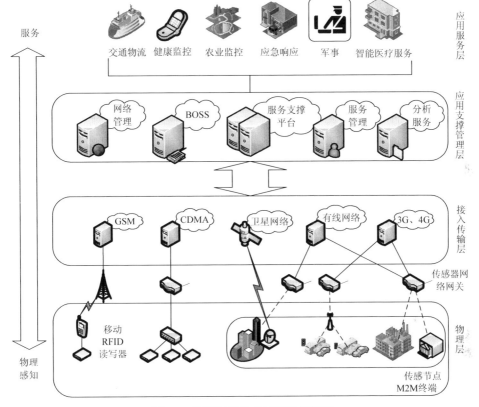

图 1.3　物联网服务支持系统框架图

1.5　物联网的智慧分析

　　21 世纪是数据爆炸的时代。由于竞争的本性和社会的发展，很多企业倾向于获取足够多的、来自企业内部或者外部的数据，以帮助企业做出准确决策，实现持久永续发展。这些数据通常与采集数据的工具、平台、分析系统一起被视为大数据（Big Data）。数据挖掘（Data Mining），又称数据库中的知识发现，就是从大量数据中获取有效的、新颖的、潜在有用的、最终可理解的模式的过程。目前，数据挖掘技术已在金融、医疗、军事、管理等诸多领域的决策分析中广泛应用。

数据挖掘技术的发展经历了五代。第一代是单独算法、单个系统、单个机器，采用的是向量数据。第二代是与数据库相结合，支持多个算法。第三代是与预测模型相集成，支持 Web 数据、半结构化的数据，是一种网络化计算。第四代是分布式数据挖掘，是基于网格计算的多种算法，分布在多个节点上的方式。第五代是现在基于云计算的并行数据挖掘与服务的模式，同一个算法可以分布在多个节点上，多个算法之间是并行的，多个节点的计算资源实行按需分配，而且分布式计算模型采用云计算模式，数据用 DFS 或者 HBASE，编程模式采用 Map/Reduce 方式。

云计算是一种基于互联网的、大众参与的计算模式，其计算资源（包括计算能力、存储能力、交互能力等）是动态、可伸缩、虚拟化的，并以服务的方式提供。具体表现在：云计算的动态和可伸缩的计算能力为高效海量数据挖掘带来可能性；云计算环境下大众参与的群体智能为研究集群体智慧的新的数据挖掘方法研究提供了环境；云计算的服务化特征使面向大众的数据挖掘成为可能。同时，云计算发展也离不开数据挖掘的支持，以搜索为例，基于云计算的搜索包括网页存储、搜索处理和前端交互三大部分。数据挖掘在这几部分中都有广泛应用，例如，网页存储中的网页去重、搜索处理中的网页排序和前端交互中的查询建议，每个部分都需要数据挖掘技术的支持。通过云计算的海量数据存储和分布计算，为云计算环境下的海量数据挖掘提供了新方法和手段，有效解决了海量数据挖掘的分布存储和高效计算问题。开展基于云计算的数据挖掘方法的研究，可以为更多、更复杂的海量数据挖掘提供新的理论与支撑工具。而传统数据挖掘向云计算的延伸将推动互联网技术成果服务于大众，是促进信息资源的深度分享和可持续利用的新方法、新途径。

根据维基百科介绍，大数据就是成倍增长以致让人们难以有效利用数据库管理工具来管理和使用的数据集。其面临的挑战包括捕捉数据、存储数据、搜索查询、共享数据和分析、观测数据。而且这种趋势愈演愈烈，因为利用越来越大规模的数据集，有助于分析师"预测商业趋势，预防疾病，打击犯罪"。虽然企业的决策者已经意识到"大数据"中蕴含的价值，但对于大多数企业，还难以真正做到实现其中的价值。这时候信息技术就派上了用场，它可以帮助决策者在储存的海量信息中挖掘出需要的信息，并且对这些信息进行分析，从而发现重要的趋势信息。换句话讲，信息技术已经成为"大数据"发挥作用的催化剂。在服务领域，"大数据"的重要性和价值越发明显地得到证明。与美国海洋和大气局（National Oceanic and Atmospheric Administration, NOAA）、美国宇航局（National Aeronautics and Space Administration, NASA）等机构一样，一些制药企业和众多能源企业同样累积了大量的数据信息，现在这些企业想要将这些日常积累下来的数据转化为一种"大数据科技"，希望这些数据能够带来额外的价值。物联网智慧计算服务体系框架图如图 1.4 所示。

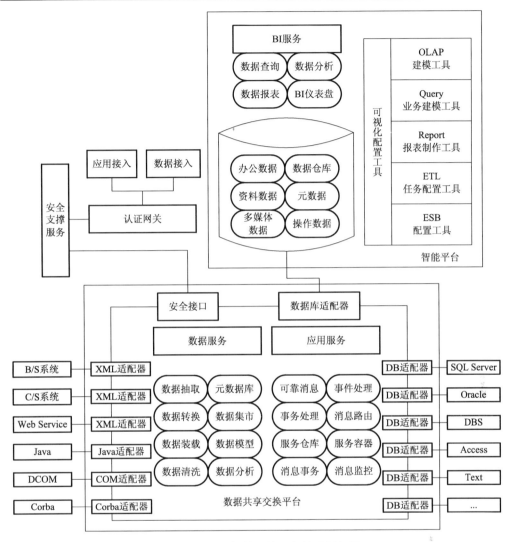

图 1.4 物联网智慧计算服务体系框架图

从数据挖掘技术的发展历史看，随着互联网的蓬勃发展，数据的规模越来越大，从 KB 级发展到 TB 级甚至 PB 级海量数据；数据挖掘的对象也变得越来越复杂，从数据库到多媒体数据和复杂社会网络；数据挖掘的需求也从分类、聚类和关联到复杂的演化和预测分析；挖掘过程中的交互方式从单机的人机交互发展到社会网络群体的交互。这种发展给数据挖掘带来了巨大的挑战：对于网络环境下产生的 TB 级和 PB 级的复杂数据，需要有高效的海量数据挖掘算法；网络环境下大众的广泛参与，需要在数据挖掘算法中能够融入群体智慧；同时社会网络的迅速发展使得信息服务的个性化成为必然，要求能够满足即时组合的个性化挖掘服务。

　　物联网和嵌入式系统有两个基本模式:云计算模式和物计算模式。云计算模式通过分布式的架构采集数据,然后集中进行信息处理。该模式一般用于宏观决策等信息处理的过程中,如智能电网、智能交通、智能物流、智能医疗等。系统的智能主要体现在处理中心,即需要较强的集中计算能力和高带宽,但终端设备比较简单。物计算模式强调实时控制,对终端设备的性能要求较高,如智能化的汽车电子、数控机床、安全监控系统、智能家居等。系统的智能主要体现在终端设备上,对集中处理能力和系统带宽要求比较低。

　　由此可见,数据挖掘是物联网的重要一环,只有通过数据挖掘实现系统的智能化,才能建立起一个巨大的物联网产业。

　　用智慧的计算构建智慧的分析,就是在大数据的环境下,采用先进的智能计算技术,包括信息搜索、数据挖掘、数据分析、自然语言处理、机器学习等,充分结合云计算、物联网,捕捉身处行业的每一个用户的每一次活动,让机器学习用户,让软件理解用户,使得身处其中的每一个人都成为智慧大脑的一个神经元,智慧的分析必定会将物联网推向一个更高的层次。

第 2 章 智能传感器

2.1 引　言

智能传感器（Intelligent Sensor/Smart Sensor）最初是由美国宇航局于 1978 年开发出来的。宇宙飞船在太空中飞行时，需要知道它的速度、姿态和位置等数据。为了使宇航员能正常生活，需要控制舱内温度、气压、湿度、加速度、空气成分等，因而需要安装大量的传感器。进行科学实验、观察也需要大量的传感器，用一台大型计算机很难同时处理如此庞杂的数据，为了不丢失数据并降低成本，必须有能实现传感器与计算机一体化的灵巧传感器。智能传感器是指具有信息检测、信息处理、信息记忆、逻辑思维和判断功能的传感器。它不仅具有传统传感器的各种功能，而且还具有数据处理、故障诊断、非线性处理、自校正、自调整以及人机通信等多种功能。它是微电子技术、微型电子计算机技术与检测技术相结合的产物。

早期的智能传感器是将传感器的输出信号经处理和转化后由接口发送到微处理机部分进行运算处理。20 世纪 80 年代智能传感器主要以微处理器为核心，把传感器信号调节电路、微电子计算机存储器及接口电路集成到一块芯片上，使传感器具有一定的人工智能。90 年代智能化测量技术得到了进一步的提高，使传感器实现了微型化、结构一体化、阵列式、数字式、使用方便和操作简单、具有自诊断功能、记忆与信息处理功能、数据存储功能、多参量测量功能、联网通信功能、逻辑思维以及判断功能。

智能传感器是传感器技术未来发展的主要方向。在今后的发展中，智能传感器无疑将会进一步扩展到化学、电磁学、光学和核物理等研究领域。

2.2　传感器的基本原理

2.2.1　传感器的定义

首先必须明确传感器是什么？国家标准 GB 7665—87 对传感器的定义是："能感受规定的被测量件并按照一定的规律（数学函数法则）转换成可用信号的器件或装置，通常由敏感元件和转换元件组成"。中国物联网校企联盟认为，传感器的存在和发展，让物体有了触觉、味觉和嗅觉，让物体慢慢变得活了起来。传感器在新韦氏大辞典中定义为："从一个系统接收功率，通常以另一种形式将功率发送到第二个系统中的器件"。

传感器是一个系统，它可以是单个的装置，也可以是复杂的组装体。但是无论其构成如何，都具有一些相同的基本功能，即需要检测输入信号并由此产生可测量的输出信号。传感器的定义包含下面四个方面的含义。

（1）传感器是测量装置，能完成信号获取任务；

（2）它的输入量是某一被测量，可能是物理量，也可能是化学量、生物量等；

（3）它的输出量是某种物理量，这种量要便于传输、转换、处理、显示等，这种量可以是气、光、电量，但主要是电量；

（4）输出输入有对应关系，且应有一定的精确度。

从仿生学的角度来理解：将系统类比成人体器官，来划分各系统。例如，电源部件、传感部件、控制部件、执行部件、驱动部件和机械部件等。传感部件（相当于眼、耳等感觉器官）接收被测量信号（相当于光、声等外部信号），然后传递给控制部件（相当于大脑），由控制部件进行处理后将处理结果输出给执行部件（相当于口、肢体等），并由执行部件做出相应的动作，如图 2.1 所示。

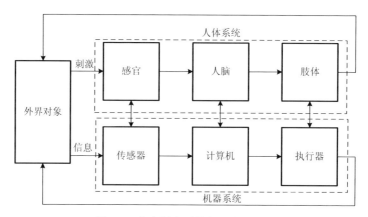

图 2.1　仿生学中系统与器官类比图

构成现代信息技术的三大支柱是：

（1）传感器技术（信息采集——"感官"）；

（2）通信技术（信息传输——"神经"）；

（3）计算机技术（信息处理——"大脑"）。

2.2.2　传感器的结构

传感器一般由敏感元件、传感元件、转换电路三部分组成，如图 2.2 所示。

（1）敏感元件：指传感器中能直接感受被测量，并输出与被测量成确定关系的某一物理量的部件。

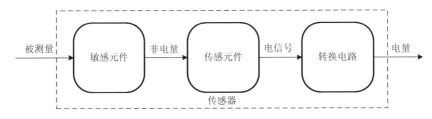

图 2.2　传感器的结构图（从系统角度）

（2）传感元件：指传感器中能将敏感元件输出转换为适于传输和测量的电信号的部件。

（3）转换电路：指由于传感器输出信号一般都很微弱，需要由信号调节与转换电路将其放大或转换为容易传输、处理、记录和显示的形式，这一部件一般称为测量转换电路。

传感器输出信号有很多形式，如电压、电流、频率、脉冲等，输出信号的形式由传感器的原理确定。常见的信号调节与转换电路有放大器、电桥、振荡器、电荷放大器等，它们分别与相应的传感器配合。传感器的结构图如图 2.3 所示。

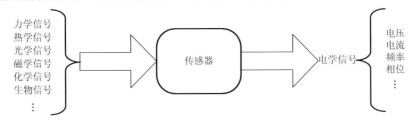

图 2.3　传感器的结构图

有些传感器很简单，有些则较复杂。传感器组成的系统大多数是开环系统，也有些是带反馈的闭环系统，如图 2.4 所示。

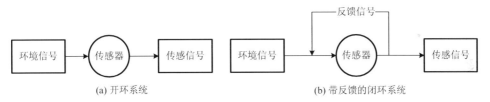

图 2.4　开环系统与带反馈的闭环系统图

2.2.3　传感器的应用模式

系统有很多种类和定义，但是为了方便，仅把基本的传感器系统看成借助于某种过程从不同的输入产生某种被定量输出的装置。图 2.5 是一个以流程图的形式表示的基本系统。流程图是一种解释测量系统工作原理的有效方法。

图 2.5　系统的流程图

人们通常把传感器的应用划分为三种系统类型，分别是测量系统、开环控制系统和闭环控制系统。

1）测量系统

测量系统显示或记录一种与被测输入变量相对应的定量输出，测量系统除了以用户可以读懂的方式向用户显示外，不以任何方式对输入量产生响应。

2）开环控制系统

开环和闭环控制系统都是试图使被控变量保持为某预定的值。控制系统中包含了测量系统，但是它不同于纯粹的测量系统，其测量结果并不需要显示给用户，而是通过其测量系统输出量来调节控制系统的某一参数。

图 2.6 为一个开环控制系统的流程图。开环控制系统的基本原理是系统被一个预设值信号所控制。假定没有测量系统的输出影响，需要调整系统的预定参数，开环控制系统对于所需要进行的调整无响应。即使其他因素的改变导致系统的输出不正确，那个预设值也不会改变。

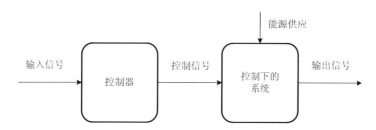

图 2.6　开环控制系统的流程图

假如一个开环系统控制一条街上路灯的开和关，控制要求当夜幕降临时打开灯，当天亮时关上灯。控制信号将根据天黑和天亮的时间用一个定时控制装置设置开、关灯的时间。这个系统可能在几周时间内还能正常工作，但是，在一年时间里，天黑和天亮的时间是变化的，预设的信号（时间）不久就会不合适，因此使开、关灯的时间要么早、要么晚。图 2.7 为以流程图的形式表示的路灯控制系统。

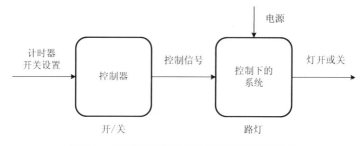

图 2.7　以流程图的形式表示的路灯控制系统

在该开环控制系统中，没有将检测到的、实际正在发生变化的系统参数输入给系统，即对于路灯控制系统，它不知道天是亮还是暗。对于一个开环控制系统，人们不得不估算什么时间天黑和什么时间天亮，并相应地改变预设值以控制开灯和关灯时间。这些预设的时间必须根据一天内天亮和天黑的时间变化而变化。因此，它需要频繁地调整预设值。因为通常这种调整的次数越少，工作的效果越差。系统不会产生任何意想不到的或未预期的操作。例如，有时晚上可能是阴天或多云的，路灯应该比晴朗的夜晚要早开一会儿，但在开环控制系统中是无法实现的。

开环控制系统在设计和制造上通常比较简单、廉价。然而，它可能效率很低或需要不断地进行调整操作。在很多情况下，正在控制的参数也在以某种方式发生变化，从而导致预设值不正确，因此需要更新设置。要正确地设置给定值，通常需要很高的技巧和准确的判断。如果控制的系统参数没有达到预期值，有时会导致很严重的后果。例如，在容器里注入危险性液体，需要控制液体的满溢高度，此时如果用开环控制系统就不合适。

3）闭环控制系统

在闭环控制系统里，输出状态会直接影响输入条件。闭环控制系统通过测量被控制系统的参数输出值，并将其与期望值进行比较。在一个闭环控制系统里，将受控系统参数的实际测量值与期望值进行比较，其差值称为误差。

图 2.8 为一个用流程图表示的闭环控制系统。期望值可认为是已知的，并作为信号参考值，或称为预设值，这个值与测量装置检测的测量值（称为反馈信号）进行比较。反馈信号与参考信号的差值称为误差信号。误差信号经过调制处理（如放大）来调节控制系统。例如，误差信号是一种电信号，它可能需要被放大。被调制处理的误差信号称为控制信号。然后，控制信号调节系统的输出，以尽可能使反馈信号与参考信号达到一致。这将减少误差到零，并由此使系统达到期望值。

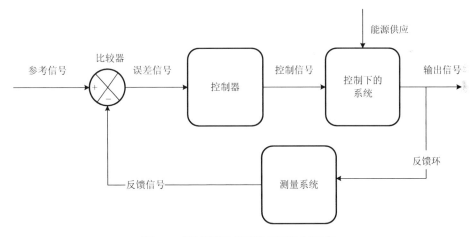

图 2.8　用流程图表示的闭环控制系统

　　闭环控制系统通过自动反馈信息调整输入量达到控制输出量的目的，因此比开环控制系统误差更小，工作更有效，操作更简便。然而，其安装制造成本较高，且系统可能变得更复杂。

2.3　智能传感器的基本原理

2.3.1　智能传感器的定义

　　智能传感器是为了代替人和生物体的感觉器官并扩大其功能而设计制作出来的一种系统。人和生物体的感觉有两个基本功能：一是检测对象的有无或检测变换对象发生的信号；二是进行判断、推理、鉴别对象的状态。前者称为"感知"，而后者称为"认知"。一般传感器只有对某一物体精确"感知"的本领，而不具有"认知"（智慧）的能力。智能传感器则可将"感知"和"认知"结合起来，起到人的"五感"功能的作用。智能传感器的结构示意图如图 2.9 所示。

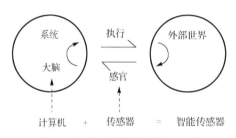

图 2.9　智能传感器的结构示意图

　　智能传感器是一个或多个敏感元件、微处理器、外围控制及通信电路、智能软件系统相结合的产物。它内嵌了标准的通信协议和标准的数字接口，使传感器之间或传感器与外围设备之间可轻而易举地组网。某智能加速度传感器如图 2.10 所示。

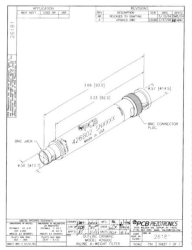
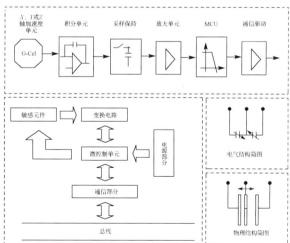

图 2.10　某智能加速度传感器

智能传感器是由传感器和微处理器相结合而构成的，它充分利用微处理器的计算和存储能力，对传感器的数据进行处理，并对它的内部行为进行调节。图 2.11 是智能传感器的原理框图，它主要包括传感器、信号调理电路和微处理器等。

微处理器是智能传感器的核心，它不但可以对传感器测量数据进行计算、存储、处理，还可以通过反馈回路对传感器进行调节。由于微处理器充分发挥各种软件的功能，可以完成硬件难以完成的任务，从而能有效降低制造难度，提高传感器性能，降低成本。智能传感器的信号感知器件往往有主传感器和辅助传感器两种。以智能

图 2.11　智能传感器的原理框图

压力传感器为例，主传感器是压力传感器，测量被测压力参数，辅助传感器是温度传感器和环境压力传感器。温度传感器检测主传感器工作时，由于环境温度变化或被测介质温度变化而使其压力敏感元件温度发生变化，根据其温度变化修正和补偿由于温度变化对测量带来的误差。环境压力传感器测量工作环境大气压变化，以修正其影响。微机硬件系统对传感器输出的微弱信号进行放大、处理、存储和与计算机通信。

2.3.2　智能传感器的产生

（1）技术的发展与进步。自 2000 年以后，微处理器在可靠性和超小体积化等方面有了长足的进步，以及微电子技术的逐渐成熟，使得在传统传感器中嵌入智能控制单元成为现实，也给传感器的微型化提供了基础。

（2）传统方式的局限性。目前传统的传感器技术发展主要集中在解决准确度、稳定性和可靠性等方面，所进行的研发工作主要为开发新敏感材料，改进生产工艺，改善线性、温度、稳定性补偿电路等，但这些工作的成效不大，即使能够达到更高的要求，其成本的压力也很大。另外，现代自动化系统的发展，对传感器的精度、智能水平、远程可维护性、准确度、稳定性、可靠性和互换性等要求更高。鉴于以上因素，催生了智能传感器的出现。

2.3.3　智能传感器的功能

（1）具有自动调零、自校准、自标定功能。智能传感器不仅能够自动检测各种被测参数，还能进行自动调零、自动调平衡、自动校准，某些智能传感器还能自动完成标定工作。

（2）具有逻辑判断和信息处理能力，能对被测量参数进行信号调理和信号处理（对信号进行预处理、线性化，或对温度、静压力等参数进行自动补偿等）。

（3）具有自诊断功能。智能传感器通过自检软件，能对传感器和系统的工作状态进行定期或不定期的检测，诊断出故障的原因和位置并做出必要的响应。

（4）具有组态功能，使用灵活。在智能传感器系统中可设置多种模块化的硬件和软件，用户可通过微处理器发出指令，改变智能传感器的硬件模块和软件模块的组合状态，完成不同的测量功能。

（5）具有数据存储和记忆功能，能随时存取检测数据。

（6）具有双向通信功能，能通过各种标准总线接口、无线协议等直接与微型计算机及其他传感器、执行器通信。

2.3.4　智能传感器的特点

与传统传感器相比，智能传感器具有以下特点。

（1）精度高。由于智能传感器具有信息处理的功能，所以通过软件不仅可以修正各种确定性系统误差，例如，通过自动校零去除零点；与标准参考基准实时对比以自动进行整体系统标定；对整体系统的非线性等系统误差进行自动校正；通过对采集的大量数据的统计处理以消除偶然误差的影响等，来保证智能传感器的高精度。例如，美国霍尼韦尔（Honeywell）公司 PPT 系列智能精密压力传感器的精度为 0.05%，比传统压力传感器提高了一个数量级；美国 BB 公司 XTR 精密电流变送器的精度为 0.05%，非线性误差仅为 0.003%。

（2）测量范围宽，并具有很强的过载能力。例如，美国 ADI 公司 ADXRS300 角速度集成传感器（陀螺仪）的测量范围为 $\pm300°/s$，并联一只电阻可扩展到 $\pm1200°/s$，并可承受 $1000g$ 的加速度。

（3）高信噪比、高分辨力。由于智能传感器具有数据存储、记忆与信息处理功能，通过软件进行数字滤波、相关分析等处理，可以去除输入数据中的噪声，将有用信号提取出来；通过数据融合、神经网络技术，可以消除多参数状态下交叉灵敏度的影响，从而保证在多参数状态下对特定参数测量的分辨能力。例如，ADXRS300 角速度陀螺仪集成传感器能在噪声环境下保证精度不变，其角速度噪声低至 $0.2°/s/\sqrt{Hz}$。

（4）高可靠性与高稳定性。智能传感器能自动补偿因工作条件与环境参数发生变化后所引起的系统特性的漂移，例如，温度变化产生的零点和灵敏度漂移；当被测参数变化后能自动改换量程；能实时、自动地对系统进行自我检验，分析、判断所采集的数据的合理性，并给出异常情况的应急处理（报警或故障提示）。

（5）自适应性强，智能传感器具有判断、分析与处理功能。它能根据系统工作情况决策各部分的供电情况和与上位计算机的数据传送速率，使系统工作在最优低功耗状态和传送效率优化的状态。例如，US0012 是一种基于数字信号处理器和模糊逻辑技术的智能化超声波干扰探测器集成电路，它对温度环境等自然条件有自适应能力。

（6）性价比高。智能传感器所具有的上述高性能，不是像传统传感器技术通过追求传感器本身的完善、对传感器的各个环节进行精心设计与调试、进行"手工艺品"

式的精雕细琢来获得的，而是通过与微处理器、微计算机相结合，采用廉价的集成电路工艺和芯片以及强大的软件来实现的，因此其性能价格比低。

（7）超小型化、微型化。随着微电子技术的迅速推广，智能传感器正朝着小和轻的方向发展，以满足航空、航天及国防需求，同时也为一般工业和民用设备的小型化、便携发展创造了条件，汽车电子技术的发展便是一例。智能微尘（Smart Micro Dust）是一种具有计算机功能的超微型传感器。从肉眼看来，它和一颗沙粒没有多大区别，但内部却包含了从信息采集、信息处理到信息发送所必需的全部部件。

（8）低功耗。降低功耗对智能传感器具有重要的意义，这不仅可简化系统电源及散热电路的设计，延长智能传感器的使用寿命，还为进一步提高智能传感器芯片的集成度创造了有利条件。智能传感器普遍采用大规模或超大规模 CMOS 电路，使传感器的耗电量大为降低，有的可用叠层电池甚至纽扣电池供电。当不进行测量时，还可用待机模式将智能传感器的功耗降至更低。

2.4　智能传感器的系统结构

智能传感器是由传感器和微处理器相结合而构成的，少数先进的智能传感器具有嵌入式实时操作系统，有判断、决策处理等功能。智能传感器因应用领域不同，特别是在传感器、仪表、通信接口等方面又有许多不同的特性，其系统结构如图 2.12 所示。

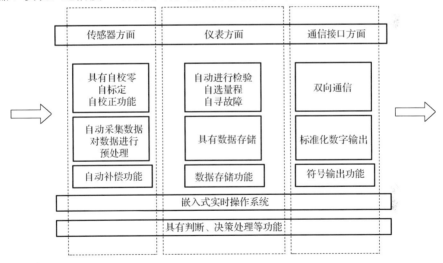

图 2.12　智能传感器的系统结构

智能传感器的实现结构包含有非集成化、集成化和混合实现三种方式。

（1）非集成化。非集成化智能传感器是将传统的经典传感器（采用非集成化工艺制作的传感器，仅具有获取信号的功能）、信号调理电路、带数字总线接口的微处理器组合为一个整体而构成的一个智能传感器系统，其框图如图 2.13 所示。

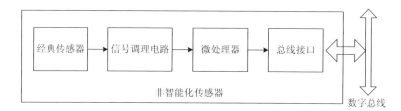

图 2.13 非集成化智能传感器框图

信号调理电路用来调理传感器的输出信号，即将传感器输出信号进行放大并转换为数字信号后输入微处理器，再由微处理器通过数字总线接口挂接在现场数字总线上，是一种实现智能传感器系统的最快途径与方式。例如，美国罗斯蒙特公司、SMART 公司生产的电容式智能压力（差）变送器系列产品，就是在原有传统式非集成化电容式变送器基础上附加一块带数字总线接口的微处理器插板后组装而成的。同时，开发配备可进行通信、控制、自校正、自补偿、自诊断等智能化软件，从而形成智能传感器。

（2）集成化。这种智能传感器又称集成智能传感器（Integrated Smart/Intelligent Sensor），如图 2.14 所示。

(a) 智能气体传感器   (b) 智能电化学传感器   (c) 智能加速度传感器

图 2.14 集成智能传感器

这种智能传感器系统是采用微机械加工技术和大规模集成电路工艺技术，利用硅作为基本材料来制作敏感元件、信号调理电路以及微处理器单元，并把它们集成在一块芯片上构成的。敏感元件构成阵列后，配合相应图像处理软件，可以实现图形成像且构成多维图像传感器，这时的智能传感器就达到了它的最高级形式。

（3）混合实现。根据需要与可能，将系统各个集成化环节，如敏感单元、信号调理电路、微处理器单元、数字总线接口，以不同的组合方式集成在两块或三块芯片上，并装在一个外壳里。如图 2.15 所示集成化敏感单元包括弹性敏感元件和变换器。信号调理电路包括多路开关、放大器、基准、模/数（A/D）转换器（ADC）等。

微处理器单元包括数字存储器（EEPROM、ROM、RAM）、I/O 接口、微处理器、数/模（D/A）转换器（DAC）等。图 2.15(a)中，三块集成化芯片封装在一个外壳里；图 2.15(b)～(d)中，两块集成化芯片封装在一个外壳。图 2.15(a)和(c)中的（智能）信号调理电路，具有部分智能化功能，如自校零、自动进行温度补偿，这是因为这种电路带有零点校正电路和温度补偿电路才获得了这种简单的智能化功能。

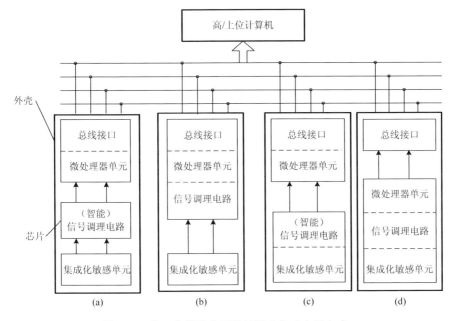

图 2.15　在一个封装中可能的混合集成实现方式

2.5　智能传感器的实现

智能传感器的"智能"主要体现在强大的信息处理功能上。在技术上由以下一些途径来实现。在先进的传感器中至少综合了其中两种趋势，往往同时体现了几种趋势。

（1）采用新的检测原理和结构实现信息处理的智能化。采用新的检测原理，通过微机械精细加工工艺设计新型结构，使之能真实地反映被测对象的完整信息，这也是传感器智能化的重要技术途径之一。例如，多振动智能传感器就是利用这种方式实现传感器智能化的。工程中的振动通常是多种振动模式的综合效应，常用频谱分析方法分析振动。由于传感器在不同频率下灵敏度不同，势必造成分析上的失真。采用微机械加工技术，可在硅片上制作出极其精细的沟、槽、孔、膜、悬臂梁、共振腔等，构成性能优异的微型多振动传感器。目前，已能在 2mm×4mm 的硅片上制成 50 条振动板、谐振频率为 4～14kHz 的多振动智能传感器。

（2）应用人工智能材料实现信息处理的智能化。利用人工智能材料的自适应、自诊断、自修复、自完善、自调节和自学习特性，制造智能传感器。人工智能材料具有感知环境条件变化（普通传感器的功能）、自我判断（处理器功能）及发出指令和自我采取行动（执行器功能）的能力。因此，利用人工智能材料就能实现智能传感器所要求的对环境检测和反馈信息调节与转换的功能。人工智能材料种类繁多，如半导体陶瓷、记忆合金、氧化物薄膜等。按电子结构和化学键分为金属、陶瓷、聚合物和复合材料等几大类；按功能特性分为半导体、压电体、铁弹体、铁磁体、铁电体、导电体、光导体、电光体和电致流变体等几种；按形状分为块材、薄膜和芯片智能材料。

（3）集成化。集成智能传感器是利用集成电路工艺和微机械技术将传感器敏感元件与功能强大的电子线路集成在一个芯片上（或二次集成在同一外壳内），通常具有信号提取、信号处理、逻辑判断、双向通信等功能。和经典的传感器相比，集成化使得智能传感器具有体积小、成本低、功耗小、速度快、可靠性高、精度高以及功能强大等优点。

（4）软件化。传感器与微处理器相结合的智能传感器，利用计算机软件编程的优势实现对测量数据的信息处理功能，主要包括以下两方面。

① 运用软件计算实现非线性校正、自补偿、自校准等，提高传感器的精度、重复性等。用软件实现信号滤波，如快速傅里叶变换、短时傅里叶变换、小波变换等技术，简化硬件、提高信噪比、改善传感器动态特性。

② 运用人工智能、神经网络、模糊理论等，使传感器具有更高智能，即分析、判断、自学习的功能。

（5）多传感器信息融合技术。单个传感器在某一采样时刻只能获取一组数据，由于数据量少，经过处理得到的信息只能用来描述环境的局部特征，且存在着交叉敏感度的问题。多传感器系统通过多个传感器获得更多种类和数量的传感数据，经过处理得到多种信息，能够对环境进行更加全面和准确的描述。

（6）网络化。独立的智能传感器，虽然能够做到快速准确地检测环境信息，但随着测量和控制范围的不断扩大，单节点、被动的信息获取方式已经不能满足人们对分布式测控的要求，智能传感器与通信网络技术相结合，形成网络化智能传感器。网络化智能传感器使传感器由单一功能、单一检测向多功能和多点检测发展；从被动检测向主动进行信息处理方向发展；从就地测量向远距离实时在线测控发展。传感器可以就近接入网络，传感器与测控设备间无需点对点连接，大大简化了连接线路，节省投资，也方便了系统的维护和扩充。

2.5.1　集成化

智能传感器的集成化有两种途径。一是利用微电子电路制作技术和微型计算机接口技术将传感器信号调理单元集成在同一个芯片上。这种集成化传感器信号调理电路又可分为两种类型：传感器信号调理器和传感器信号处理系统。

（1）传感器信号调理器。传感器信号调理器是将信号的 A/D 转换器、温度补偿及自动校正电路集成在一起，输出模拟量或数字量。例如，飞利浦公司生产的 UZZ9000 型单片角度传感器信号调理器，配上 KMZ41 型磁阻式角度传感器后即可精确地测量角度。

UZZ9000 型电压输出式角度传感器信号调理器的内部框图如图 2.16 所示。

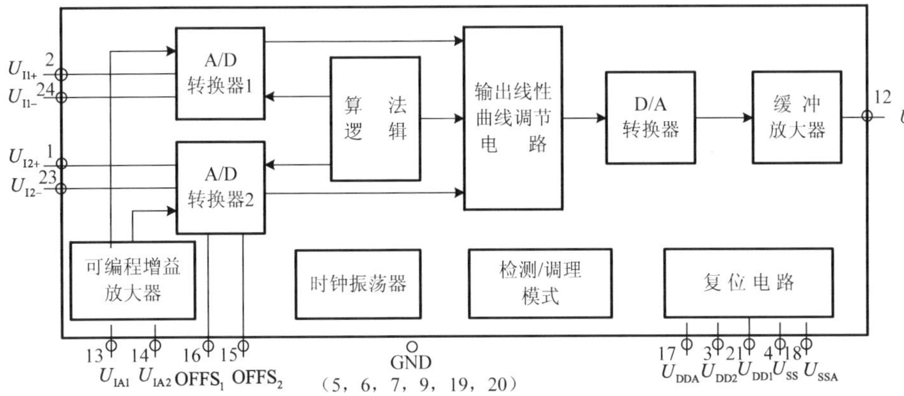

图 2.16　UZZ9000 的内部框图

UZZ9000 的输出电压与被测角度信号成正比，测量角度的范围是 0°～360°，其测量范围和输出零点均可从外部调节。UZZ9000 能将两个有相位差的正弦信号（一个视为正弦 U_{I1}，另一个可视为余弦信号 U_{I2}）转换成线性输出信号。利用 UZZ9000 可完成 A/D 转换、线性化及 D/A 转换等功能。上述信号直接取自两个用来测量角度的磁阻传感器。

（2）传感器信号处理系统。传感器信号处理系统是在芯片中集成了微处理器（μP）或数字信号处理器（Digtial Signal Processing，DSP），并且带串行总线接口。与传感器信号调理器相比，传感器信号处理系统则以数字电路为主，其性能比传感器信号调理器更先进，使用更灵活。例如，美国德州仪器公司生产的 TSS400-S2（带 MCU（Micro Control Unit）），美国美信（MAXIM）公司生产的 MAX1460（带 DSP）。MAX1460 传感器信号处理系统内部框图如图 2.17 所示。

二是利用集成电路制作技术和微机械加工技术将多个功能相同、功能相近或功能不同的单个传感器件集成为一维线型传感器或二维面型（阵列）传感器。

现代传感器技术以硅材料为基础，采用微机械加工技术和大规模集成电路工艺实现传感器系统的集成化，使得智能传感器具有以下特点。

（1）微型化。以硅和其他新型材料为基础，采用微机械加工技术和大规模集成电路工艺使得传感器的体积已经达到了微米级。一种微型的血液流量传感器，其尺寸为 1mm×5mm，可以放在注射针头内送进血管，测量血液流动情况。

（2）精度高。比起分体结构，结构一体化后的传感器迟滞、重复性指标将大大改善，时间漂移大大减小，精度提高。后续的信号调理电路与敏感元件一体化后可以大大减小由引线长度带来的寄生变量的影响，这对电容式传感器更有特别重要的意义。

（3）多功能。将多个不同功能的敏感元件集成制作在一个芯片上，使传感器能测量不同性质的参数，实现综合检测。例如，美国霍尼韦尔公司于 20 世纪 80 年代初期生产的 ST-3000 型智能压力（差）和温度变送器，就是在一块硅片上制作感受压力、压差和温度三个参量的具有三种功能（可测压力、压差、温度）的敏感元件结构的传感器，不仅增加了传感器的功能，而且可以通过数据融合技术消除交叉灵敏度的影响，提高传感器的稳定性与精度。

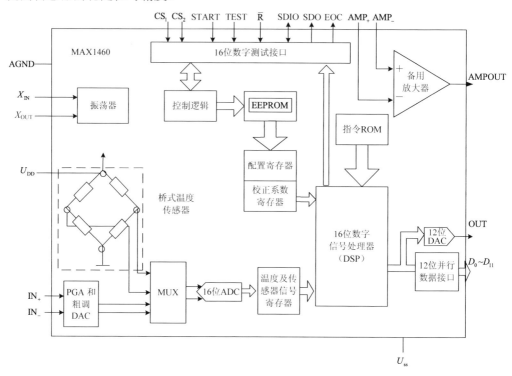

图 2.17　MAX1460 传感器信号处理系统内部框图

（4）阵列化。将多个功能相同的敏感元件集成在一个芯片上，可以用来测量线状、面状甚至体状的分布信息。例如，丰田中央研究所半导体实验室用微机械加工技术制作的集成化应变式阵列触觉传感器，在 8mm×8mm 的硅片上制作了 1024 个（32×32）敏感触点（桥），基片四周做了信号处理电路，其元件总数约 16000 个。将多个结构相近、功能相近的敏感元件集成制作在同一芯片上，在保证测量精度的同时，扩大了传感器的测量范围。例如，基于磁控溅射方法形成的"电子鼻"，利用各种气敏元件对不同气体的敏感效应，采用神经网络模式识别和组分分析等先进数据处理技术，经过学习后，对 12 种气体样本的鉴别率高达 100%。

（5）使用方便。集成化的智能传感器，没有外部连接元件，外接连线数量极少，包括电源、通信线可以少至四条，因此，接线极其简便。它还可以自动进行整体自校准，无需用户长时间多环节调节与校验。

根据以上特点可以看出，通过集成化实现的智能传感器，使得智能传感器实现高自适应性、高精度、高可靠性与高稳定性。

2.5.2 软件化

无论智能传感器以何种硬件组成方式实现,传感器与微计算机/微处理器相结合所实现的智能传感器系统,都是在最小硬件条件基础上采用强大的软件优势来"赋予"智能化功能的。传感器的数据经过 A/D 转换后,所获得的数字信号一般不能直接输入微处理器应用程序中使用,还必须根据需要进行加工处理,如非线性校正、噪声抑制、自补偿、自检、自诊断等,以上这些处理又称软件处理。以软件代替硬件也体现出传感器智能化的优越性所在。

2.6 智能传感器数据校正技术

2.6.1 非线性自校正技术

测量系统的线性度(非线性误差)是影响系统精度的重要指标之一。产生非线性的原因,一方面是由于传感器本身的非线性,另一方面非电量转换过程中也会出现非线性。经典传感器技术主要是从传感器本身的设计和电路环节设计非线性校正器的。而智能传感器系统的非线性自动校正技术是通过软件来实现的。

它并不介意系统前端的传感器及其调理电路至 A/D 转换器的输入-输出特性有多么严重的非线性,也不需要再对改善测量系统中的每一个测量环节的非线性特性而耗费精力。只要求它们的输入-输出特性具有重复性。如图 2.18 所示,它能够自动按照图中所示的反非线性特性进行特征转换,输出系统的被测输入值。输出 y 与输入 x 呈理想直线关系。也就是说,智能传感器系统能够进行非线性自动校正,只要前端传感器及其调理电路的输入-输出特性(x-u)具有重复性。

图 2.18 开环式非线性补偿仪表框图

设图中传感器输入-输出关系的表达式为 $V_1 = f_1(x)$,放大器的表达式为 $V_2 = a + KV_1$,要求整台仪器的输入-输出特性为 $V_0 = Sx + b$,式中,K、a、S、b 都为常数。

线性化器的输入-输出关系式为

$$V_2 = a + Kf_1\left(\frac{V_0 - b}{S}\right)$$

从而有

$$V_0 = Sf_1^{-1}\left(V_2 - \frac{a}{K}\right) + b$$

可见,若校正环节具有和传感器非线性特性呈反函数的输出特性,则可以实现对传感器输出非线性的校正。智能传感器系统如图 2.19 所示。

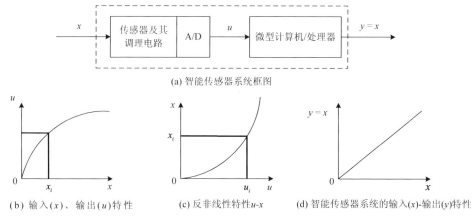

(a) 智能传感器系统框图

(b) 输入(x)、输出(u)特性　　(c) 反非线性特性u-x　　(d) 智能传感器系统的输入(x)-输出(y)特性

图 2.19　智能传感器系统

2.6.2　软件抗干扰技术

被测信号在进入测量系统前后都受到各种干扰和噪声的侵扰。排除干扰与噪声并把有用信息从混杂有噪声的信号中提取出来是测量系统或仪器的主要功能。智能传感器系统具有数据存储、记忆与信息处理功能。通过智能化软件可以进行数字滤波、相关分析、统计平均处理等，并可以消除偶然误差、排除内部或外部引入的干扰，将有用信号从噪声中提取出来，从而使智能传感器系统具有高的信噪比与分辨率。智能传感器系统所具有的抑制噪声的智能化功能也是由强大的软件来实现的。这就使智能传感器系统集经典传感器获取信息的功能与传统仪器信息处理功能于一身，冲破了"传感器"与"仪器"之间不可逾越的界线。

利用软件进行抗干扰处理的方法可以归纳成两种：一种方法是利用数字滤波器来滤除干扰，另一种方法是采用软件看门狗、指令冗余、软件陷阱、多次采样、延时防止抖动、定时刷新输出口等技术来抑制干扰。如果信号的频谱和噪声的频谱不重合，则可用滤波器消除噪声；当信号和噪声频带重叠或噪声的幅值比信号大时就需采用其他的噪声抑制方法，如相关技术、平均技术等。这里简要介绍数字滤波器的设计过程。

1. 数字滤波器

传统的模拟滤波器是由硬件电路构成的，存在受元器件精度限制、滤波器变通性差、器件体积庞大等缺点。智能传感器系统中采用数字滤波器，它通过计算机执行一段相应的程序来滤除夹杂在信号中的干扰部分，而无需增加任何硬件设备。由软件实现的离散时间系统的数字滤波器和由硬件实现的连续时间系统的模拟滤波器相比，虽然实时性较差，但稳定性和重复性好，调整方便灵活，能在模拟滤波器不能实现的频带下进行滤波，因此得到越来越广泛的应用。

2. 数字滤波器的基本结构

对被测模拟信号的处理过程如图 2.20 所示。被测模拟量首先经过采样/保持电路（S/H），送至 A/D 转换器（ADC）转换成数字量，然后通过数字滤波器（DF）滤除其中的干扰信号，最后通过 D/A 转换器（DAC）获得模拟量输出。

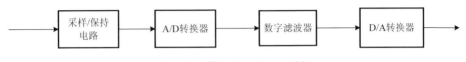

图 2.20　模拟信号的处理过程

经过 A/D 转换器后得到的数字信号，从时间上看，信号是离散的；从幅度上看，它又是量化的。因此，数字信号可用一个序列数来表示，而每个数又可表示成二进制码的形式。数字滤波器的功能就是利用软件对一组数字序列进行一定的运算，再变换成另一组输出数字序列。

根据所用数学模型的不同，数字滤波器可分为两大类：一类是递归型滤波器，其特点是滤波器的输出不仅与输入信号有关，还与过去的输出值有关；另一类是非递归型滤波器（如一阶、二阶低通滤波器），其特点是滤波器的输出仅与输入信号有关，而与过去输出值无关。

设数字滤波器的输入信号为 $X(n)$，输出信号为 $Y(n)$，则输入序列和输出序列之间的关系可用差分方程表示为

$$Y(n) = \sum_{K=0}^{N} b_K X(n-K) + \sum_{K=1}^{N} a_K Y(n-K) \tag{2.1}$$

式中，输入信号 $X(n)$ 可以是模拟信号经过采样和 A/D 变换后得到的数字序列，也可以是计算机的输出信号；a_K、b_K 均为系数。上述差分方程组成的数字滤波器称为递归型数字滤波器，其输出不仅与输入有关，还与过去的输出有关。

若差分方程中的系数 a_K 均取 0，则得

$$Y(n) = \sum_{K=0}^{N} b_K X(n-K) \tag{2.2}$$

式（2.2）表示，输出值仅与输入有关，而与过去的输出无关。这类滤波器即非递归型滤波器。系数 a_K、b_K 选择不同，可设计成低通、高通、带通或带阻式数字滤波器。

3. 数字滤波器的设计

1）设计步骤

设计数字滤波器时，一般可按以下步骤进行：

（1）首先，根据干扰信号的特征来选择合适的数字滤波器；

（2）建立其典型的差分方程数学模型，并对差分方程进行 Z 变换，写出其 Z 传递函数；

（3）根据有用信号和干扰信号的频率特征，来确定系统所期望的通频带；

（4）根据 Z 传递函数，确定其幅频特性和相频特性，再进行 Z 反变换，求出滤波器的线性离散方程；

（5）按照线性差分方程来编制相应的软件，最终实现数字滤波器的功能，所设计的数字滤波器特性，可用 MATLAB 软件进行仿真。

2）数字滤波器的软件设计

在测控系统中，由于各种参数的干扰成分不同，滤除这些干扰成分的方式也不同。数字滤波方法有多种，可根据具体情况加以选用。

（1）程序判断滤波法（限幅滤波法）。

测控系统在工业现场进行采样时，由于许多强干扰的存在，会引起输入信号的大幅度跳变，造成计算机系统的误操作。在这种情况下，可设置相邻采样数据差的门值，如超过该门限值，则作为噪声信号舍去，否则将本次采样值作为有用信号保留。

（2）中位值滤波法。

中位值滤波法就是对某一被测参数连续采样 N 次（N 一般取奇数），然后把 N 次采样值按大小排列，取中位值作为本次采样值。中位值滤波器能有效地克服因偶然因素而引起的波动干扰。对于温度、液位等缓慢变化的被测参数，采用此法能收到良好的滤波效果，但对快速变化的参数一般不宜采用。

（3）算术平均滤波法。

算术平均滤波法就是连续取 N 个值进行采样，然后求出算术平均值。该方法适用于对随机干扰信号进行滤波，这时信号会在某一数值范围内波动。当 N 值较大时，用此方法得到的信号平滑度高，但灵敏度低；当 N 值较小时，信号平滑度低，但灵敏度高。因此，应视具体情况选取 N 值，这样才能节省时间，又能取得较好的滤波效果。

（4）递推平均滤波法。

递推平均滤波法是一种只需测量一次就能得到当前算术平均值的方法。对于测量速度较慢或要求数据计算速度较快的实时控制系统，此方法更为适用。递推平均滤波法是把 N 个测量数据看成一个队列，队列的长度为 N，每进行一次新的测量，就把测量结果放入队尾，去掉原来队首的一个数据，这样在队列中始终有 N 个最新的数据。计算滤波值时，只要把队列中的 N 个数据进行平均，即可得到新的结果。

递推平均滤波法对周期性干扰具有良好的抑制作用，其平滑度高，灵敏度低；但对偶尔出现的脉冲干扰的抑制作用差，不易消除由脉冲干扰而引起的采样值偏差。因此，它不适用于脉冲干扰比较严重的场合，而适用于高频振荡系统。通过观察在不同 N 值下递推平均的输出响应来选取 N 值，以便既少占用时间，又能达到最佳滤波效果。对于测控系统，N 一般取 1~4。

（5）防脉冲干扰平均滤波法。

在脉冲干扰严重的场合，若采用一般的平均滤波法，干扰就会被"平均"到结果中，故平均值法不易消除由于脉冲干扰而引起的误差。为此，可先去掉 N 个数据中的最大值和最小值，然后计算（$N-2$）个数据的算术平均值。为提高测量速率，一般取 $N=4$。

（6）一阶滞后滤波法。

一阶滞后滤波法对周期性干扰具有良好的抑制作用，适用于对波动频率较高的参数进行滤波。其不足是会使相位滞后，灵敏度降低。

一阶滞后滤波算法为

$$Y(n) = (1-\alpha)X(n) + \alpha Y(n-1) \tag{2.3}$$

式中，$X(n)$ 是本次采样值，$Y(n)$、$Y(n-1)$ 是本次、上次滤波输出值。令滤波时间常数为 T_f，采样周期为 T，则 $\alpha = T_f/(T+T_f)$。α 值与采样参数和干扰的成分有关，可由实验确定，只要使被测信号不产生明显的失真即可。

2.6.3 自补偿技术

传感器的自补偿技术主要是为了消除因工作条件、环境参数发生变化后引起系统特性的漂移，如温度变化引起的零点漂移、灵敏度温度漂移等。另外一个重要目的是改善传感器系统的动态特性，使其频率响应特性向更高或更低频段扩展。

通过自补偿技术可改善传感器系统的动态性能，使其频率响应向更高或更低频段扩展。在不能进行完善的实时自校准的情况下，可采用补偿法消除因工作条件、环境参数发生变化后引起系统特性的漂移，如零点漂移、灵敏度温度漂移等。自补偿与信息融合技术有一定程度的交叠，信息融合有更深更广的内涵。

1. 温度补偿

温度是传感器系统最主要的干扰量，在经典传感器中主要采用对称结构（机械结构对称、电路结构对称）来消除其影响，在智能传感器的初级形式中，也有采用硬件电路来实现补偿的，但补偿效果不能满足实际测量的要求。在传感器与微处理器/微计算机相结合的智能传感器系统中，则是采用监测补偿法，它是通过对干扰量的监测再由软件来实现补偿的。

一般情况下，对应不同的工作温度，传感器有不同的输出-输入（Y-U）特性。如果能够确定工作温度为 T 时相应的输入-输出特性，并按其反非线性特性读取被测量 Y，从原理上就能消除温度引入的误差。但通过标定实验只能在有限数量的几个温度值条件下标定输入-输出特性，而在前面可知输入 Y 与输出 U 之间通常存在非线性，可以利用分段线性插值法确定在工作温度范围内非标定条件下任一温度 T 状态的输入-输出特性。具体步骤如下。

（1）进行标定实验，获得不同温度下的实验数据。设在不同温度 $T_i(i=1,2,\cdots,k)$ 下测得下列数值，即

$$T_1, T_2, \cdots, T_k \tag{2.4}$$

$$y_{10}, y_{11}, \cdots, y_{1m}, y_{k0}, y_{k1}, \cdots, y_{km}$$
$$u_{10}, u_{11}, \cdots, u_{1m}, u_{k0}, u_{k1}, \cdots, u_{km}$$

(2.5)

式中，y_{ij} 为温度 T_i 时第 j 次输入传感器的被测物理量；u_{ij} 为温度 T_i 时第 j 次测得的传感器输出电压。

（2）确定不同温度下的输入-输出拟合多项式系数，获得拟合曲线。将不同工作温度 T 下获得的输入-输出特性用一维多项式方程表示为

$$y_1 = a_{10} + a_{11}U + \cdots + a_{1n}U^n$$
$$y_2 = a_{20} + a_{21}U + \cdots + a_{2n}U^n$$
$$\vdots$$
$$y_k = a_{k0} + a_{k1}U + \cdots + a_{kn}U^n$$

(2.6)

利用标定实验数据即可得到各温度下传感器静态输入-输出特性的拟合多项式的系数 a_{ij}。值得注意的是，这些系数 a_{ij} 是随温度 T 而变化的，且变化的规律通常不是线性的，此时可以用曲线拟合的方法，也可以用分段插值的方法确定。

（3）分段插值，求取非标定温度下的输出值。

将 $a_{ij}(i = 1, 2, \cdots, k; j = 0, 1, \cdots n)$ 和以上多项式的计算程序写入内存，按照图 2.21 所示流程进行温度补偿，即由输入的 T 及 u 查找和计算 y 值，采用的是分段线性插值法，只要 k 足够大，其误差就足够小。

2. 频率补偿

传感器的动态特性可以用低阶（一阶、二阶）方程来表示。其本身都有一定的固定带宽和固有频率。当信号的频率高而传感器的工作带宽不能满足测量允许误差的要求时，则希望扩展系统的频带，以改善系统的动态性能。与数字滤波相同，动态补偿既可以通过硬件电路实时补偿，也可以通过软件进行补偿，智能传感器系统具有强大的软件优势，能够补偿原有系统动态性能的不足。通常，已知传感器动态特性时，常采用数字滤波器与频域校正法，在未知传感器动态特性时，则可以采用神经网络法进行补偿。

1）数字滤波器

数字滤波法的补偿思想是：给现有的传感器系统(设系统传递函数为 $H(s)$)附加一个校正环节$(H_c(s))$，如图 2.22 所示，使得系统总传递函数 $H_1(s)$ 满足动态性能的要求。这个附加的串联环节由软件编程设计的滤波器来实现。

动态补偿滤波器的设计方法比较简单，首先令动态补偿滤波器与传感器传递函数的极点相同，即令其抵消传感器传递函数的极点。设某传感器（一阶环节）的传递函数为

$$H(s) = \frac{K}{1 + \tau s}$$

(2.7)

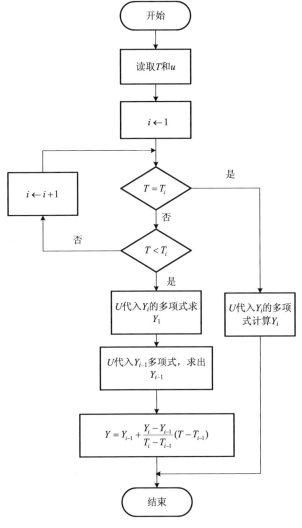

图 2.21　温度补偿流程图

为改善其动态特性，在其后串入一个超前校正环节，该环节的传递函数为

$$H_c(s) = \frac{K_1(1+\tau s)}{1+K_1 s} = \frac{K_1(1+\tau s)}{1+\tau_1 s} \qquad (2.8)$$

式中，$\tau_1 = K_1\tau$，$K_1 < 1$。传感器与校正环节合成后的传递函数为

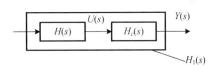

图 2.22　传感器动态补偿数字滤波器示意图

$$H_1(s) = H(s) \cdot H_c(s) = \frac{K}{1+\tau s} \cdot \frac{K_1(1+\tau s)}{1+\tau_1 s} = \frac{KK_1}{1+\tau_1 s} \qquad (2.9)$$

校正环节后传感器的时间常数 τ_1 是原来的 K_1 倍，由于设计 $K_1 < 1$，所以时间常数见效，响应速度变快。如果 $K_1 = 0.01$，$\tau_1 = \dfrac{1}{100}\tau$，则响应速度将变快 100 倍。

在数字滤波器的设计过程中，主要考虑以下三个问题：

（1）滤波器的数学模型的建立，即系统函数的导出；

（2）数字滤波器设计方法的选择及系数的确定；

（3）数字滤波器的设计及其程序编制。

数字滤波器的设计方法主要有两种：脉冲响应不变法和双线性变换法。脉冲响应不变法的缺点是高频时频响混淆严重，在校正高频特性时，宜采用双线性变换法。

一个线性定常的离散环节（或系统）可用差分方程来表示。对于 N 阶环节，其一般形式为

$$y(n) + \sum_{i=1}^{N} b_i y(n-i) = \sum_{i=0}^{N} a_i x(n-i) \tag{2.10}$$

若环节起始为零状态，对式（2.10）两端取 Z 变换，得

$$Y(Z) + \sum_{i=1}^{N} b_i Z^{-i} Y(Z) = \sum_{i=0}^{N} a_i Z^{-i} X(Z) \tag{2.11}$$

因此环节的系统函数为

$$H(Z) = \frac{Y(Z)}{X(Z)} = \frac{\displaystyle\sum_{i=1}^{N} a_i Z^{-i}}{1 + \displaystyle\sum_{i=1}^{N} b_i Z^{-i}} \tag{2.12}$$

式（2.12）为环节的数学模型，表示环节的特性。

若环节为一阶，即 $N=1$，则有

$$y(n) + b_1 y(n-1) = a_0 x(n) + a_1 x(n-1) \tag{2.13}$$

令环节输入为 y，输出为 y_c，则式（2.13）应写为

$$y_c(n) + b_1 y_c(n-1) = a_0 y(n) + a_1 y(n-1) \tag{2.14}$$

系统函数为

$$H(Z) = \frac{Y_c(Z)}{Y(Z)} = \frac{a_0 + a_1 Z^{-1}}{1 + b_1 Z^{-1}} \tag{2.15a}$$

由前面的论述可知，若对一阶环节

$$H(s) = \frac{K}{1 + \tau s}$$

实现校正，则模拟校正环节的传递函数应为

$$H_c(s) = \frac{K_1(1 + \tau s)}{1 + K_1 s} = \frac{K_1(1 + \tau s)}{1 + \tau_1 s}$$

对 $H_c(s)$ 作归一化处理，令截止频率处的值为 1，即在 s 前乘以 $\dfrac{1}{K_1\tau}$，得

$$H_c(s_1) = \frac{K_1 + s_1}{1 + s_1} \tag{2.15b}$$

对式（2.15b）进行双线性变换，即令

$$s_1 = C\frac{1 - Z^{-1}}{1 + Z^{-1}} \tag{2.16}$$

可实现模拟域（s 域）到数字域（z 域）的变换，得到数字校正滤波器的系统函数为

$$H(Z) = \frac{a_0 + a_1 Z^{-1}}{1 + b_1 Z^{-1}} \tag{2.17}$$

式中

$$\begin{cases} a_0 = (K_1 + C)/(1 + C) \\ a_1 = (K_1 - C)/(1 + C) \\ b_1 = (1 - C)/(1 + C) \end{cases}$$

常数 C 的引入是用于克服双线性变换可能引起的相频非线性畸变，它由式（2.18）确定，即

$$C = \omega c \tan\frac{\Omega T}{2} \tag{2.18}$$

式中，ω 为模拟域频率，Ω 为数字域频率，T 为采样周期。频率的选取一般采用的原则是：使模拟和数字两个滤波器的截止频率相等。对应模拟滤波器归一化频率 $\omega_1 = 1$，在数字域 $\Omega = \dfrac{1}{K_1\tau}$，于是有

$$C = c \tan\frac{T}{2K_1\tau} \tag{2.19}$$

系数 a_0、a_1、b_1 确定之后，引入辅助 Z 变换 $U(Z)$，有

$$H(Z) = \frac{Y_c(Z)}{U(Z)} \cdot \frac{U(Z)}{Y(Z)} = (a_0 + a_1 Z^{-1}) \cdot \frac{1}{1 + b_1 Z^{-1}} \tag{2.20}$$

因此，数字校正滤波器时域输出序列和输入序列的关系式可写为

$$\begin{cases} y_c(n) = a_0 u(n) + a_1 u(n-1) \\ u(n) = y(n) - b_1 u(n-1) \end{cases} \tag{2.21}$$

采用上述运算结构，其结构流图如图 2.23 所示。

　　动态补偿滤波器有其缺点。第一，必须确定传感器的动态数学模型。由于确定数学模型时会作一些简化和假设，这样所设计的数字滤波器的补偿效果必然受到限制。第二，一般方法设计出的滤波器不适用于非最小相位系统。第三，滤波器的阶次较高，难以适应在线实时测量的需要。

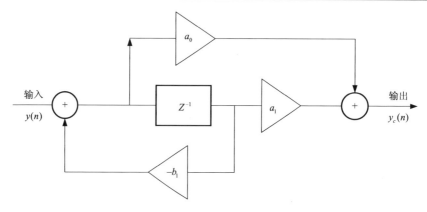

图 2.23 数字校正滤波器结构流图

2）频域校正法

频域校正法与数字滤波一样，都是在已知系统传递函数时进行的，它的过程如图 2.24 所示。

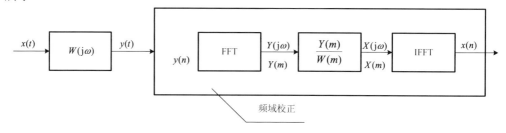

图 2.24 系统动态特性频域校正法过程示意图

图 2.24 中，$x(t)$ 是测试系统输入的真值，$y(t)$ 是传感器系统的输出，和数字滤波不同的是，它对传感器输出信号先通过快速傅里叶变换（Fast Fourier Transformation，FFT）变化到频域进行处理，把畸变的 $y(t)$ 转换为被输入信号 $x(t)$ 的频谱 $X(m)$，再通过快速傅里叶逆变换（Inverse Fast Fourier Transform，IFFT）转换到原函数的离散时间序列 $x(n)$，从而使输出信号接近被测信号的真值 $x(t)$，于是便削除了误差。

3）神经网络法

为了减少设计动态补偿滤波器对传感器动态模型的依赖，并且所设计的滤波器可应用于最小相位系统和非最小相位系统。为此，对滤波器的设计问题进行如下描述：求滤波器 $H(z)$ 使 $J = \sum [Y(i) - Y_m(i)]$ 最小。

式中，$Y(i)$ 与 $Y_m(i)$ 分别为所设计的滤波器 $H(z)$ 的实际输出和期望输出。这样即将设计滤波器的问题转化为求最优解的问题。

设滤波器 $H(z)$ 以被校传感器对某一信号的输出序列作为输入 $\{X_i\}$，传感器对该信号的期望作为滤波器的输出 $\{Y_i\}$，构成一个输入-输出模式，每个模式的连接权用 ω 表示。输入-输出关系可表示成矩阵形式，即

$$X\omega = Y \tag{2.22}$$

神经网络的学习算法为

$$Y_i(k) = \sum x_i^n \cdot \omega_n(k) \tag{2.23}$$

$$e_i(k) = y_m(k) - Y_i(k) \tag{2.24}$$

权值调整为

$$\omega_n(k+1) = \omega_n(k) + \alpha e_i(k)x_i^n \tag{2.25}$$

式中，$Y_i(k)$、$y_m(k)$、$e_i(k)$ 及 $\omega_n(k)$ 分别为第 i 个输入模式时滤波器 $H(z)$ 的实际输出、期望输出、误差及第 k 步的第 n 个连接权；α 为学习因子。通过训练神经网络，即可获得滤波器函数表达式。

2.6.4 自检技术

自检是智能传感器自动开始或人为触发开始执行的自我检验过程。自检的内容分为硬件自检和软件自检。硬件自检是指对系统中硬件功能的检查，主要是 CPU、存储器和外围设备；软件自检则是对系统中 ROM 或磁盘所存放的软件检验。无论硬件自检还是软件自检都是由 CPU 依靠自检软件来实现的。通过对系统软硬件故障的检测，能大大提高系统的可靠性。

智能传感器的自检过程一般按照如下方法进行。

（1）检测零点漂移。输入切换接地以检测零点漂移下的漂移值可存储，用于零点补偿；偏大的零点失调提示系统可能发生故障，应向主控计算机报警。

（2）A/D 自检。对内部标准参考电压进行 A/D 转换，以进行 A/D 转换器的自检及检测增益漂移。

（3）D/A 自检。通过 D/A 产生斜坡信号，再由 A/D 读取，则可实现 D/A 的自检及对模拟部件、D/A 及 A/D 的线性度的检测。

（4）差动放大器电路的自检可通过以下四部完成。

① 差动输入两端切入零伏电压。

② 差动输入一端切入零伏电压，另一端输入一参考电压。

③ 差动两输入端交换连接。

④ 加入同一参考电压给两输入端。

通过以上四步可检测差分电路的增益及共模抑制比。若通过 D/A 加入斜坡信号，则可检测其线性度。

（5）ROM 自检。检查的方法较多，常采用"校验和"来进行检查。在将程序写入 ROM 之后，保留一个地址单元写入"检验字"，检验字的内容选择要求该检验字的每一位选择 0 或 1 的依据是能够使得该 ROM 单元中所有相应单元的位应具有奇数个 1，以确保新的 ROM 单元值和检验字的校验和全为 1。因此，对 ROM 校验返回时，若校验和不全为 1，就去执行显示 ROM 有故障的程序；否则，ROM 自检通过。

（6）RAM 自检。在 RAM 中尚未存入信息的情况下，常用的反复法是首先将一段伪随机码写入存储单元，而后再从各单元中读出并与原先写入的已知代码比较，以判断 RAM 是否能够正常写入和读出。

在 RAM 中已经存入数据的情况下，为了不破坏 RAM 中原有的内容，常用"异或"法来自检。即先从被检查的 RAM 单元中读出数据，存入寄存器，将其求反后与原单元内容做"异或"运算，若所得结果为全"1"，则表明该单元工作正常；反之，单元工作异常。

（7）基本敏感元件的自动测试。这一步更加困难且与现场工作条件密切相关。若能在不影响被测对象的条件下，产生一已知物理变量，则可通过定周期标定来实现自检。若传感器读数，明显偏离预期值，则可直接检出故障状态。

2.7　多传感器信息融合

通常传感器都存在交叉灵敏度，表现在传感器的输出值不仅决定于一个参量，当其他参量变化时也要发生变化。例如，一个压力（差）传感器，当压力（差）参量恒定而温度或静压参量变化时，其输出值也发生改变，那么这个压力（差）传感器就存在对温度或对静压参量的交叉灵敏度。这样传感器在单个使用时，就存在性能不稳定的问题。另外，单个传感器瞬时获得的信息量有限，而多传感器融合技术具有无可比拟的优势。例如，人用单眼和双眼分别去观察同一个物体，二者在大脑神经中枢所形成的影像就不同，后者更具有立体感和距离感。这是因为用双眼观察物体时尽管两眼的视角不同，所得到的影像也不同，但经过神经中枢融合后会形成一幅新的影像，这是人脑的一种高级融合技术。

多传感器信息融合技术就是通过对多个参数的监测，在一定准则下进行分析、综合、支配和使用，通过它们之间的协调和性能互补的优势，克服单个传感器的不确定性和局限性，提高整个传感器系统的有效性能，获得对被测对象的一致性解释与描述，进而实现相应的决策与估计，使系统获得比它的各组成部分更充分的信息。信息融合的 3 个核心方面包括：①信息融合是在几个层次上完成对多源信息的处理过程，其中各个层次都表示不同级别的信息抽象；②信息融合处理包括探测、互联、相关、估计以及信息组合；③信息融合包括较低层次上的状态和身份估计，以及较高层次上的整个战术态势估计。

与单传感器系统相比，运用多传感器信息融合技术在解决探测、跟踪和目标识别等问题方面，能够增强系统生存能力，提高整个系统的可靠性和鲁棒性，增强数据的可信度，并提高精度，扩展整个系统的时间、空间覆盖率，增强系统的实时性和信息利用率等。

2.7.1　多传感器信息类型及其融合方法

多传感器感知系统采集到的信息多种多样，为使这些信息能得以统一协调的利用，有必要对信息进行分类。采集的信息间的关系大致可分为三类，如图 2.25 所示。针对不同类型的信息，采用不同的融合方法。

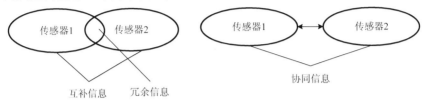

图 2.25　多传感器获取不同类型信息示意图

1. 冗余信息

冗余信息是指由一组传感器（或一个传感器多次观测）获得的关于同一环境特征的信息。例如，在对监测对象进行检测时，可在同一区域或多个区域中放置多个传感器，这些传感器的输出信息就是关于检测对象的冗余信息。融合冗余信息的优越性在于以下几点。

（1）每个单独的冗余信息具有不同的可信度，融合后的信息可以降低不确定性，提高对监测对象特征描述的精度；

（2）由于每个传感器的噪声是不相关的，融合后的信息在总体上可明显抑制噪声；

（3）在传感器失效或出错时，冗余信息的融合还可以提高检测的可靠性。

在对冗余信息的处理中，有两个问题需加以注意：一是可能会出现传感器冲突的现象，即用于检测对象中同一特征的传感器可能会获得矛盾的信息；二是观测数据的一致性检验问题，即必须确定用于检测同一对象特征的多个不同传感器的信息确实是描述该同一特征的。有些算法提出了解决上述两个问题的方法。例如，利用模糊逻辑和神经网络的方法来处理不确定信息可以获得较令人满意的结果。

2. 互补信息

在有些情况下，信息的获取受到传感器结构、时间、空间范围等诸多因素的限制，故单独的传感器很难获得对象的全局信息，这时往往采用多个不同（或互补）的传感器进行测量。另外，用不同的传感器有时可获得对象的不同特征。互补信息就是两个或多个独立的传感器所提供的、从不同侧面描述同一对象或环境的、彼此间又不相互重复的多个信息。互补信息的融合可以给出关于对象和环境的更全面、更完整的描述；有时可以使多传感器系统感知到每个单一传感器无法获得的对象和环境特征。如果将这些被感知到的特征看成特征空间的特征向量，则每个传感器只能提供特征空间的一个子空间，而互补信息则提供了另外的独立的特征向量。这样，特征空间的维数增加使多传感器系统的精度也随之提高。例如，在矿井环境监测过程中，将温度传感器、湿度传感器、氧气传感器及风速传感器等组合起来，就可以得到煤矿井下环境的气候状况；将一氧化碳传感器、二氧化碳传感器、煤尘及瓦斯传感器等传感器组合起来，就可以监测矿井自然发火状况、煤尘、瓦斯含量等安全信息。

3. 协同信息

协同信息是指在多传感器系统中，传感器获得的相互依赖或相互配合的信息。例如，在监测煤矿井下是否发生煤炭自然发火时，可利用一氧化碳传感器、烟雾传感器、温度传感器等的配合来获得井下自然发火的可靠信息。这类信息的融合被广泛地应用于物体识别和空间识别。在智能仪表系统中，多传感器系统获得的信息除进行上述三种融合，还采用了复合信息融合，即先进行局部融合，包括一级融合和二级融合，再进行全局融合。

2.7.2 多传感器信息融合过程

数据融合过程主要包括多传感器组（信息获取）、A/D 转换、数据预处理、融合中心（特征提取、融合计算）和结果输出等环节，其过程如图 2.26 所示。由于被测对象多半为具有不同特征的非电量，如压力、温度色彩和速度等，所以首先要将它们转换成电信号，然后经过 A/D 转换将它们转换为计算机处理的数字量。数字化后的电信号由于环境等随机因素的影响，不可避免地存在一些干扰和噪声信号，通过预处理滤除数

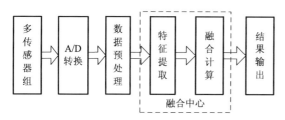

图 2.26　多传感器数据融合过程

据采集过程中的干扰和噪声，以便得到有用信号。预处理后的有用信号经过特征提取，并对某一个特征量进行数据融合计算，最后输出融合结果。

（1）信号的获取。多传感器信号获取的方法有很多，可根据具体情况采取不同的传感器获取被测对象的信号。图形景物信息的获取一般可利用电视摄像系统或电荷耦合器件，将外界的图形景物信息摄入电视摄像系统或将电荷耦合器件变化的光通量转换成变化的电信号，再经 A/D 转换后进入计算机系统。工程信号的获取一般采用工程上的专用传感器，将非电量信号或电信号转换成 A/D 转换器或计算机 I/O 口能接收的电信号，在计算机进行处理。

（2）信号预处理。在信号获取过程中，一方面由于各种客观因素的影响，在检测到的信号中常混有噪声。另一方面，经过 A/D 转换后的离散时间信号除含有原来的噪声，又增加了 A/D 转换器的量化噪声。因此，在对多传感器信号融合处理前，有必要对传感器输出信号进行预处理，以尽可能地去除这些噪声，提高信号的信噪比。信号预处理的方法主要有去均值、滤波、消除趋势项、野点剔除等。

（3）特征提取对来自传感器的原始信息进行特征提取，特征可以是被测对象的各种物理量。

（4）融合计算。数据融合计算方法较多，主要有数据相关技术、状态估计和目标识别技术等。

2.7.3　多传感器信息融合结构

1. 传感器的布置

　　传感器融合结构中最重要的问题是如何布置传感器，基本上有 3 种类型：串行拓扑、并行拓扑以及混合拓扑，如图 2.27 所示。$C_1, \cdots, C_n$ 表示 n 个传感器，$S_1, \cdots, S_n$ 表示来自各个传感器信息融合中心的数据，$Y_1, \cdots, Y_n$ 表示融合中心。图 2.27(a)串行拓扑融合方式时，当前传感器要接收前一级传感器的输出结果，每个传感器既有接收信息的功能又有局部信息融合功能。各个传感器的处理同前一级传感器的输出形式有很大的关系。最后一个传感器综合了所有前级传感器输出的信息，得到的输出作为串行拓扑融合系统的结论。

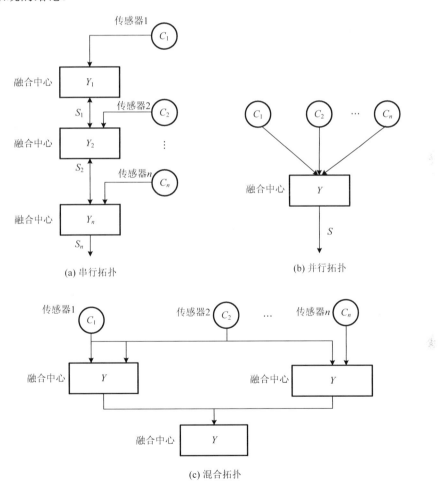

(a) 串行拓扑　　　　　　　　　　(b) 并行拓扑

(c) 混合拓扑

图 2.27　传感器信息典型的 3 种融合方式

信息融合串行拓扑的优点是具有很好的性能及融合效果，但它的缺点在于对线路的故障非常敏感。

图 2.27(b)并行拓扑融合时，各个传感器直接将各自的输出信息传输到传感器融合中心，传感器之间没有影响，融合中心对各信息按适当方法综合处理后，输出最终结果。

图 2.27(c)混合拓扑数据融合是串行拓扑和并行拓扑的结合。既可先串后并，也可先并后串，其输入信息与并行拓扑一样，存在着多样形式，其运算可由并行拓扑和串形拓扑综合得到。

2. 按融合层次的结构划分

在多传感器数据融合系统中，各种传感器的数据可以具有不同的特征，可能是实时的或非实时的、模糊的或确定的、互相支持的或互补的，也可能是互相矛盾或竞争的。多传感器数据具有更复杂的形势，而且可以在不同的信息层次上出现。多传感器信息融合根据信息表征的层次分为 3 类：数据层融合、特征层融合、决策层融合。不同层次的数据融合采用的数据融合方法也不相同。

（1）数据层融合。在数据层融合中，首先将全部传感器的观测数据进行融合，然后从融合的数据中提取特征向量，并进行判断识别。这要求传感器是同类的，例如，传感器测量同一物理现象如两个视觉图像或两个超声波传感器；相反，如果传感器不是同类的，它们必须在特征层或决策层融合。数据层融合能提供最精确的结果并需要很大的通信带宽，一般适用于小规模的融合系统。

数据层融合的方法主要有线性加权法、Brovery 变换、小波变换融合算法等。

（2）特征层融合。在特征层融合中，从观测数据中提取许多特征矢量后把它们连接成单个特征向量，再对其进行识别。例如，通过摄像头获取的数据是图像数据，则特征就是从图像像素信息中抽象提取的线型、边缘、纹理等。这一结构的优点是冗余度高、计算负荷分配合理、信道压力轻，但由于各传感器进行了局部信息处理，阻断了原始信息间的交流，导致部分信息的丢失。

特征层数据融合的方法主要有 Dempster-Shafer 证据理论法、贝叶斯估计法、表决法以及神经网络法等。

（3）决策层融合。决策层数据融合是在最高级进行的信息融合，直接针对具体决策目标。在决策层融合中，每一个传感器首先根据本身的单源数据做出决策，分别建立对同一目标的初步判决和结论，然后对这些决策进行相关处理和融合，从而获得最终的决策，在上述 3 种结构中，其精确性是最差的，但需要的带宽最小。

目前，决策层数据融合方法主要有贝叶斯估计法、神经网络、模糊集理论、可靠性理论等。上述 3 个层次的信息融合都各有其特点，在具体的应用中可根据融合的目的和条件选用。典型的信息融合层次如图 2.28 所示，表 2.1 对它们的特点进行了综合比较。

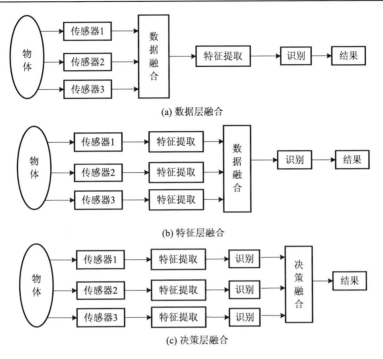

(a) 数据层融合

(b) 特征层融合

(c) 决策层融合

图 2.28　典型的信息融合层次

表 2.1　三种融合层次的特点比较

融合层次	信息损失	实时性	精度	容错性	抗干扰性	计算量	融合水平
数据层	小	差	高	差	差	大	低
特征层	中	中	中	中	中	中	中
决策层	大	好	低	好	好	小	高

2.7.4　多传感器信息融合方法

融合处理是将多维输入数据根据信息融合的功能，在不同融合层次上采用不同的数学方法，对数据进行综合处理，最终实现融合。多传感器信息融合的数学方法有很多，常用的方法可概括为概率统计方法和人工智能方法两大类。与概率统计有关的方法包括加权平均法、估计理论、卡尔曼滤波法、假设检验、贝叶斯估计法、统计决策D-S 证据理论法以及其他变形的方法。人工智能类则有模糊逻辑推理法、人工神经网络法、粗集理论、专家系统等。

1. 概率统计方法

1）加权平均法

信号层融合方法中最简单、最直观的方法是加权平均法，该方法将一组传感器提供的冗余信息进行加权平均，结果作为融合值，该方法是一种直接对数据源进行操作的方法。

2）卡尔曼滤波法

卡尔曼滤波器是线性最小均方误差估计器。它根据前一个估计值和最近一个观测数据来估计信号的当前值，用状态方程和递推方法进行估计，其解以估计值（通常是以状态变量的估计值）的形式给出。

在系统融合中心采用集中卡尔曼滤波融合技术，可以得到系统的全局状态估计信息。在集中式结构中，各传感器信息的流向是自低层次融合中心单方向流动，各传感器之间缺乏必要的联系。

（1）分散式结构。分散式结构没有中央处理单元，每个传感器都要求做出全局估计，为了简化算法，作以下三点假设：传感器分散网络结构中的每一个融合节点都其他节点直接相连；节点的通信在一个周期内同时进行；所有节点使用同样的状态空间。有 n 个节点组成的分散融合结构网络中，任一个节点都可以作为全局估计，某一个节点的失效不会显著地影响系统正常工作，其他 $n-1$ 个节点仍可以对全局做出估计，有效地提高了系统的鲁棒性。尽管每个节点都具有较大的通信量，但是其通信量都没有集中式融合中心的通信量大，且由于其采取并行处理，解决了通信瓶颈问题。通过分散融合，各传感器之间信息互通，加强了联系，尽管通信费较高，但是系统的鲁棒性和容错性得到了提高。

（2）分级融合结构。分级融合结构有两种形式：无反馈的分级结构和有反馈的分级结构，分级结构采取的是由低层向高层逐层融合的思想。设系统的动力学方程和观测方程为同一方程式，有下标的表示低层的信息，没有下标的表示高层的信息。

无反馈时有

$$P^{-1}(k|k) = \sum_{i=1}^{m}[P_i^{-1}(k|k) - P_i^{-1}(k|k-1)] + P^{-1}(k|k-1) \qquad (2.26)$$

$$X(k|k) = P(k|k)[P^{-1}(k|k-1)\hat{X}(k|k-1) + \sum_{i=1}^{m}P_i^{-1}(k|k)\hat{X}_i(k|k)] \\ - P_i^{-1}(k|k-1)\hat{X}_i(k|k-1) \qquad (2.27)$$

有反馈时有

$$P^{-1}(k|k) = \sum_{i=1}^{m}P_i^{-1}(k|k) - (m-1)P^{-1}(k|k-1) \qquad (2.28)$$

$$X(k|k) = P(k|k)\left[\sum_{i=1}^{m}P_i^{-1}(k|k)\hat{X}_i(k|k) + (m-1)P^{-1}(k|k-1)\hat{X}(k|k-1)\right] \qquad (2.29)$$

从上面公式中可以看到：信息从低层向高层逐层流动，无反馈时，层间传感器属于单向联系，高层信息不参与低层处理；有反馈时，层间传感器是双向联系，不仅低

层融合信息向高层传递，高层信息也参与低层节点处理，各传感器之间是一种层间的
有限联系。

卡尔曼滤波主要用于融合低层次实时动态多传感器冗余数据。该方法用测量模型
的统计特性递推，决定统计意义下的最优融合和数据估计。如果系统具有线性动力学
模型，且系统与传感器的误差符合高斯白噪声模型，则卡尔曼滤波将为融合数据提供
唯一统计意义下的最优估计。卡尔曼滤波的递推特性使系统处理不需要大量的数据存
储和计算。但是，采用单一的卡尔曼滤波器对多传感器组合系统进行数据统计时，存
在实时性差、受子系统故障影响可靠性降低等问题。

3）贝叶斯估计法

贝叶斯估计法属于统计融合算法。该方法根据观测空间的先验知识，从而实现对
观测空间里目标的识别。

设概率事件 A, $B \in F$，F 为事件域，则在事件 B 发生的条件下，事件 A 发生的条
件概率 $P(A|B)$ 为

$$P(A|B) = \frac{P(AB)}{P(B)} \tag{2.30}$$

式中，$P(B)$ 为事件 B 发生的概率，假定为正值；$P(AB)$ 为事件 A 和 B 同时发生的概率。
在贝叶斯推理中，在给定证据 A 的情况下，假设事件 B_i 发生的概率，则有

$$P(B_i|A) = \frac{P(AB_i)}{P(A)} \tag{2.31}$$

若 $B_1, B_2, \cdots, B_n$ 的并集为整个事件空间，则对任一 $A \in F$，若 $P(A) > 0$，有

$$P(B_i|A) = \frac{P(A|B_i)P(B_i)}{\sum_{j=1}^{n} P(A|B_j)P(B_j)} \tag{2.32}$$

式中，$P(B_i)$ 为根据已有数据分析所得事件 B_i 发生的先验概率，有

$$\sum_{i=1}^{n} P(B_i) = 1 \tag{2.33}$$

$P(B_i|A)$ 为给定证据 A 的情况下，事件 B_i 发生的后验概率；$P(A|B_i)$ 为假设事件 B_i 的
似然函数，式（2.33）即贝叶斯推理公式。

基于贝叶斯公式的信息融合过程，假设有 n 个传感器用于获取未知目标的参数数
据，每一个传感器基于传感器观测和特定的传感器分类算法提供一个关于目标身份的
说明（关于目标身份的一个假设）。设 $O_1, O_2, \cdots, O_m$ 为所有可能的 m 个目标，D_i 表示第
i 个传感器关于目标身份的说明。$O_1, O_2, \cdots, O_m$ 实际上构成了观测空间的互不相容的穷
举假设，则由式（2.33），得

$$\sum_{i=1}^{n} P(O_i) = 1 \tag{2.34}$$

$$P(O_i|D_j) = \frac{P(D_j|O_i)P(O_i)}{\sum\limits_{j=1}^{n}P(D_j|O_j)P(O_j)} \quad (i=1,2,\cdots,n; j=1,2,\cdots,m) \quad (2.35)$$

当贝叶斯用于身份信息的融合时，可以采用如图 2.29 所示的处理过程。

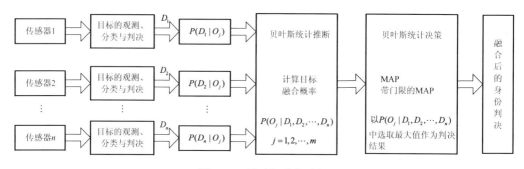

图 2.29　贝叶斯融合过程

贝叶斯融合身份信息识别算法的主要步骤如下。

（1）将每个传感器关于目标的观测转化为目标身份的分类与说明，即 $D_1,D_2,\cdots,D_n$。

（2）计算每个传感器关于目标身份说明或判定的不确定性，即

$$P(D_j|O_i) \quad (j=1,2,\cdots,m; i=1,2,\cdots,n)$$

（3）计算目标身份的融合概率为

$$P(O_j|D_1,D_2,\cdots,D_n) = \frac{P(D_1,D_2,\cdots,D_n|O_j)P(O_j)}{P(D_1,D_2,\cdots,D_n)} \quad (2.36)$$

如果 $D_1,D_2,\cdots,D_n$ 相互独立，则

$$P(O_j|D_1,D_2,\cdots,D_n) = P(D_1|O_j)P(D_2|O_j)\cdots P(D_n|O_j) \quad (2.37)$$

和经典的概率推理相比，当出现某一证据时，贝叶斯推理能给出确定的结算假设事件在此论据发生的条件下发生的概率，而经典的概率推理能给出的只是在发生某一假设时间的条件下，某一观测能够对某一目标或事件有贡献的概率；贝叶斯公式能够嵌入一些先验知识，如假设事件的似然函数等；当没有经验数据可以利用时，可以用主观概率来代替假设事件的先验概率和似然函数。因此，运用贝叶斯推理中的条件概率公式来进行推理，能得到较为满意的效果。解决了经典概率推理遇到的一些难题，但预先定义的先验函数和似然函数增加了一定的复杂性。

4）D-S(Dempster-Shafer)证据理论法

D-S 证据理论是贝叶斯推理的扩充，贝叶斯方法要求给出先验概率和条件概率，且要求所有的概率都是独立的，且不能区分不确定和不知道。而 D-S 证据理论既能处理随机性所导致的不确定性，又能处理模糊性所导致的不确定性，它可以不需要

先验概率和条件概率支持，能依靠证据的积累，不断减小假设集，区分不知道和不确定。它采用信任函数而不是概率作为度量，通过对事件的概率加以约束以建立信任函数而不必说明精确的难以获得的概率，当约束限制为严格的概率时，它就进而成为概率论。

定义 1　设 U 表示 X 所有可能取值的一个论域集合，且所有在 U 内的元素间是互不相容的，则称 U 为 X 的识别框架，则函数 $m:2^U \to [0,1]$ 在满足条件 $m(\phi)=0$，$\sum\limits_{A \subset U} m(A)=1$ 时，称 m 是 2^U 上的概率分配函数，$m(A)$ 为 A 的基本概率数，表示对 A 的精确信任。

定义 2　若识别框架 U 的一子集为 A，且有 $m(A)>0$，则称 A 为信任函数 Bel 的焦元。

定义 3　信任函数 $\mathrm{Bel}:2^U \to [0,1]$，且 $\mathrm{Bel}=\sum\limits_{B \leqslant A} M(B)$ 对所有的 $A \subseteq U$，Bel 函数又称下限函数，表示对 A 的全部信任。由概率分配函数的定义可知

$$\mathrm{Bel}(\phi)=M(\phi)=0,\ \mathrm{Bel}(U)=\sum_{B \subseteq U} M(B)$$

定义 4　似然函数 $\mathrm{pl}:2^U \to [0,1]$，且 $\mathrm{pl}(A)=1-\mathrm{Bel}(-A)$，pl 称为上限函数，表示对 A 非假的信任程度，信任函数和似然函数有关系 $\mathrm{pl}(A) \geqslant \mathrm{Bel}(A)$。D-S 证据理论对 A 的不确定性的描述可用图 2.30 表示。

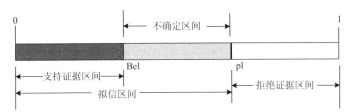

图 2.30　D-S 证据理论对信息不确定性描述

D-S 证据理论的组合规则提供了组合 2 个论据的规则。设 m_1 和 m_2 是 2^U 上的 2 个相互独立的基本概率赋值，则组合后的基本概率赋值 $m=m_1 \oplus m_2$。

设 Bel_1 和 Bel_2 是同一识别框架 U 上的 2 个信任函数，m_1 和 m_2 分别是其对应的基本概率赋值，焦元分别为 $A_1,\cdots,A_k$ 和 $B_1,\cdots,B_k$，又设

$$K=\sum_{A_i \cap B_j=\phi} m_1(A_i)m_2(B_j)<1$$

则

$$m(C)=\begin{cases} \dfrac{\sum\limits_{A_i \cap B_j=C} m_1(A_i)m_2(B_j)}{1-K}, & \forall C \subset U, C \neq \phi \\ 0, & C=\phi \end{cases} \tag{2.38}$$

若 $K \neq 1$，则 m 确定一个基本概率赋值；若 $K = 1$，则认为 m_1 和 m_2 矛盾，不能对基本概率赋值进行组合。对于多个论证的组合，可采用此组合规则对证据进行两两组合。

运用 D-S 证据理论进行多传感器融合的一般过程如下。

（1）分别计算各传感器的基本可信数、信度函数和似然函数；

（2）利用 Dempster 组合规则，求得所有传感器联合作用下的基本可信数、信度函数和似然函数；

（3）在一定决策规则下，选择具有最大支持度的目标。

上述过程如图 2.31 表示，先由 n 个传感器分别给出 m 个决策目标集的信度，经 Dempster 组合规则合成一致的对 m 个决策目标集的信度，最后对各可能决策利用某一决策选择原则得到结果。

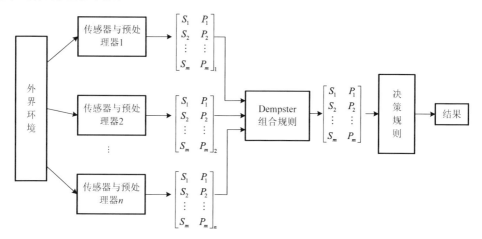

图 2.31　D-S 证据理论进行多传感器融合的一般过程

2. 人工智能方法

1）模糊逻辑推理法

模糊逻辑是多值逻辑，通过指定一个 0 到 1 之间的实数表示真实度，相当于隐含算子的前提，允许将多个传感器信息融合过程中的不确定性直接表示在推理过程中。如果采用某种系统化的方法对融合过程中的不确定性进行推理建模，则可以产生一致性模糊推理。与概率统计方法相比，逻辑推理存在许多优点，它在一定程度上克服了概率论所面临的问题，对信息的表示和处理更加接近人类的思维方式，一般比较适合在高层次上的应用（如决策），但是逻辑推理本身还不够成熟和系统化。此外，由于逻辑推理对信息的描述存在很大的主观因素，所以信息的表示和处理缺乏客观性。

2）人工神经网络法

神经网络具有很强的容错性以及自学习、自组织及自适应能力，能够模拟复杂的非线性映射。神经网络的这些特性和强大的非线性处理能力，恰好满足了多传感器数据融合技术处理的要求。在多传感器系统中，各信息源所提供的环境信息都具有一定程度的不确定性，对这些不确定信息的融合过程实际上是一个不确定性推理过程。神经网络根据当前系统所接受的样本相似性确定分类标准，这种确定方法主要表现在网络的权值分布上。同时，可以采用神经网络特定的学习算法来获取知识，得到不确定性推理机制。利用神经网络的信号处理能力和自动推理功能，即实现了多传感器数据融合。

＼　　常用的数据融合方法及特性如表 2.2 所示。通常使用的方法依具体的应用而定，并且由于各种方法之间的互补性，实际上常将 2 种或 2 种以上的方法组合进行多传感器数据融合。

表 2.2　常用的数据融合方法及特征

融合方法	运行环境	信息类型	信息表示	不确定性	融合技术	适用范围
加权平均法	动态	冗余	原始读数		加权平均	低层数据融合
卡尔曼滤波法	动态	冗余	概率分布	高斯噪声	系统模型滤波	低层数据融合
贝叶斯估计法	静态	冗余	概率分布	高斯噪声	贝叶斯估计	高层数据融合
D-S 证据理论法	静态	冗余互补	命题		逻辑推理	高层数据融合
模糊逻辑推理法	静态	冗余互补	命题	隶属度	逻辑推理	高层数据融合
人工神经网络法	动/静态	冗余互补	神经元输入	学习误差	神经元网络	低/高层

2.7.5　多传感器融合实例

多传感器信息融合技术在机器人特别是移动机器人领域有着广泛的应用。自主移动机器人是一种典型的装备有多种传感器的智能机器人系统。当它在未知和动态的环境中工作时，将多传感器提供的数据进行融合，从而准确快速地感知环境信息。

图 2.32 为斯坦福大学研制的自主移动装配机器人系统，它能实现多传感器信息的集成与融合。其中，机器人在未知或动态环境中的自主移动建立在视觉（双摄像头）、激光测距和超声波传感器信息融合的基础上；装配机械手作业的过程则建立在视觉、触觉和力觉传感器信息融合的基础上。该机器人采用的信息融合方式为并形拓扑结构。

在机器人自主移动过程中，用多传感器信息建立未卜先知环境的模型，该模型为三维环境模型。它采用分层表示，最低层环境特征（如环境中物体的长度、宽度、高度、距离等）与传感器提供的数据一致；高层是抽象的和符号表示的环境特征（如道路、障碍物、目标等的分类表示）。其中，视觉传感器提取的环境特征是最主要的信息，视觉信息还用于引导激光测距传感器和超声波传感器对准被测物体。激光测距传感器在较远距离上获得物体较精确的位置，而超声波传感器用于检测近距离物体。以上三种传感器分别得到环境中统一对象在不同条件下的近似三维表示。当将三者在不同时刻测量的距离数据融合时，每个传感器的坐标框架首先变换到共同的坐标框架中，然后采用以下三种不同的方法得到机器人位置的精确估计：参照机器人本身位置的相对位置定位法；目标运动轨迹记录法；参照环境静坐标的绝对位置定位法。每一种扩展的卡尔曼滤波确定二维物体相对于机器人的准确位置和物体的表面结构形状，并完成对物体的识别。不同传感器产生的信息在经过融合后得到的结果，还用于选择恰当的冗余传感器测量物体，以减少信息计算量以及进一步提高实时性和准确性。

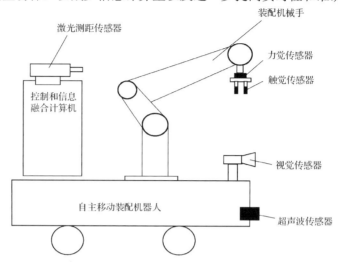

图 2.32　多传感器信息融合自主移动装配机器人

　　在机器人装备作业过程中，信息融合则是建立在视觉、触觉、力觉传感器基础上的。装配过程表示为由每一步决策确定的一系列阶段。整个过程的每一步决策由传感器信息融合来实现。其中视觉传感器用于识别具有规则几何形状的零件以及零件的定位，即用摄像头识别二维零件并判定位置；力觉传感器检测机械手末端与环境的接触情况以及接触力的大小，从而提供在接触时物体的准确位置；视觉传感器与触觉传感器相结合用于识别缺少可识别特征的物体，如无规则几何形状的零件；此外，力觉传感器还用于提供高精度轴孔匹配、零件传送和取放中的信息。上述各种传感器信息通过一定的信息融合算法（主要是 D-S 证据理论法）提供转配作业过程中的决策信息。

2.7.6　网络化

　　将传感器与网络紧密联系在一起称为网络传感器，能够通过各类集成化的微型传感器协作地实时监测、感知和采集各种环境或监测对象的信息，通过嵌入式系统对信息进行处理，并通过随机自组织通信网络以多跳中继方式将所感知信息传送到用户终端。从而组成高精度、功能强大的测控网络。

　　网络化智能传感技术融合通信技术和计算机技术，使传感器具备自检、自校、自诊断及网络通信功能，从而实现信息的"采集""传输"和处理，真正成为统一协调的一种新型智能传感器。

　　网络化智能传感器一般由信号采集单元、数据处理单元和网络接口单元组成。这三个单元可以是采用不同芯片构成合成式的，也可能是单片式结构，其基本结构如图 2.33 所示。

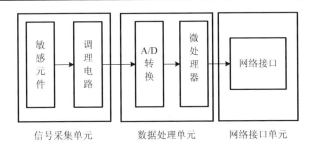

图 2.33　网络化智能传感器的基本结构

信号经过采集、调理、A/D 转换成数字量后，再送给微处理器进行数据处理，最后将测量结果传输给网络，以便实现各个传感器节点之间、传感器与执行器之间、传感器与系统之间的数据交换及资源共享，在更换传感器时无须进行标定和校准，做到"即插即用"。

将所有的传感器连接在一个公共的网络上，网络的选择可以是传感器总线、现场总线，也可以是企业内部的 Ethernet，也可以直接是 Internet。为保证所有的传感器节点和控制节点能够实现即插即用，必须保证网络中所有的节点能够满足共同的协议。无论硬件还是软件都必须满足一定的要求，只要符合协议标准的节点都能够接入系统。

网络化智能传感器研究的关键技术是网络接口技术。网络化传感器必须符合某种网络协议，使现场测控数据能直接进入网络。由于目前工业现场存在多种网络标准，随之发展起来了多种网络化智能传感器，具有各自不同的网络接口单元类型。目前主要有基于现场总线的智能传感器和基于以太网协议的智能传感器两大类。

1. 基于现场总线的智能传感器

现场总线技术是一种集计算机技术、通信技术、集成电路技术及智能传感技术于一身的控制技术，按照国际电工委员会 IEC 61158 的标准定义："安装在制造和过程区域的现场装置与控制室内的自动控制装置之间的数字式、串行、多点通信的数据总线称为现场总线"。一般认为"现场总线是一种全数字化、双向、多站的通信系统，是用于工业控制的计算机系统工业总线"。

现场总线技术是在仪表智能化和全数字控制系统的需求下产生的。现场总线是连接智能化现场设备和控制室之间全数字式、开放式和双向的通信网络。基于现场总线的智能传感器技术简图如图 2.34 所示。

现场总线技术自 20 世纪 80 年代产生以来，一直受到人们的极大关注。进入 90 年代以后，现场总线控制系统一度成为人们研究的热点，各种各样的现场总线产品不断涌现。图 2.35 描述了一个通用分布式测控系统框架。它是目前比较常见的现场总线系统的结构图。

以现场总线技术为基础，以微处理器为核心的传感器与变送器的融合体构成的现场总线智能传感器与一般智能传感器相比，具有了一些突出的功能：数字化信号取代了 4～

20mA 模拟信号传输,增强了信号的抗干扰能力;采用统一的网络化协议,实现了执行器与传感器之间的信息对等交换;能对系统进行校验、组态、测试,从而改善系统的可靠性。

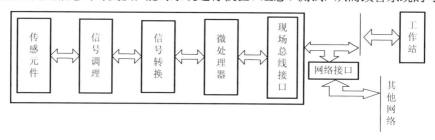

图 2.34　基于现场总线的智能传感器技术简图

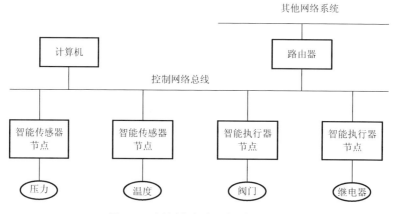

图 2.35　通用分布式测控系统框架

但基于现场总线的智能传感器只实现了某种现场总线通信协议,还未实现真正意义上的网络通信协议。基于现场总线的智能传感器技术在应用过程中也存在诸多问题,例如,目前的总线国际标准共有 12 种,且最具影响力的也有 5 种(FF、Profibus、HART、CAN 和 LonWorks)。由于各种标准采用的通信协议不统一,存在着智能传感器的兼容和互换性问题,影响了总线式智能传感器的应用。

2. 基于 IEEE 1451 标准的网络化智能传感器

为了给传感器配备一个通用的软硬件接口,使其方便地接入各种现场总线以及 Internet/Intranet,从 1993 年开始,美国国家标准技术研究所和 IEEE 仪器与测量协会的传感技术委员会联合组织了智能传感器通用通信接口标准的制定,即 IEEE 1451 的智能变送器标准接口。针对变送器工业各个领域的要求,多个工作组先后建立并开发接口标准的不同部分。

IEEE 1451 标准可以分为针对软件和硬件的接口两大部分。软件接口部分定义了一套使智能变送器顺利接入不同测控网络的软件接口规范;同时通过定义通用的功能、通信协议及电子数据表格式，以达到加强 IEEE 1451 族系列标准之间的互操作性。软件接口部分主要由 IEEE 1451.1 和 IEEE.0 组成。硬件接口部分是由 IEEE 1451.x（x 代表 2～6）组成，主要是针对智能传感器的具体应用而提出的。IEEE 1451 智能变送器系列标准体系如表 2.3 所示。

表 2.3 IEEE 1451 智能变送器系列标准体系

代 号	名称与描述	状 态
IEEE 1451.0	智能变送器接口标准	颁布标准
IEEE 1451.1—1999	网络应用处理器信息模型	颁布标准
IEEE 1451.2—1997	变送器与微处理器通信协议与 TEDS 格式	颁布标准
IEEE 1451.3—2003	分布式多点系统数字通信与 TEDS 格式	颁布标准
IEEE 1451.4—2004	混合模式通信协议与 TEDS 格式	颁布标准
IEEE 1451.5	无线通信协议与 TEDS 格式	颁布标准
IEEE 1451.6	CANopen 协议变送器网络接口	颁布标准

IEEE 1451.1 标准采用通用的 A/D 或 D/A 转换装置作为传感器的 I/O 接口，将所用传感器的模拟信号转换成标准规定格式的数据，连同一个小存储器——传感器电子数据表（Transducer Electronic Data Sheet，TEDS）与标准规定的处理器目标模型——网络适配器（Network Capable Application Processor，NCAP）连接，使数据可按网络规定的协议登录网络。这是一个开放的标准，它的目标不是开发另外一种控制网络，而是在控制网络与传感器之间定义一个标准接口，使传感器的选择与控制网络的选择分开，从而使用户可根据自己的需要选择不同厂家生产的智能传感器而不受限制，实现真正意义上的即插即用。

IEEE 1451.2 标准主要定义接口逻辑和 TEDS 格式，同时，还提供了一个连接智能变送器接口（Smart Transducer Interface Module，STIM）和 NCAP 的 10 线标准接口——变送器独立接口（Transducer Independence Interface，TTI）。TTI 主要用于定义 STIM 和 NCAP 之间点点连线及同步时钟的短距离接口，使传感器制造商能把一个传感器应用到多种网络与应用中。符合 IEEE 1451.2 标准的网络传感器的典型体系结构如图 2.36 所示。

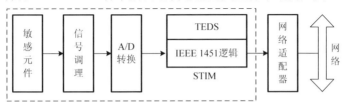

图 2.36 基于 IEEE 1451.2 标准的网络传感器典型体系结构

2.8 应用实例

道路交通环境是复杂多变的，人、车、道路情况、环境都是交通的参与者，任何一方发生变化，都会引起交通事故，尤其在冰雪凝冻天气里，交通事故发生率明显增多。由于大雪，路面几乎被覆盖，路基表面与周围的地形融为一体，使得司机分不清边沟的界限。另外，下雪天气的行车视线较差，能见度降低，积雪改变了轮胎与路面的正常接触状态，而且积雪的漫反射光的干扰，不易辨别路肩边缘，容易使司机迷失路线，而诱发交通事故。根据调研可以知道，降雪量不同及路面上的积雪形态不同，对行车的危害也不同。在初冬或残春季节，由于昼夜温差较大，降雪时温度高，降雪后温度又突然降低，路面形成冰膜或积冰状态，使其抗滑能力急剧下降，尤其在车速较快的状态下，局部冰雪路面极易造成车辆失控打滑，而引发交通事故。因此，需要研究出一种新的控制技术，来监测路面的覆冰状况，并根据路面的冰雪覆盖厚度和温度来执行相应的加热融冰工作，这对于保证桥梁、涵洞以及坡度较大的路面的汽车行驶安全有着极其重大的意义。

　　本实例采用物联网技术和嵌入式系统，通过微处理控制器和无线数据传输模块，将采集到的路面温度和湿度数据经过 3G 网络和 Internet 传送到具有固定公网 IP 地址的服务器上。客户端可以通过 Internet 接收服务器上的数据，进行分析和处理，对远程路面进行实时监测；同时，当温度和湿度指标达到设定值时，前端控制装置自动启动加热装置对路面加热，从而达到融雪除冰的目的。通过远程传输技术，数据信息的获取可以突破距离的限制，甚至达到人力不可及之地，为人类的生活生产带来极大的便利。例如，坐在监控室就能对遥远的现场进行观测和监视，以便实现远程的控制，克服了用大量的人力对远端的现场进行周期巡视、检修的工作方式的诸多不便。利用现在的物联网技术和 Web 技术，可以实现数据传输由本地扩展到异地，也具备了一定的远程监控能力，随着科学技术的进一步发展，这种应用必将得到进一步加深和巩固。在信息化高速发展的今天，物联网技术在许多行业和领域都得到广泛应用，包括供水、供电、供气、供热、环保、能源、矿山、交通等领域。它的实现将大大优化人力资源，消减不必要的开支，更能在某些人力不可及的领域发挥作用，因此有很大的发展潜力。

　　智能路面除雪融冰设备样机和数据显示、监测程序的设计过程是分模块化设计的，模块化设计的好处是可以使系统各部分的研制同步进行，系统各模块易于独立升级而互不影响。本系统的设计主要包括如下模块：数据采集模块、3G 无线终端模块、嵌入式终端模块、远程服务器数据接收模块（上位机）和数据提取客户端。结构框图如图 2.37 所示。

　　数据采集模块包括温度信息的采集模块和湿度信息的采集模块，温度采集模块由数字温度传感器 DS18B20 和 8 位单片机 89C2051 及外围电路构成；湿度采集模块由模拟湿度传感器 SY-HS-220 和 8 位单片机 STC12C2052AD 及外围电路构成。这两个采集模块利用 RS485 组网，并通过 RS485-RS232 转换器与数据处理终端相连。数据终端（Acorn RISC Machine，ARM）包括数据处理显示部分和数据发送部分，使用 ARM 中的 $UART_0$ 口接收采集到的数据信息，并通过外接 LCD 实时显示，数据发送部分使用 ARM 中的 $UART_1$ 口与 3G 无线终端模块进行通信。3G 无线终端模块使用的是基于 GPRS 网络的无线数据传输终端设备，它提供 DB9 的串口与处理器相连。远程服务器数据接收模块的设计包括硬件和软件，硬件为一台具有公网 IP 地址的计算机，软件为服务器程序，服务器程序实现无线通信网络传输模块和监控终端之间的命令传递和数据的传输。

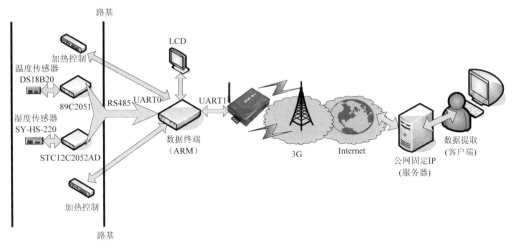

图 2.37　本实例结构框图

路基设备拟选择基于 ARM 内核的嵌入式微处理器作为主机，在外围集成温度采集模块、湿度采集模块、3G 无线终端模块。同时扩展片内外围电路，增加 USB 接口、RS232接口、网络接口、LCD 控制器接口和键盘接口等。路面除雪融冰智能远程监测系统软件基于数据接收服务端和数据发送端两层来设计。嵌入式硬件通过无线通信网络将所测量得到的温湿度等数据发送至数据接收服务端并存储，数据发送端则将数据发送至硬件上，并由硬件执行相同的控制。同时，中间层的数据管理和温控功率处理逻辑被封装为 Web Services 套件，有效调剂加热温度，避免能量浪费。通过 SOAP 协议与上层应用进行通信。整个系统基于 dotNET 平台开发，采用面向服务架构和 B/S 多层体系结构，具有标准化接口与松散耦合的特点，有利于本系统与其他系统的集成以及今后的扩展升级。路面除雪融冰系统硬件结构和软件界面如图 2.38 与图 2.39 所示。

图 2.38　路面除雪融冰系统硬件结构图

图 2.39　路面除雪融冰系统软件界面图

第3章 复杂网络

3.1 引 言

物联网是在计算机互联网的基础上,利用射频识别、无线数据通信等技术,把世界上万事万物连接起来的网络。在这个网络中,物品能够彼此进行"交流",而无需人的干预。其实质是利用射频识别技术,通过计算机互联网实现物品的自动识别和信息的互联与共享。以基于物联网的智能交通系统为例,虽然目前人们使用的汽车都嵌入了各种具有计算功能的电子系统,但是这些嵌入式系统的计算能力还远未达到智能交通系统对汽车之间的协同能力的要求。事实上,满足物联网要求的汽车电子系统的计算通常都是海量运算。海量运算往往是很多物联网接入设备的特征,因此,接入设备通常具有强大的计算能力。如果从计算性能的角度出发,把一些高端的物联网应用比作胖客户机/服务器架构,那么物联网则可视为超级瘦客户机/服务器,因为物联网中的物品不具备控制和自治能力,通信也大都发生在物品与服务器之间,因此物品之间无法进行协同。

近年来,学界关于复杂网络的研究正方兴未艾。特别是,国际上有两项开创性工作掀起了一股不小的研究复杂网络的热潮。一是 1998 年 Watts 和 Strogatz 在 *Nature* 上发表文章,引入了小世界(Small-World)网络模型,以描述从完全规则网络到完全随机网络的转变。小世界网络既具有与规则网络类似的聚类特性,又具有与随机网络类似的较小的平均路径长度。二是 1999 年 Barabasi 和 Albert 在 *Science* 上发表文章指出,许多实际的复杂网络的连接度分布具有幂律形式。由于幂律分布没有明显的特征长度,该类网络又被称为无标度(Scale-Free)网络,而后科学家又研究了各种复杂网络的各种特性。国内学界也已经注意到了这种趋势,并且也开始展开研究。加入复杂网络研究的学者主要来自图论、统计物理学、计算机网络研究、生态学、社会学以及经济学等领域,研究所涉及的网络主要有生命科学领域的各种网络(如细胞网络、蛋白质-蛋白质作用网络、蛋白质折叠网络、神经网络、生态网络)、Internet/WWW 网络、社会网络,包括流行性疾病的传播网络、科学家合作网络、人类性关系网络、语言学网络等;所使用的主要方法是数学上的图论、物理学中的统计物理学方法和社会网络分析方法。

复杂网络在经历了十几年的发展之后,目前正向着各个应用领域前进,物联网的出现给复杂网络领域的研究者带来了无限机遇。物联网最大的特点就在于它是由很多具有通信、计算和决策控制功能的设备组成的智能网络,这些设备可以通过相互作用使得整个系统处于最佳状态。例如,在机器人足球比赛中,当某个机器人准备传球时,它会收集每个同伴的信息,然后通过计算得出一个最佳的传球方案,并且将该方案传给所有队员，使队员配合这个传球过程，通过这种方式可以提高整个球队的水平。该思想同样可以应用于很多其他的系统，例如，交通系统中车辆之间通过通信和计算得出最佳行车路线，并避免各种交通事故；电力系统中各个站点通过信息传递从而动态调整负荷，避免大规模级联故障等。这些系统的运行其实就是复杂网络的动力学过程，只不过这些过程集合了复杂网络中的信息传播、同步、博弈等多种动力学过程，研究的内容也更加复杂。一方面，物联网的出现给复杂网络提供了大量的研究课题，另一方面，复杂网络的研究必将极大地推进物联网的研发和应用进程。人们相信，物联网和复杂网络的结合必将加速推动科技进步的步伐并给人类的生产生活方式带来巨变。

3.2　网络的概念

现实世界的许多实例用图形来描述可能是很方便的，这里所指的图形并不是几何学中的图形，而是客观世界中某些具体事物的联系的一个数学抽象，这种图形由一个点集和这个点集中的某些点的连线构成。用带小方点的空心圆孔代表事物，连线表示事物之间的二元关系。

所谓网络，实际上就是节点和连边的集合。如果节点对 (i,j) 与 (j,i) 对应为同一条边，那么该网络为无向网络，否则为有向网络。如果给每条边都赋予相应的权值，那么该网络就为加权网络，否则为无权网络，如图 3.1 所示。

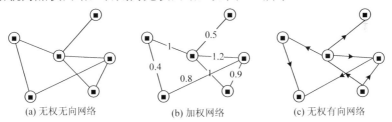

(a) 无权无向网络　　　　(b) 加权网络　　　　(c) 无权有向网络

图 3.1　网络类型示例

如果节点按照确定的规则连边，所得到的网络就称为规则网络，如图 3.2 所示。如果节点按照完全随机的方式连边，所得到的网络就称为随机网络。如果节点按照某种（自）组织原则的方式连边，将演化成各种不同的网络，称为复杂网络。

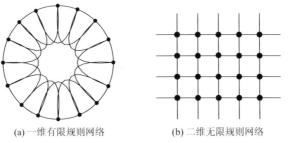

(a) 一维有限规则网络　　　　(b) 二维无限规则网络

图 3.2　规则网络示例

3.3 复杂网络的基本特征量

描述复杂网络的基本特征量主要有平均路径长度、簇系数、度分布、介数等，下面介绍它们的定义。

3.3.1 平均路径长度

定义网络中任何两个节点 i 和 j 之间的距离 l_{ij} 为从其中一个节点出发到达另一个节点所要经过的连边的最少数目。定义网络的直径为网络中任意两个节点之间距离的最大值，即

$$D = \max_{i,j} \{l_{ij}\} \tag{3.1}$$

定义网络的平均路径长度 L 为网络中所有节点对之间距离的平均值，即

$$L = \frac{2}{N(N-1)} \sum_{i=1}^{N-1} \sum_{j=i+1}^{N} l_{ij} \tag{3.2}$$

式中，N 为网络节点数，不考虑节点自身的距离。网络的平均路径长度 L 又称特征路径长度。网络的平均路径长度 L 和直径 D 主要用来衡量网络的传输效率。

3.3.2 簇系数

假设网络中的一个节点 i 有 k_i 条边将它与其他节点相连，这 k_i 个节点称为节点 i 的邻居节点，在这 k_i 个邻居节点之间最多可能有 $k_i(k_i-1)/2$ 条边。节点 i 的 k_i 个邻居节点之间实际存在的边数 N_i 和最多可能有的边数 $k_i(k_i-1)/2$ 之比就定义为节点 i 的簇系数，记为 C_i，即

$$C_i = \frac{2N_i}{k_i(k_i-1)} \tag{3.3}$$

整个网络的聚类系数定义为网络中所有节点 i 的聚类系数 C_i 的平均值，记为 C，即

$$C = \frac{1}{N} \sum_{i=1}^{N} C_i \tag{3.4}$$

显然，$0 \leqslant C \leqslant 1$。当 $C=0$ 时，说明网络中所有节点均为孤立节点，即没有任何连边。当 $C=1$ 时，说明网络中任意两个节点都直接相连，即网络是全局耦合网络。

3.3.3 度分布

网络中某个节点 i 的度 k_i 定义为与该节点相连接的其他节点的数目，也就是该节点的邻居数。通常情况下，网络中不同节点的度并不相同，所有节点 i 的度 k_i 的平均值称为网络的（节点）平均度，记为 $\langle k \rangle$，即

$$\langle k \rangle = \frac{1}{N} \sum_{i=1}^{N} k_i \qquad (3.5)$$

网络中节点的分布情况一般用度分布函数 $P(k)$ 来描述。度分布函数 $P(k)$ 表示在网络中任意选取一节点，该节点的度恰好为 k 的概率，即

$$P(k) = \frac{1}{N} \sum_{i=1}^{N} \delta(k - k_i) \qquad (3.6)$$

通常，一个节点的度越大，意味着这个节点属于网络中的关键节点，在某种意义上也越"重要"。

3.3.4　介数

节点 i 的介数定义为网络中所有的最短路径中，经过节点 i 的数量，用 B_i 表示，即

$$B_i = \sum_{m,n} \frac{g_{\min}}{g_{mn}} \quad (m, n \neq i, m \neq n) \qquad (3.7)$$

式中，g_{mn} 为节点 m 与节点 n 之间的最短路径数，$g_{\min}$ 为节点 m 与节点 n 之间经过节点 i 的最短路径数。

节点的介数反映了该节点在网络中的影响力。描述网络结构的特征量还有很多，这里就不一一介绍，在使用到它们的地方再给出详细的说明。

3.4　复杂网络的基本模型

人们在对不同领域内的大量实际网络进行广泛的实证研究后发现：真实网络系统往往表现出小世界特性、无标度特性和高聚集特性。为了解释这些现象，人们构造了各种各样的网络模型，以便从理论上揭示网络行为与网络结构之间的关系，进而考虑改善网络的行为。下面介绍几类基本的网络模型。

3.4.1　规则网络

常见的规则网络有三种：全局耦合网络、最近邻耦合网络和星型网络，如图 3.3 所示。

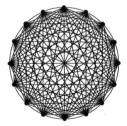

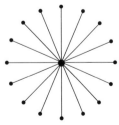

(a) 全局耦合网络　　　　　(b) 最近邻耦合网络　　　　　(c) 星型网络

图 3.3　三种典型的规则网络

图 3.3(a)所示为一个含有 N 个节点的全局耦合网络。网络中共有 $N(N-1)/2$ 条边，其平均路径长度 $L=1$（最小），簇系数 $C=1$（最大）。度分布 $P(k)$ 为以 $N-1$ 为中心的 δ 函数。全局耦合网络模型的优点是能反映实际网络的小世界特性和大聚类特性。但是缺点也很明显，不能反映实际网络的稀疏特性。因为一个具有 N 个节点的全局耦合网络的边的数目为 $O(N^2)$，而实际网络的边的数目一般是 $O(N)$。

图 3.3(b)所示为一个含有 N 个节点的最近邻耦合网络。网络中的每个节点只和它周围的邻居节点相连，其中每个节点都与它左右各 $K/2$ 个邻居节点相连（K 为偶数）。

对于固定的 K 值，网络的平均路径长度为

$$L \approx \frac{N}{2K} \to \infty \quad (N \to \infty) \tag{3.8}$$

对于较大的 K 值，最近邻耦合网络的簇系数为

$$C = \frac{3(K-2)}{4(K-1)} \approx \frac{3}{4} \tag{3.9}$$

度分布 $P(k)$ 为以 K 为中心的 δ 函数。最近邻耦合网络模型的优点在于能反映实际网络的大聚类特性和稀疏特性，缺点在于不能反映实际网络的小世界特性。

图 3.3(c)所示为一个具有 N 个节点的星型网络。网络有一个中心节点，其余 $N-1$ 个节点都只与这个中心节点相连，且它们彼此之间不连接。

网络的平均路径长度为

$$L = 2 - \frac{2(N-1)}{N(N-1)} \to 2 \quad (N \to \infty) \tag{3.10}$$

网络的簇系数为

$$C = \frac{N-1}{N} \to 1 \quad (N \to \infty) \tag{3.11}$$

网络的度分布为

$$P(K) = \begin{cases} 1 - \dfrac{1}{N}, & K = 1 \\[2mm] \dfrac{1}{N}, & K = N-1 \\[2mm] 0, & \text{其他} \end{cases} \tag{3.12}$$

规定：如果一个节点只有一个邻居，那么该节点的簇系数为 1。也有些文献规定只有一个邻居的节点的簇系数为 0，若依此定义，则星型网络的簇系数为 0。星型网络模型的优点在于能反映实际网络的小世界特性和稀疏特性，缺点在于不能反映实际网络的大聚类特性。

3.4.2　ER 随机网络

该模型由匈牙利数学家 Edös 和 Rényi 在 20 世纪 50 年代最先提出，所以被人们称为 ER 随机网络模型。ER 随机网络的构造有两种方法。

第一种方法：定义有标记的 N 个节点（网络中的节点总数），并且给出整个网络的边数 n，这些边的选取采用从所有可能的 $N(N-1)/2$ 种情况中随机选取。

第二种方法：给定有标记的 N 个节点，以一定的随机概率 p 连接所有可能出现的 $N(N-1)/2$ 种连接，假设最初有 N 个孤立的节点，每对节点以随机概率 p 进行连接，如图 3.4 所示。

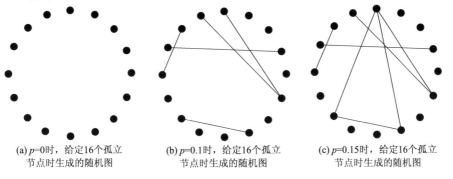

(a) $p=0$ 时，给定16个孤立节点时生成的随机图　　(b) $p=0.1$ 时，给定16个孤立节点时生成的随机图　　(c) $p=0.15$ 时，给定16个孤立节点时生成的随机图

图 3.4　ER 随机网络的演化示意图

ER 随机网络模型具有如下基本特性。

1）涌现或相变

如果当 $N\to\infty$ 时产生一个具有性质 Q 的 ER 随机图的概率为 1，那么几乎每一个 ER 随机图都具有性质 Q。以连通性为例，若当连接概率 p 达到某个临界值 $p_c\propto(\ln N)/N$ 时，整个网络连通起来，那么以概率 p 生成的每一个网络几乎都是连通的，否则，当 p 小于该临界值时，几乎每一个网络都是非连通的。

2）度分布

对于一个给定连接概率为 p 的随机

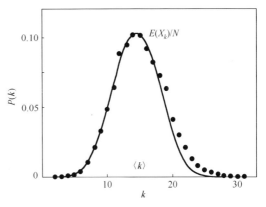

图 3.5　ER 随机网络的度分布

网络，若网络的节点数 N 充分大，则网络的度分布接近泊松分布，如图 3.5 所示。

$$P(k)=C_{N-1}^{k}p^{k}(1-p)^{N-1-k}\approx\frac{\langle k\rangle^{k}}{k!}e^{-\langle k\rangle} \tag{3.13}$$

式中，$\langle k\rangle=p(N-1)\approx PN$，表示 ER 随机网络的平均度。

3）平均路径长度

假定网络的平均路径长度为 L，从网络的一端走到网络的另一端，总步数大概为 L。由于 ER 随机网络的平均度为 $\langle k\rangle$，对于任意一个节点，其一阶邻居的数目为 $\langle k\rangle$，二阶邻居的数目为 $\langle k\rangle^2$，依此类推，当经过 L 步后遍历了网络的所有节点。因此对于规模为 N 的随机网络，有 $\langle k\rangle^L=N$。由此可以得到网络的平均路径长度为

$$L = \frac{\ln N}{\ln(pN)} = \frac{\ln N}{\ln\langle k\rangle} \tag{3.14}$$

由于 ln$N$ 的值随 N 增长较慢,所以规模很大的 ER 随机网络具有很小的平均路径长度。

4)簇系数

在 ER 随机网络中,由于任何两个节点之间的连接概率 p 都相等,所以 ER 随机网络的聚类系数为

$$C = p = \frac{\langle k\rangle}{N} \tag{3.15}$$

可见,当网络规模 N 固定时,簇系数随着网络节点平均度$\langle k\rangle$的增大而增大。当网络节点平均度$\langle k\rangle$固定时,簇系数随着网络规模 N 的增加而下降。显然,当 N 较大时,ER 随机网络的簇系数很小。

3.4.3 小世界网络

作为从完全规则网络向完全随机网络的过渡,美国学者 Watts 和 Strogatz 于 1998 年设计了一个具有小的平均路径长度和大的聚类系数的小世界网络模型,简称 WS 小世界网络模型。

WS 小世界网络模型的构造算法如下。

(1)从规则网络开始:考虑一个含有 N 个节点的最近邻耦合网络,它们围成一个环,其中每一个节点都与它左右相邻的各 $K/2$ 个节点相连,K 是偶数。

(2)随机化重连:以概率 p 随机地重新连接网络中的每一条边,即将连边的一个端点保持不变,而另一个端点取为网络中随机选择的一个节点。其中规定,任意两个不同的节点之间至多只能有一条边,并且每个节点不能有边与自身相连。

为了保证网络具有稀疏性,要求 $N \gg K$,这样构造出来的网络模型具有较高的聚类系数。而随机化重连过程大大减小了网络的平均路径长度,使网络模型具有小世界特性。当 p 取值较小时,重连过程对网络的聚类系数影响不大。当 p=0 时,模型退化为规则网络,当 p=1 时,模型退化为随机网络。通过调节 p 的值就可以控制模型从完全规则网络到完全随机网络的过渡,如图 3.6 所示。

WS 小世界网络模型的聚类系数和平均路径长度可以看成重连概率 p 的函数,分别记为 $C(p)$ 和 $L(p)$,它们的变化规律如图 3.7 所示。在某个 p 值范围内,WS 小世界网络模型可以既有较短的平均路径长度(小世界特性),又有较高的聚类系数(高聚集特性)。图 3.7 中 p 值在 0.01 附近的网络即兼具这两方面的特征。

由于在 WS 小世界网络模型的随机化重连过程中有可能破坏网络的连通性,为了避免出现因重连而造成的孤立子网,美国学者 Newman 与 Watts 合作,于 1999 年提出了用"随机化加边"取代"随机化重连"的小世界网络模型,称为"NW 小世界网络模型"。

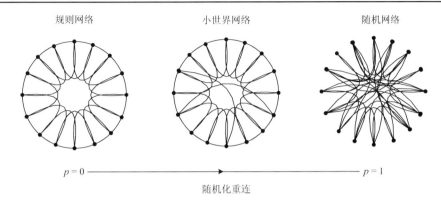

图 3.6 WS 小世界网络模型

NW 小世界网络模型的构造算法如下。

（1）从规则网络开始：考虑一个含有 N 个节点的最近邻耦合网络，它们围成一个环，其中每一个节点都与它左右相邻的 $K/2$ 个节点相连，K 是偶数。

（2）随机化加边：以概率 p 在随机选取的一对节点之间加上一条边。其中规定，任意两个不同的节点之间至多只能加一条边，并且每个节点不能有边与自身相连。

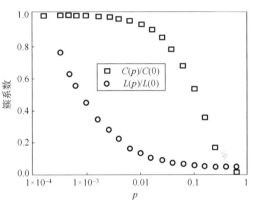

图 3.7 WS 小世界网络模型的簇系数和平均路径长度随 p 的变化关系

当 $p = 0$ 时，模型退化为规则网络，当 $p = 1$ 时，模型退化为随机网络。通过调节 p 的值就可以控制模型从完全规则网络到完全随机网络的过渡，如图 3.8 所示。在 p 较小时，NW 小世界网络模型具有与 WS 小世界网络模型类似的特性。

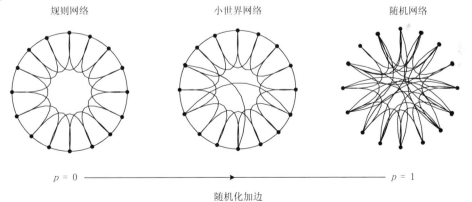

图 3.8 NW 小世界模型

小世界网络模型具有如下基本特性。

1）簇系数

WS 小世界网络的聚类系数为

$$C(p) = \frac{3(K-2)}{4(K-1)}(1-p)^3 \tag{3.16}$$

NW 小世界网络的聚类系数为

$$C(p) = \frac{3(K-2)}{4(K-1)+4Kp(p+2)} \tag{3.17}$$

2）平均路径长度

至今，还没有人得到关于 WS 小世界网络模型的平均路径长度的精确解析表达式，Newman、Moore 和 Watts 分别用重整化群和序列展开方法得到如下近似公式，即

$$L(p) = \frac{2N}{K} f(NKp/2) \tag{3.18}$$

式中，$f(u)$ 为一普适标度函数，且满足

$$f(u) = \begin{cases} \text{const}, & u \ll 1 \\ (\ln u)/u, & u \gg 1 \end{cases} \tag{3.19}$$

目前为止，还没有 $f(u)$ 的精确表达式，Newman 等基于平均场方法给出了如下的近似表达式，即

$$f(u) \approx \frac{1}{2\sqrt{u^2+2u}} \arctan h\sqrt{\frac{u}{u+2}} \tag{3.20}$$

3）度分布

对于 WS 小世界网络，当 $k \geqslant K/2$ 时，有

$$P(k) = \sum_{n=0}^{\min\left(k-\frac{K}{2},\frac{K}{2}\right)} C_n^{K/2}(1-p)^n p^{\frac{K}{2}-n} \frac{(pK/2)^{k-\frac{K}{2}-n}}{(k-K/2-n)!} e^{-\frac{pK}{2}} \tag{3.21}$$

当 $k<K/2$ 时，$P(k)=0$。

对于 NW 小世界网络，每个节点的度至少为 K，因此当 $k \geqslant K$ 时，一个随机选取的节点的度为 k 的概率为

$$P(k) = C_{k-K}^N \left(\frac{Kp}{N}\right)^{k-K} \left(1-\frac{Kp}{N}\right)^{N-k+K} \tag{3.22}$$

当 $k<K$ 时，$P(k)=0$。

类似 ER 随机网络模型，WS 小世界网络模型也是所有节点的度都近似相等的均匀网络。

综上所述，ER 随机网络、WS 小世界网络和 NW 小世界网络的度分布可近似用泊松分布来表示，该分布在度的平均值$\langle k \rangle$处有一峰值，然后按指数快速衰减。这类网络称为均匀网络或指数网络。

3.4.4 无标度网络

近年来，大量的实证研究表明，许多大规模真实网络（如 WWW、Internet 以及新陈代谢网络等）的度分布函数都是呈幂律分布的形式：$P(k) \propto -k^{-\gamma}$。在这样的网络中，大部分节点的度都很小，但也有一小部分节点具有很大的度，没有一个特征标度。由于这类网络的节点的连接度没有明显的特征标度，故称为"无标度网络"。为了解释实际网络中幂律分布产生的机理，Barabási 和 Albert 在 1999 年提出了一个无标度网络模型，称为 BA 无标度网络模型。该模型的构造主要基于现实网络的两个内在机制。①增长机制：大多数真实网络是一个开放系统，随着时间的推移，网络规模将不断增大，即网络中的节点数和连边数是不断增加的。②择优连接：新增加的节更倾向于与那些具有较高连接度的节点相连，也就是富人更富的观点。

BA 无标度网络模型的构造算法如下。

（1）增长：在初始时刻，假定网络已有 m_0 个节点，在以后的每一个时间步长中，增加一个连接度为 m 的节点（$m \leqslant m_0$），新增节点与网络中已经存在的 m_0 个不同的节点相连，且不存在重复连接。

（2）优先连接：在选择新节点的连接点时，一个新节点与一个已经存在的节点 i 相连的概率 Π_i 与节点 i 的度 k_i 成正比，即

$$\Pi_i = \frac{k_i}{\sum_j k_j} \tag{3.23}$$

经过 t 步后，这种算法能够产生一个含有 $N = t + m_0$ 个节点、mt 条边的网络。

如图 3.9 所示的是 $m = m_0 = 2$ 时，BA 无标度网络的演化过程。初始网络有两个节点，每次新增加的一个节点按优先连接机制与网络中已经存在的两个节点相连。

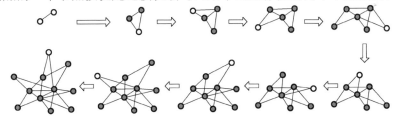

图 3.9　BA 无标度网络的演化过程

BA 无标度网络模型具有如下基本特性。

1）平均路径长度

BA 无标度网络的平均路径长度为

$$L \propto \frac{\log N}{\log(\log N)} \tag{3.24}$$

这表明 BA 无标度网络也具有小世界性。

2）簇系数

BA 无标度网络的簇系数为

$$C = \frac{m^2 (m+1)^2}{4(m-1)} \left[\ln\left(\frac{m+1}{m}\right) - \frac{1}{m+1} \right] \frac{[\ln(t)]^2}{t} \tag{3.25}$$

与 ER 随机网络类似，当网络规模充分大时，BA 无标度网络不具有明显的聚类特性。

3）度分布

BA 无标度网络的度分布计算主要有三种方法：①平均场理论；②主方程法；③速率方程法。三种方法得到的渐近结果相同。其中，主方程法和速率方程法等价。分析计算可得

$$P(k) = \frac{2m(m+1)}{k(k+1)(k+2)} \propto 2m^2 k^{-3} \tag{3.26}$$

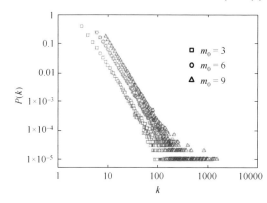

图3.10　BA 无标度网络的度分布（N=10000）

这表明 BA 无标度网络的度分布可以由幂指数为 3 的幂律函数来近似描述，图 3.10 所示为网络规模为 $N=10^4$ 的 BA 无标度网络的度分布。

下面比较 WS 小世界网络模型、BA 无标度网络模型与真实网络的主要性质的异同。如表 3.1 所示，小世界网络和无标度网络各自捕捉到了真实网络三个主要性质中的两个。后来，学者又建立了许多模型来更好地体现真实网络的所有特性，但由于这两种网络模型规则简洁，并抓住了复杂网络的基本性质，到目前依然是使用最普遍的复杂网络模型。

表3.1　小世界网络、无标度网络与真实网络的性质比较

模 型	节点度分布	平均路径长度	聚类系数
真实网络	幂率分布	小	大
小世界网络	泊松分布	小	大
无标度网络	幂率分布	小	小

3.5　物联网信息传播机制

物联网突破了人与人通信的边界，已经成为业界公认的产业发展大方向。物联网的概念是在 1999 年提出的，其有两层意思：第一，物联网的核心和基础仍然是互联网，

是在互联网基础上的延伸和扩展的网络；第二，其用户端延伸和扩展到了任何物品与物品之间，进行信息交换和通信。相对于传统通信，物联网在信息传输网前向增加了信息采集即传感网、后向增加了海量信息处理环节。物联网中各网元之间的信息传递在由节点构成的复杂网络下，对于物联网下庞大数据的处理尤为重要。过去关于复杂网络结构的研究对象常只包含几十个，至多几百个节点小型网络，而近年来关于复杂网络的研究对象随着互联网等技术的快速发展，研究对象也不断从几万个到几百万个节点扩展到复杂网络。网络规模尺度上的变化也促使网络分析方法作出相应的改变，甚至很多问题的认知层面和研究算法都进行了一些改变。

3.5.1 研究模型的拓扑与建模

为了更好地研究由物联网构成的现实复杂网络世界，建立好一个良好的研究模型是非常重要的第一步。而研究复杂网络的随机图拓扑产生器，许多研究者提出了许多经典建模方式，如 Waxman、基于层次结构设计思想的 Tiers 和 Transit-stub、基于网络节点度的产生器的 BRITE 和 Inet 等。

针对不同的预测和改善物联网性能的目的，建立合适的物联网拓扑模型是非常重要的。本书拟采用自治系统（Autonomous System，AS）层面 Internet 拓扑数据源的 Oregon 作为研究对象，虚拟物联网中面向 IP 体系网络融合的各网元，它是由开放的 NLANR（National Laboratory for Applied Network Research）每天采集一次 BGP 路由表的信息组成的。在路由器层面上，节点为路由器，边为路由器之间的物理连接；在 AS 层面上，每个 AS（又称域）有许多单一机构所管理的子网络，它由高达数以百计的路由器组成。

一个具体网络可以抽象为一个点集 V 和边集 E 组成的图 $G = (V, E)$。为了研究方便，本书使用数据量为：点集 $V = 351824$，边集 $E = 2046578$，整个网络的节点数的平均度 $\langle k_i \rangle = 8.349$，网络节点平均友邻数 $O = 2.125$。

其度分布图如图 3.11 所示。

本书采用动态线性优先性的 AB 模型。AB 模型的构建过程如下。

初始有 m_0 个孤立点，每一步执行下面的三个步骤中的一个。

（1）以概率 p 增加 $m(m \le m_0)$ 条新的内部连接，即在已存在的节点间添加新的边，随机选取一个节点作为新的边的起点，边的另一个端点由以下概率决定，即

$$\Pi(k_i) = \frac{k_i + 1}{\sum_j (k_i + 1)} \tag{3.27}$$

重复此过程 m 次。

（2）以概率 q 重新配置 m 条边。随机选取节点 i 和连接到 i 的一个边 l_{ij}，然后移走此边，以连接节点 i 和节点 j' 的新边 $l_{ij'}$ 取代。每次根据式（3.27）所示的概率选取 j' 来配置一条边，并重复此过程 m 次。

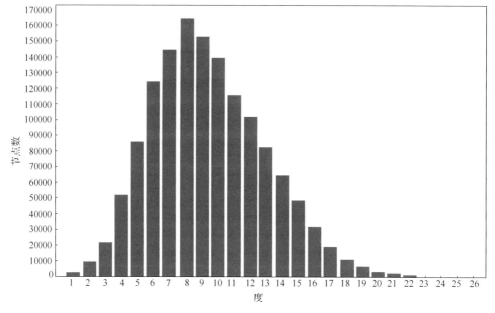

图 3.11　度分布图

（3）以概率$1-p-q$增加一个新节点。根据式（3.27）所示概率分别与网络中已存在的 m 个节点相连接。

其中，$0 \leqslant p < 1$，$0 \leqslant q < 1-p$，式（3.27）中采用(k_i+1)，保证了孤立节点建立新连接的概率为非零。

根据检测和分析 BGP 路由表中信息构成的 IP 网络的度服从幂律分布，仿真实验中设定幂律指数 $\alpha = 1.7$。模型中其他参数设定为 $T \propto N(40, 400)$，$P = N(0.5, 0.09)$，$N_0 = 2$。其生成的网络拓扑结构图如图 3.12 所示。

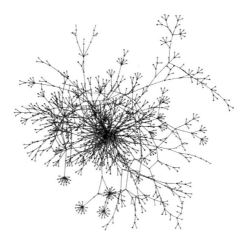

图 3.12　网络拓扑结构图

3.5.2 信息传播模型搭建与分析

可以将生物种群和物联网中的网元个体定义为节点，而将个体之间存在的关联途径定义为节点之间的边。迅速发展的复杂网络理论正有效地增进人们对爆发大规模生物病毒传播机制的认识，而 Vespignani 和 Volchenkov 等的研究表明，生物病毒传播机制与复杂网络信息传播机制是类似的。Dotts 和 Watts 认为，无论社会网络还是生物、信息网络中的传播与蔓延现象，相应的模型都可以归纳为两类：一类是泊松模型（Poisson Model），在这种模型中，连续的接触所导致的传播是独立于概率 p 的；另一类模型是临界值模型（Threshold Model），当超过某一临界值后，传播所带来的感染概率迅速增大。

人们对于流行病学的研究已经有了很长的历史，许多研究人员提出了多种病毒传播模型。在这些经典的传播模型中，研究种群的单个个体被抽象分类，每一类都处于一个典型状态。其中典型状态包括易感（Susceptible，S）状态、感染（Infected，I）感染状态和恢复（Recovered，R）状态。通常用这些状态之间的转换过程来命名不用的传染模型。本书主要研究在均匀网络（小世界网络）中信息（病毒）的传播理论。

假设网络中节点遵循的是易感→感染→易感的 SIS 模型。令 K 为平均初始感染率，即每轮开始的时候，被感染的个体在单位时间内传染易感群体的数目。模型中假设 K 为常数，从而忽略了个体的差异性、外界环境以及个体与个体的位置不同所带来的差异。该模型还假设个体不能被重复感染。假设 N 为整个网络中易感个体数，a 为时刻 t 已被感染的个体的比例，那么时刻 t 被感染的个体数为 Na，这些个体在单位时间内以速率 K 接触其他易感个体。由于比例为 a 的主机已经被感染，所以每个被感染个体每单位时间内会使 $K(1-a)$ 个新的个体被感染。因此可以得到下一时间段 $\mathrm{d}t$ 内将被新感染的个体数 n 的表达式为

$$n = (Na) \times K(1-a)\mathrm{d}t \tag{3.28}$$

在 N 是常数的假设下，$n = \mathrm{d}(Na) = N\mathrm{d}a$，将该式代入式（3.28）中，得

$$\frac{\mathrm{d}a}{\mathrm{d}t} = Ka(1-a)$$

其解为

$$a = \frac{\mathrm{e}^{K(t-T)}}{1+\mathrm{e}^{K(t-T)}} \tag{3.29}$$

式中，T 表示病毒传播时间发生的固定时点，即被感染数增长最快的时刻，意味着病毒开始爆发。当时刻 t 远早于时刻 T 时，a 呈指数增长；而当时刻 t 远晚于时刻 T 时，a 趋于 1，即所有的主机都被感染了。感染速率仅依赖于 K 而与个体总数无关。这就表明病毒可以相当迅速地感染整个种群。病毒感染预测如图 3.13 所示。

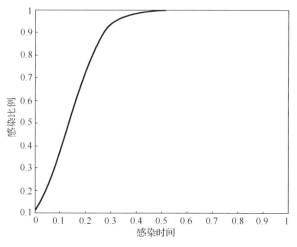

图 3.13　病毒感染预测

3.5.3　信息传播动力学分析

临界值理论只考虑传播的最终稳态，而对于在转播过程中出现的如振荡等动态行为的分析，则需要通过对小世界网络的传播方程动力学研究分析。Barthélémy 等分析了具有高度非均匀分布的复杂网络中传播爆发的时间演化过程，发现非均匀网络中病毒传播具有阶梯动态行为。因此，在这个链式的传播过程中，研究传播动力学的动态行为显得非常重要。小世界网络传播原理示意图如图 3.14 所示。

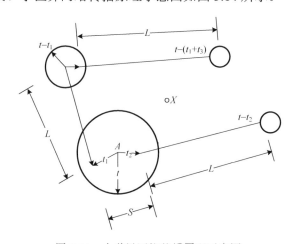

图 3.14　小世界网络传播原理示意图

假设从最初的感染节点 A 开始，信息（病毒）以常速 $v=1$ 开始传播。小世界网络中捷径端点的密度 $\rho=2p$，这里 p 是小世界网络模型中添加新捷径的概率参数。不妨假设这个传播过程是连续的。因此，网络中节点的感染量 $V(t)$ 是一个从 A 开始的以 t

为半径的球体 $\Gamma_d t^{d-1}$，这里 Γ_d 是 d 维小世界网络中超球体常数。感染源在传播过程中碰到捷径端点的概率为 ρ，并因此而产生新的感染球体 $\rho\Gamma_d t^{d-1}$。因此，平均的总感染量 $V(t)$ 由下面形式的积分方程得到，即

$$V(t) = \Gamma_d \int_0^t \tau^{d-1}[1 + 2pV(t-\tau)]\mathrm{d}\tau \qquad (3.30)$$

对式（3.30）进行标度变换和微分后，可以得到如下形式的线性传播方程，即

$$\frac{\partial^d V(t)}{\partial t^d} = 1 + V(t) \qquad (3.31)$$

显然，这个方程的解为

$$V(t) = \sum_{k=1}^{\infty} \frac{t^{dk}}{(dk)!}, \quad d = 1, 2, 3 \qquad (3.32)$$

是随着时间 t 的增大而发散的。

更进一步的分析，在信息（病毒）、Internet 和通信网络中信息流的传播和扩散过程中存在的非线性摩擦等阻碍因素，如种群间的竞争、网络中的阻塞以及其他传播媒介资源的限制等，都会对传播过程产生不可忽视的影响。因此，在方程式（3.31）中不仅要考虑时滞，还应加入非线性摩擦项 $\Gamma_d \int_0^t [\mu V^2(t-\tau-\delta)]\tau^{d-1}\mathrm{d}\tau$，从而有

$$V(t) = \Gamma_d \int_0^t \tau^{d-1}[1 + \xi^{-d}V(t-\tau-\delta) - \mu V^2(t-\tau-\delta)]\mathrm{d}\tau \qquad (3.33)$$

经过标度代换和微分 d 次后得到如下的非线性传播方程，即

$$\frac{\mathrm{d}^d V(t)}{\mathrm{d}t^d} = \zeta^d + V(t-\delta) - \mu\zeta^d V^2(t-\delta) \qquad (3.34)$$

式中，$\zeta = \dfrac{1}{(2pkd)^{1/2}}$。当 $\zeta \geqslant \zeta^* = \sqrt{\dfrac{1.401}{\mu}}$ 时，系统出现混沌；当 $\zeta \geqslant \zeta_0 = \sqrt{\dfrac{0.75}{\mu}}$ 时，系统趋于稳定的不动点；当 $\zeta_0 < \zeta < \zeta^*$ 时，系统出现倍周期分岔的传播过程。对非线性传播方程（3.33），只考虑 $d=1$ 时的一维情形，即

$$\frac{\mathrm{d}V(t)}{\mathrm{d}t} = \zeta + V(t-\delta) - \mu\zeta V^2(t-\delta) \qquad (3.35)$$

以 μ 为分岔参数，如果 $\delta < \dfrac{\pi}{2}$，那么方程（3.34）在 $\mu^* = \dfrac{\pi^2 - 4\delta^2}{16\delta^2\zeta^2}$ 处出现 Hopf 分岔。

对比平均度分别为 8.349 和 13.463 的两个网络，如图 3.15 所示，其中实线代表初始感染度最大的节点，虚线代表初始感染最小的节点。在平均度为 8.349 的网络中，这两条曲线的差异比较明显；而在平均度为 13.463 的网络中，则差别不大。而不同幂律分布的网络，对病毒的传播影响也是不同的，这是因为网络中节点度的最大值远大

于其他网络，这些度高的节点好比病毒放大器，一旦被感染，就能产生更多的病毒副本进行传播。因此，初始感染节点的"身份"（以度的大小来衡量）在稀疏网络中比在密集网络中影响更加大。考虑时滞等因素，依据传播动力学和图 3.12 的网络拓扑结构，仿真并得到图 3.16，从图 3.16 中可以清晰看出，病毒在该拓扑图中，依据节点度分布情况进行传播的方式是最优的。

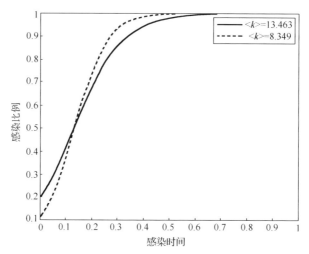

图 3.15　不同度的感染节点对比图

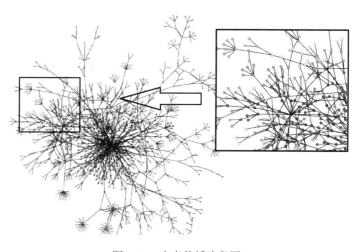

图 3.16　病毒传播阶段图

　　因此，开始病毒感染了网络中度大的节点，然后层层入侵至网络中度逐渐减小的节点。根据信息流在物联网各网络单元中传递模式，可以推论信息传递至网元中度最大的节点，然后依次向度逐渐减小的节点传播是信息传递时间最短的方式。

第 4 章　无线传感器网络

4.1　引　　言

近年来，由于无线通信技术、嵌入式技术和智能传感器技术的高速发展和成熟，各种类型的传感器开始在世界范围内出现，它们具有很强的感知能力、计算能力和通信能力等。由这些微型智能化的传感器所构成的传感网络开始显现出空前的性能，并引起了学术界广泛关注。这种网络综合了传感器技术、通信技术、分布式信息处理技术和网络技术。分布在网络中的大量传感器能够相互配合地进行实时监控、感知环境变化情况以及采集网络分布区域内的各种信息，并对这些信息进行处理，获得详尽而准确的信息，并能将信息及时地传送给用户。典型的传感网络应用有医疗监护，可以及时地反映患者的血压、体温等情况，以便医生准确地进行监护。除此之外，这种网络系统还可以广泛地应用在军事、环境监测、交通管理、医疗卫生、制造业、反恐抗灾等领域。可以说，传感网络是信息感知和采集的一场革命。

无线传感器网络是空间上相互离散的数目众多的传感器互相合作组成的一个传感器网络系统，可使分布于不同位置场所的传感器之间实现有效和可靠的通信。它的发展将帮助实现社会生产生活中信息感知能力、信息互通性和智能决策能力的全面提升，以增强整个系统的性能。

无线传感器网络就是由大量无处不在的、具有无线通信能力与计算能力的传感器节点并且以自组织的方式所构成的无线网络，它是能根据环境特点来自主完成指定任务的"智能"系统，其目的是感知和采集无线传感器网络所检测范围内的各种物理信息，且能自动对数据进行处理，获得详尽、准确的信息，并传送给信息观察者，其中，观察者、感知对象和传感器是无线传感器网络中的三个要素。观察者、感知对象和传感器三者之间通过无线通信的组网方式形成通信线路，无线传感器网络中最大的一个特点就是大量的能量受限的传感器节点能以自组织的组网形式完成在各种环境下的监测任务。

能全面协作地处理、采集、感知和发布信息是无线传感器网络的基础功能。所有或者部分传感器节点可以在网络中自行组合，各节点在网络中的构成也是任意的，其本身的拓扑结构也就不断地发生变化。任何一个传感器节点都有路由器的功能，传感器节点互相以多跳的方式来进行通信，并且都有定位、恢复连接和动态搜索的能力。无线传感器网络中的观察者可以是人，可以是用户，或者也可以是计算机或者一些设备，观察者是感知信息的接收和使用者。例如，无线传感器网络的观察者可以是军事侦察的战士、工业监测的工程师，也可以是一个小型移动计算机等。每一个观察者都可以使用一个或多个无线传感器网络，同样每个无线传感器网络也能同时有几个观察者。作为观察者也就能够接收到无线传感器网络所采集到的信息，也可以根据自己的需要主动地收集或者查询无线传感器网络采集、监测到的信息。在对传感器传回的信息进行观察、挖掘、分析之后，观察者可以对相应的感知对象采取相应的行动，或者制订解决方案。感知对象可以设为观察者感兴趣的监测目标，如某一地区的人流量、粉尘浓度、有害气体、坦克、军队、卡车、潜艇等。传感器通过监测感知对象的物理现象、化学现象，或其他现象的数据来表征感知信息，如温度、湿度、速度、加速度、浓度等。一个感知对象可以被一个或多个无线传感器网络监测，一个无线传感器网络也可以检测在网络覆盖范围内的一个或多个感知对象。

无线传感器节点不但具有信息的采集功能，在实际应用中它还充当着传递信息的路由功能，节点采集到信息会采用多跳的方式将信息送达基站。在信息传回后基站通过 Internet、移动卫星通信网络与外部世界进行信息交互。无线传感器节点由于受到体积、成本、通信距离、发送功率的限制，只能与通信网络覆盖范围内的相邻节点之间进行直接通信，但是通过多跳路由就可以与距离在通信范围以外的节点或基站通信。传感器节点一般由存储器、通信部件、传感器部件、处理器、电源和应用软件六部分构成。

无线传感器网络经历了一个长期的发展过程。20 世纪 90 年代末，自 1999 年把中间件技术引入无线传感器网络中以后，就出现了很多的研究机构开始对其进行不同方面的研究，主要研究工作都集中在如何延长网络的生命周期和如何使用网络的有限资源方向。以美国加州大学伯克利分校和康奈尔大学为代表的学校开始了传感器网络的基础理论和关键技术的研究。由于无线传感器网络的巨大的应用价值，引起了许多国家的军事部门、工业部门和学术部门的极大关注。从 2000 年开始，国际上就开始出现了一些关于传感器网络研究结果的报道，2003 年，美国自然科学研究基金委员会制订了传感器网络研究计划并支持相关理论的研究，美国国防部门和各军事部门都把它设为重要的研究领域，给予高度的重视，同时，美国的英特尔公司、微软等信息业的巨头也开始了无线传感器网络的研究工作；在日本、德国、英国、意大利等一些科技发达国家也开始了相关领域的探索与研究。在我国，一些大学和科研机构的工作人员也开始关注这一全新的网络技术，研究进展也非常迅速，特别是进入 21 世纪后，他们对无线传感器网络的核心问题提出来许多新颖的思想和解决方案，取得了较为丰富的研究成果。

应该说，无论在计算机硬件还是软件产业上，我国相对于美国，还是滞后很多的。无线传感器网络本身集传感器技术、嵌入式计算技术、分布式信息处理技术和通信技术为一体，因此在理论知识的掌握上对人才的要求很高，在实际的应用实践上会有更高的要求，想要深入理解这个来自国外的新技术，再组织一个在这几个方面都有丰富经验的配套的队伍，是一件很不容易的事情。虽然无线传感器网络研究在国内的发展困难重重，发展相对比较滞后，但目前已越来越受国家的重视。国内的一些科研单位和大学，如清华大学、华中科技大学、成都电子科技大学、中国科学院沈阳自动化研究所等已经开展了研究工作，并取得了一定的成果。其中，成都电子科技大学与美国的 SUN 公司合作，使用 Java 技术开发出了无线传感器芯片，并运用在海洋运输检测上，节点设计巧妙、体积小、灵敏度高。

4.2 无线传感器网络结构与特点

无线传感器网络由数量众多的传感器节点（Sensor Node）和有限的汇聚节点（Sink Node）组成，这些节点以自组织的方式组网，以协作方式感知，采集和处理网络中的信息数据。由于每个节点的通信距离有限，常需要通过多跳的方式将数据信息传输到汇聚节点。

一个典型的无线传感器网络的体系结构如图 4.1 所示，整个体系包括众多的分布式传感器节点、汇聚节点和远程数据信息处理中心等。传感器节点的监测数据沿着其他传感器节点逐跳传输，其数据可能被多个节点处理，经过多跳后到达汇聚节点，最后通过卫星或者互联网到达数据中心，用户通过数据中心获得监测数据，对传感器网络进行配置和管理。

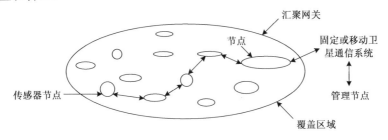

图 4.1 典型无线传感器网络体系结构

传感器节点和汇聚节点通常是一个微型的嵌入式系统，这些节点在网络功能上兼有传统网络节点的终端设备和路由器的双重功能，除了进行本地信息收集，还要为其他节点转发来的数据进行存储、处理、管理、融合和传输等。相对于网络中数量众多的传感器节点，汇聚节点比一般的传感器节点携带的能量更多，传输距离更远，数据处理能力和存储能力更强，通过汇聚节点将整个网络的信息传输到远程监控中心进行处理。传感器节点成本低廉、资源有限、体积微小，在网络中随机分布，硬件电路比较简单，主要包括传感器单元、数据处理单元、无线通信单元和电源管理单元。除此之外，根据应用的不同需求，还会有定位单元、移动单元等。图 4.2 是一个典型传感器节点的电路组成示意图。

作为一种新兴的无线网络，无线传感器网络有别任何一种传统的网络，具有以下特征。

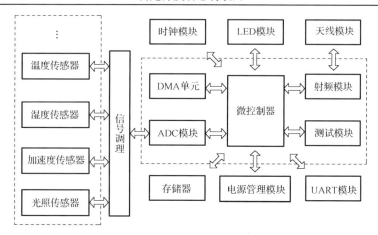

图 4.2　典型传感器节点的电路组成示意图

（1）功耗低。无线传感器网络节点大多采用电池供电，携带十分有限的电量，要求能够长期地完成监测任务。因此，要求网络元件的平均功耗比现存的各种网络包要低。在网络设计中，网络设计者首先要考虑的不是提高服务质量和提高带宽的利用，而是尽可能降低节点的功耗，延长网络的生命周期。

（2）自组织能力强。无线传感器网络的节点是随机分布的，因而要求能够自适应地完成组网，通过内部协调完成对感兴趣信息进行采集和传输。具体来说，要求无线传感器网络节点能够自动地进行配置和管理，通过拓扑控制机制和网络协议自动形成转发数据和无线多跳网络。当网络中的某些节点因为能量损耗殆尽，或者由于环境因素导致节点失效时，或者新节点加入网络中，网络的拓扑结构要能够自适应这些动态变化。

（3）网络动态变化大。无线传感器网络是一个动态网络，拓扑结构不断变化。引起拓扑结构变化的原因是多方面的，包括网络中有新节点加入，某些节点能量损耗殆尽、某些通信链路中断、节点本身的相对位置发生变化以及需要对通信链路进行调整以均衡各节点的能量消耗。网络的动态变化要求网络具有可重构性。

（4）广播通信频繁。由于无线传感器网络拓扑结构变化频繁，每个节点周围节点数量和节点之间的通信质量在某个时刻可能发生变化，需要频繁地用广播方式来获得相邻节点的地址信息，与相邻节点交换路由信息、能量信息等。此外，信源节点与信宿节点之间可能需要进行无线多跳转发，需要用广播方式建立信源节点与信宿节点通信路径。

（5）应用相关性强。无线传感器网络的设计必须结合具体的应用环境，不同的应用对网络的性能要求不同，对协议的设计需求不同，其硬件平台设计与软件体系实现不同。对于仅具有十分有限资源的无线传感器网络节点必须在各个性能之间进行取舍，选择所要求性能最有利的协议和实现方式。例如，要求网络实时性高就要减少网络延时，减少数据传输跳数，这必将增加传输能量开销。此外，无线传感器网络还具有以数据为中心、节点数量众多，节点故障发生频繁等特点。这些共有的特点是所有无线传感器网络协议设计都必须考虑的问题。

4.2.1　网络拓扑结构

由于传感器节点自身资源有限，所以在不同的应用环境中，必须设计与应用环境相适应的网络拓扑结构，提高节点的工作效率，减少不必要的能量损耗，从而延长整个网络的生命周期，提高网络的可靠性和稳定性。目前，传感器网络一般采用以下三种拓扑结构。

1）星型结构

如图 4.3(a)所示，处于中心位置的节点，称为汇聚节点，它负责与周围节点进行数据通信，对接收到的数据进行分析、融合和转发，并控制和管理网络中的其他节点。汇聚节点以外的所有节点为传感器节点，它们只能与汇聚节点进行通信，节点之间的数据通信必须通过汇聚节点来转发。可见，星型结构结构简单，组网容易实现，便于管理和控制，但弊端也十分明显，因为汇聚节点是全网络数据通信的中间站，一旦它的任务过于繁重或者发生故障，会导致信息延迟堵塞，甚至使整个网络瘫痪。此外，由于无线通信距离的限制，网络的覆盖范围比较小，所以星型结构网络只适合小范围的应用，如智能家居。

2）树型结构

如图 4.3(b)所示。树型结构是一种层次结构，网络中的节点分为两种：父节点与子节点。例如，节点 1 是节点 2 的父节点，而节点 5 又是节点 2 的子节点。网络中的任何节点通过它的父节点把消息转发到汇聚节点，而汇聚节点也可以利用反向路径与网络中的节点通信。这种网络结构解决了星型网络覆盖面积小的问题，可以容纳较多的网络子节点，很适于汇聚信息的应用要求。但若过多地扩大网络，增加网络级数，就会导致数据发送延迟和丢包现象的频率大大增加。

3）网状结构

如图 4.3(c)所示，在网状结构网络中，节点之间的地位都是相同的。处于通信范围内的节点之间可以一跳直接通信，而处于通信范围外的节点就得依靠中间的节点充当路由器进行转发。网络中的任何节点均需要维护路由表，进行较复杂的路由发现算法。由于覆盖范围内的所有节点都建立了联系，当某些节点失效后，虽然部分链路断开，但仍然可以通过其他节点进行转发。可见，这种网络结构组网灵活，覆盖范围较大，网络比较健壮，可靠性也比较高。但是，由于传感器节点硬件资源有限，路由表存储和最优路由计算的大量开销，会对网络造成一定的负面影响。

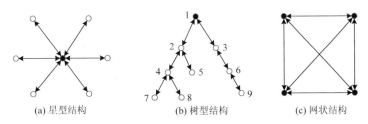

(a) 星型结构　　　　(b) 树型结构　　　　(c) 网状结构

图 4.3　无线传感器网络结构

4.2.2　传感器节点结构

　　无线传感器网络节点通常是一个微型嵌入式系统，一般由数据处理存储模块、移动模块、传感器模块和电源模块等组成，如图 4.4 所示。

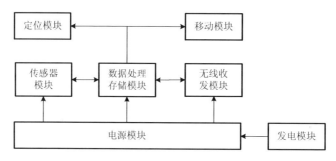

图 4.4　传感器网络节点的组成

　　传感器网络节点的核心部分是数据处理存储模块，包括数据处理模块和存储模块。主要存储、运行操作系统和通信协议栈，分配调度任务，分析、融合和存储所采集或所接收的数据，控制移动的数据收发。考虑到传感器网络的特点，数据处理存储模块除了需要完成一般单片机的基本功能，还应该具备适合传感器网络低功耗、低成本、高性能及高集成度的特点。

　　移动模块完成无线通信中信号调制解调、载波频段和编码方式选择等，与其他传感器节点进行数据通信，以及向处理器模块提供自身设备和无线信道的状态信息等。

　　传感器模块负责采集监测区域的目标信息，将采集到的信号进行滤波放大后送入处理器模块。

　　电源模块为传感器节点正常运行提供所需的能量。除了汇聚节点可用固定电源供电，一般普通节点都采用微型电池供电。

　　此外，根据实际应用需求，可以增加相应的功能模块。例如，信标节点拥有定位模块，可以作为信标为整个网络提供位置信息；汇聚节点带有与用户通信的接口，为用户提供所采集的数据；在一些特殊场合可能要求节点能够移动，部分节点带有移动装置等。

4.2.3　无线传感器网络协议栈

　　无线传感器网络协议栈包括应用层、传输层、网络层、数据链路层和物理层。网络层协议主要起路由管理的作用，在无线传感器网络中是最关键的一层。无线传感器网络的协议结构框架如图 4.5 所示，数据链路层主要是控制数据流正确传输，其中经常用到数据帧检测、多路复用、差错控制和媒体介入等技术。物理层主要是调制信号与解调以及再报的频率。

　　从无线联网的角度来看，传感器网络节点体系由分层的网络通信协议、网络管理平台和应用支撑平台三个部分组成。

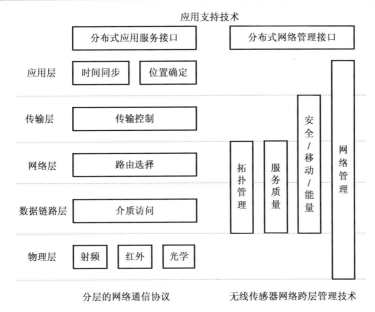

图 4.5　无线传感器网络协议框架

1）网络通信协议

与传统 Internet 网络中的 TCP/IP 协议体系相同，它由物理层、数据链路层、网络层、传输层和应用层组成。MAC 层和物理层协议采用的是国际电气电子工程师协会（The Institute of Electrical and Electronics Engineers，IEEE）制定的 IEEE 802.15.4 协议。IEEE 802.15.4 协议标准首先是面向低速的无线个人局域网的，其设计标准时要求低能耗、低速率、低成本，目的是为个人区域范围内的设备提供一种低速互联的标准。IEEE 802.15.4 的网络特征与无线传感器网络在设计要求与目的有很多相通的地方，因而研究无线传感器网络的时候也使用这一标准作为通信平台。

2）网络管理平台

网络管理平台主要是用于用户对传感器网络的管理，对传感器自身节点的管理以及涵盖拓扑管理、性能服务管理、能量控制、安全管理、移动管理和网络管理等。

（1）拓扑管理。一些传感器节点为了节约能量会在某些时候处于休眠状态，这会导致网络的拓扑结构不断地发生变化，而且需要通过拓扑控制技术去管理各个节点状态的转换，来使网络随时保持畅通，数据能够及时有效地传送。依托路由层和链路对拓扑结构进行控制，同时进一步优化路由层和链路的协议，最终达到降低能耗的目的。

（2）性能服务管理。性能服务管理是在各层次中管理队列、带宽等一系列机制并对特别用途的信息给予特别的分析处理。用户与网络之间以及网络上相互通信的用户之间共同遵守一个质量约定。为了满足广大用户的要求，传感器网络必须能为用户提供足够多的资源，并以用户可接受的性能指标来进行工作。

（3）能量控制。在传感器网络中电源提供的能量是各个节点最宝贵的能量资源。为了使传感器网络使用的时间尽可能长久，就需要合理、有效地控制能效的最大使用率。在每一个协议层中都要考虑对能量消耗的管理，并且要将能量的消耗情况告知系统。

（4）安全管理。因为无线传感器网络中的节点都是随机存在于室外之中的，加之无线通信本身的不安全性，以及网络拓扑结构随时变换的随意性，所以应该采用一些新的安全机制来对传感器网络进行保护。

（5）移动管理。在一些特别的传感器网络中，节点有时候是需要移动的，那么就需要设计出一些移动管理的措施，来监测这些移动节点的数据以及状态。

（6）网络管理。网络管理是对处于传感器网络上的传输系统和传输设备进行有效的测试、监视、诊断和控制所采用的方法及技术。其主要功能是协调各层协议的接口，监测协议的运行，它具体要求协议各层嵌入各种信息接口，并定时采集流量信息和协议运行状态，控制协调各个协议的正常运行。

3）应用支撑平台

应用支撑平台是建立在网络各层通信协议和网络管理方法的基础上的终端设备，它涵盖一组基于监控和采集数据的应用软件，通过网络管理接口和应用服务接口来为观察者提供服务支持。

4.3　无线传感器网络协议

基于传感器网络的特殊性，无线传感器网络路由协议的设计是有极大挑战性的，近年来，国内外针对无线传感器网络的特殊性，研究人员提出了许多使用于无线传感器网络的路由协议，总体来看，主要分为以下四个大类：洪泛式路由协议、以数据为中心的路由协议、层次路由协议和基于位置信息的路由协议，其中的某些经典的路由协议在原有的基础上又有了新的创新，下面简单扼要地介绍现有的相对成熟的路由协议，并且进行一个相对的分析和比较，从而对无线传感器网络的路由协议有个大致的认识。

4.3.1　洪泛式路由协议

1. 洪泛

洪泛是传统网络中最古老的路由技术，特点是不需要建立和维护网路的拓扑结构。网络中的每个节点都以广播的方式传送数据信息，这种传统的路由算法适合于健壮性强、拓扑结构相对简单的网络，因此不适合无线传感器。该算法也存在一些通用的缺陷："内爆"（Implosion）（图 4.6）、"重叠"（Overlap）（图 4.7）、"闭塞"（Implosion）等。

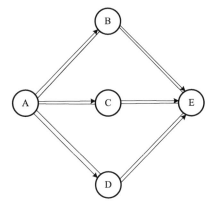

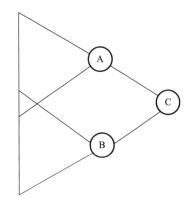

图 4.6　洪泛式路由（内爆）　　　　　　　　　图 4.7　洪泛式路由（重叠）

2. Gossiping（闲聊法）

Gossiping 是泛洪的改进版本，Gossiping 节点在发送数据时，不是给其每一个邻居节点发送一个数据副本，而是以随机的方式发送数据。如图 4.8 所示，如果节点 C 收到了一个数据以后，如果再次收到同样的数据，此时节点对数据的处理是不会丢弃重复的数据，而是再一次选择一个邻居节点传送本数据，这样就解决了信息"内爆"的问题，该路由技术的不足是：资源的使用极其盲目，数据传输延时增加，从而增加了整个网络的延时。

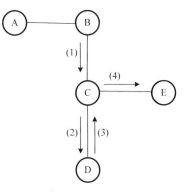

4.3.2　以数据为中心的路由协议

1. 基于协商机制的传感器网络协议

图 4.8　闲聊法

基于协商机制的传感器网络协议（Sensor Protocols for Information via Negotiation，SPIN）是以数据为中心的自适应通信路由协议。SPIN 的主要思想是：通过传感器节点间的协商机制和资源自适应机制，解决传统网络中的问题，例如，洪泛路由机制中带来的"内爆""重叠"等问题。

SPIN 的整个过程中会有三种不同的数据包类型：ADV、REQ 和 DATA，分别对应三种不同的阶段。

ADV 广播数据包：当一个节点收集到新的数据时，就用 ADV 数据包向邻居广播。

REQ 请求数据包：当一个邻居节点对数据感兴趣时，就会向源节点发送 REQ 请求数据包，请求发送数据。

DATA 数据包：当连接成功后，源节点会向请求节点发送封装数据后的 DATA 数据包。

SPIN 的机制如图 4.9 所示。

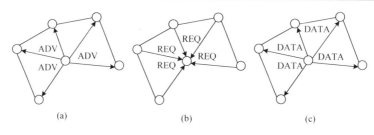

图 4.9　SPIN 的机制

SPIN 有如下的优点：减少能耗，延长网络的生存周期；能很快适应传感器节点拓扑结构变化快的特点；路由机制只用知道其单条邻居节点的信息，拓扑结构的变化存在局限性。SPIN 尽管在某些方面改善了传感器网络，但是也存在一些不足：协议不易扩展；协议不适合大规模节点的网络；节点能耗不一样，汇聚节点附近的节点耗能快，导致节点的耗能不均衡；没有数据的传送接收机制，因此导致数据的丢失。

2. 定向扩散路由协议

定向扩散（Directed Diffusion，DD）路由协议是以数据为中心的查询路由机制，其他很多以数据为中心的路由协议都是以 DD 路由协议为基础的。该协议的最大特点是将网络梯度应用于无线传感器网络路由机制。传感器网络中的汇聚节点根据其应用需求，定义自己的信息兴趣度，然后汇聚节点用洪泛机制将兴趣度广播到整个传感器网络内所有的节点，某些节点有汇聚节点所需要的数据，此时和汇聚节点建立网络梯度，如果数据源节点发现了感兴趣的数据，就会沿着网络梯度的方向向汇聚节点发送探测到的数据，汇聚节点根据不同的数据路径，找到一条效率最高的数据，最后，数据源会沿着选出的高效率路径向汇聚节点传输数据。

无线传感器的高鲁棒性和高扩展性，DD 路由协议都能满足，但由于采取了按兴趣度查询的数据模型，不能适用于需要连续传输数据的系统，同时依据兴趣度查询数据会消耗传感器网络节点大量的能量，如图 4.10 所示。

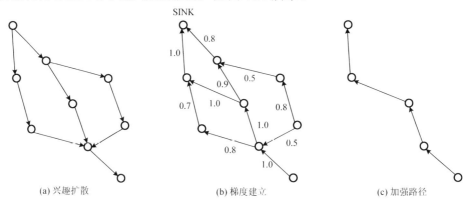

图 4.10　DD 路由协议

4.3.3　层次路由协议

1. 自适应分簇分层路由协议

自适应分簇分层路由协议（Low Energy Adaptive Clustering Hierarchy，LEACH）是一种自适应分簇层次路由协议，是一种很重要的无线传感器路由协议，其后很多新的路由协议如 TEEN、PEGASIS 都是由基本的 LEACH 发展而来的。LEACH 节省能耗最主要的原因是运用数据压缩技术和动态分簇路由技术，同时本区域内无线传感器节点的联合工作提高了网络的可扩展性和鲁棒性。LEACH 的执行过程是周期性的，每一轮的循环分为两个阶段，包括簇的建立阶段和稳定的数据通信阶段。在整个簇的建立阶段，传感器网络通过某种机制随机地将节点设置成为"簇头节点"来达到网络能耗的负载均衡；在数据通信阶段，簇内的非簇头节点将融合后的数据传输给簇头，簇头节点随后将数据发送给汇聚节点。但是，因为簇头要完成数据融合、与汇聚节点的通信等工作，所以能量消耗大，因此要防止簇头能耗过大而过快死亡。LEACH 是本书的研究重点，这里不再继续分析。

如图 4.11 所示为 LEACH 的原理结构。

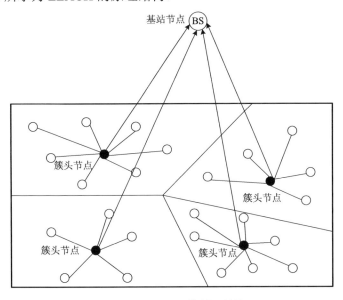

图 4.11　LEACH 的原理结构

2. TEEN 路由协议

TEEN（Threshold Sensitive Energy Efficient Sensor Network Protocol）与 LEACH 在簇的建立阶段是一样的，但在数据传输阶段，汇聚节点通过簇头节点向整个网络报

告两个门限值：硬门限和软门限。与 LEACH 的不同之处还在于 TEEN 层次路由机制是响应型路由协议，即只在被观测的变量发送变化时才会向上级节点传输数据；LEACH 是主动型路由协议，即持续地检测周围发生的变化，并以恒定的速率发送检测到的数据。

TEEN 的工作过程如下：传感器节点检测到周围的数据后将数据保存在节点的一个变量（SV）中，当最近最新感应的数据大于硬门限并且这个值和 SV 的差值大于或等于软门限值时，节点才会向汇聚节点发送数据，如果此时感应到的数据和先前收集的数据变化不大，此时就不必再向汇聚节点传送数据，这样就大大减少了数据不必要的传输次数，同时还减少了传感器网络的能耗。系统通过自行设置的两个可调节门限值，就可以在检测发送数据和系统能耗之间取得均衡。同时 TEEN 也存在一些不足：如果检测的数据总是达不到门限值，节点就永远不会和汇聚节点通信；汇聚节点时刻处于活动状态，接收非簇头节点传来的数据，时刻处于工作状态，增加了簇头节点的负担，簇头节点能耗过大。

3. PEGASIS 协议

PEGASIS 协议同样是基于 LEACH 改进的协议，与 LEACH 的分簇结构不同的是，PEGASIS 协议传感器节点是以链表的结构进行连接的，传感器中的每个节点利用信号的强弱来衡量所有邻居节点的位置，在发送数据之前，节点会调整信号的强度，以使邻居节点能够接收到数据，链中的每个节点都向邻居节点发送数据，同时选择一个节点向汇聚节点传输数据。节点和汇聚节点之间的通信过程是轮流进行的，当节点和汇聚节点通信后，节点间就进行新一轮的数据传输。正是这样的轮流通信机制使得节点的所有能耗分布均衡，降低了整个网络的能耗。

如图 4.12 所示为 PEGASIS 链式路由协议。

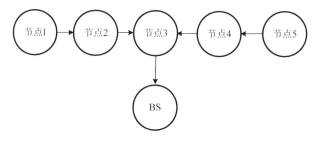

图 4.12　PEGASIS 链式路由协议

PEGASIS 协议的不足：①PEGASIS 协议的所有传感器节点都具有相同的能量，因为所有节点都在与邻居节点通信，所以很可能在同一时间段内，节点能量会全部耗尽；②与 LEACH 的分簇相比，PEGASIS 协议避免了成簇的能耗，但节点能耗都消耗在与邻居节点的通信，因此，动态地调整拓扑结构是 PEGASIS 协议必需的，拓扑结构的调整会带来很大的能量消耗；③链表的结构导致了离链首节点远的节点在传输数据时会引起数据的延迟，而且，每次都是同一个链首致使网络形成瓶颈。

4.3.4　基于位置信息的路由协议

基于位置信息的路由协议（Geographic and Energy Aware Routing，GEAR）充分结合了定向扩散（Directed Diffusion，DD）算法的部分思想，向全网广播信息数据，但 GEAR 是根据节点的地理信息位置，在特定的区域内进行兴趣的广播，形成信息的路由链路，将融合后的有效数据包传送到基站节点。整个 GEAR 分为两个步骤：第一步，基站节点利用节点的位置信息向离自己最近的节点发送查询信息；第二步，收到查询信息的节点继续将此广播信息广播到其他的传感器节点，这样就形成了一条兴趣度的链路，节点收集好数据后，将沿着兴趣度链路的反向路径，将数据发送到基站节点。

GEAR 算法需要保证链路的对称，节点定时向全网广播带有自身位置和能量的信息，对链路进行判断和检查工作。通过这样的路由机制，避免了传统的洪泛传播方式，将无线传感器网络中的不合理信息数据控制在合理的区域内，从而降低了网格传感器网络的能耗，提高了无线传感器网络的生存周期。由于节点拓扑信息的不完整，同时 GEAR 也没有一个全局优化算法，所以该协议只能用于 GPRS 定位的网内节点移动性不强的应用环境，支持在特定环境中的应用还有待提高。

4.3.5　路由协议的比较

以数据为中心的平面路由协议如洪泛、DD 的优点是路由算法十分简单，但是平面路由协议存在先天性的不足，即扩展性差，而无线传感器网络的拓扑结构是成千上万个甚至十几万个节点组成的，强扩展性是其主要的特点，因此平面路由协议不适合此网络，当然，另外的一种分层路由协议能更好地适应无线传感器网络。

LEACH 的特点在于：将所有的传感器节点分为多个簇，每一个簇内都有一个簇头节点（CH）和多个成员（SN）。SN 收集信息后，在一定的时序内将信息传送给 CH，信息传送完成后，SN 就可以进入睡眠状态。这样的分层分簇机制使传感器节点数据的传输有目的性，同时传感器节点在没有任务的情况下可以进入睡眠机制，这样就大大地降低了整个网络的能量消耗，这正是传感器网络所追求的。现有的研究表明：各类路由协议的特点均不相同，其适用的环境也因检测区域而不同，因此具体的实际应用要根据路由协议所采用的场合和环境来进行选择，但扩展性好、有 QoS 的路由协议是人们研究的热点。

4.4　无线传感器网络与互联网融合

由于大多数无线传感器网络应用都是由大量传感器节点构成的，共同完成信息采集、目标监视和感知环境的任务。在信息采集的过程中，采用各个节点单独传输数据到汇聚节点的方法显然是不合适的。因此,如何对采集的数据进行处理与融合对降低节点能耗起到相当大的作用。通常网络中的传感器数量很多,传感器采集的数据具有一定的冗余度,因此将多个节点采集的数据相互结合起来进行处理可以降低整个网络数据的传输量,有效降低系统功耗,问题是如何寻找本地节点处理与节点联合处理的平衡点。

　　无线传感网络与传统因特网作为不同的网络体系结构,它们所面临的系统约束条件也存在着巨大的差异。传统因特网一般通过有线连接,特别是作为支撑因特网的重要节点——路由器一般都有固定放置,有专门的电源提供能量,不需要考虑能量问题。同时,在因特网这样的应用背景下,没有对节点分布、距离等因素作进一步的限制,节点之间通过有线连接,网络拓扑没有地理空间的概念。因特网采用相对成熟的互联协议——传输控制协议/网间协议(TCP/IP),硬件的约束也相对较低。相对无线网络,有线网的带宽比较充足,一般不需要考虑通信协议开销。

　　对于无线传感网络,能量是限制无线传感网工作时间的重要因素,因特网节点由于不需要考虑节能,在持续供电的情况下,正常工作时间可达数年甚至数十年。无线传感网络节点的布局各有不同,森林火警、矿井监测时,节点一般布置在最有可能出现险情的位置;飞机投放的传感器呈现出较强的随机性,而作战时飞机或炮弹投放的传感器则与军事目的密切相关;附带在动物身体上的传感器,则受到动物迁徙的习性和自然条件变化多种因素的影响。因此传感器节点的分布方式千变万化,很难用简单的拓扑模型进行描述。无线传感网络节点受的硬件约束较多,特别是体积和能量的限制,导致系统计算能力非常有限,甚至是简化版本的 TCP/IP 都难以运行。

　　图 4.13 是一种典型的适用于环境监测的传感器网络体系结构。它是一个层次型网络结构,最底层为部署在实际检测环境中的传感器节点,向上层依次为网关节点、传输网络、基站,最终连接到 Internet。为获得准确的数据,传感器节点分布密度往往很大,并且可能部署在若干个不相邻的监控区域内,以形成多个传感器网络。体系结构中各个要素的功能是:传感器节点将测量的数据传送到一个网关节点,网关节点负责将传感器节点传来的数据经由一个传输网络发送到基站上。需要说明的是,处于传感器网络边缘的节点必须通过其他节点向网关发送数据。由于传感器节点具有计算能力和通信能力,可以在传感器网络对采集的数据进行处理,如数据融合。这样可以大大减少数据通信量,减少靠近网关的传感器节点转发负担,这对节省节点的能量是很有好处的。由于节点的处理能力有限,它所采集的数据在传感器网络内进行了粗粒度的处理,用户需要作进一步的分析处理信息的局部网络。基站是一台和 Internet 相连的计算机,它将传感器通过 Internet 发送到数据处理中心,同时它还是一个本地数据库副本,以缓存传感数据,用户可以通过任意一台计算机接入 Internet 的终端访问数据中心,或者向基站发出命令。

　　图 4.13 中,每个传感器区域都有一个网关负责搜集传感器节点发送来的数据,所有的网关节点都连接到上层传输网络上。传输网络具有较强的计算能力和存储能力,

并且有不间断电源供应的多个无线通信节点，用于提供网关节点到基站之间的通信带宽和通信可靠性。传感器网络通过基站与 Internet 相连。基站负责搜集传输网络送来的所有数据，发送到 Internet，并且将传感器数据的日志保存到本地数据库中。如果环境监测应用在非常偏远的山区，基站需要以无线的方式连入 Internet，使用卫星链路是一种比较可靠的方法，这时可以将监控区域的卫星通信站作为传感器网络的基站。传感器节点搜索的数据最后通过 Internet 传送到一个数据库存储。中心数据库提供远程数据服务，用户通过接入 Internet 的终端使用数据服务。

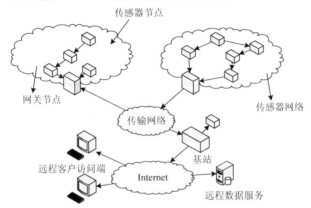

图 4.13　典型的适用于环境监测的传感器网络体系结构

　　无线传感器协议覆盖因特网的策略具有相当的灵活性，特别适合将异构传感网通过因特网互联。缺点是传感器协议种类众多，很难找到一个通用的覆盖模式。但是随着网络应用模式或无线传感网络协议的发展，传感协议覆盖因特网的模式也许会得到较大规模的应用。

　　目前基于网关技术、覆盖网技术和网状网结构的接入模型各有优缺点，设计一种能结合各方优点的接入模型是值得研究的问题。为避免单故障点问题，接入模型需要支持多网关。多网关的动态部署、负载均衡、容错和移动网关相关问题都直接影响接入性能。为实现功能可扩展性，需要研究网关数目和网络规模的关系。作为未来的研究方向，应该开展复合型接入网关技术研究、异构网络互联研究、业务应用模式甚至是行为模型的研究，这些基础内容的研究将是促进无线传感网络与因特网从接入迈向融合的重要途径。

4.5　应用实例

4.5.1　工程背景描述

　　桥梁是人们日常生活交通系统当中的重要环节，但目前许多本应该有较长生命周期的桥梁却在平时的使用过程当中面临着一系列的危机。由于工程结构设计、建造和施工当中的误差难以避免，尤其是工程材料的自然老化和桥梁的大负荷运营，形成桥梁结构缺陷损伤，导致各类桥梁事故频繁发生。为了防止发生灾难性的事故，确保人民生命和国家财产的安全，对使用中的桥梁进行健康监测已经成了一个重要课题。

目前大量的桥梁已经进入维护检修阶段，对于所有的桥梁，在建设完成开始投放使用以后，随着时间的推移，由于各种因素会使桥梁的安全性能有所下降，以至影响车辆行驶的安全。桥梁一般出现在重要的地段和区域，投资高，用期长。然而在桥梁的服役过程中，所遭受的各种影响是非常大的，如环境载荷作用、疲劳效应、腐蚀效应和材料老化等不利因素对设施的长期影响，桥梁各部分发生老化导致其内部结构可能会发生比较大的变化。因此桥梁的运行过程中对各项指标数据的监测和分析就显得非常重要。但数据的大量采集也出现了一些固有的问题，例如，针对桥梁健康指标各项数据的监测必须是实时监测的，每隔一段时间就必须将数据发送到上位服务器来存储和分析，而桥梁的老化则是长年累月的积累的结果，所以在这么长的时期里所聚集的监测数据量是非常巨大的，从这些大量数据中分析和查找桥梁真实运行情况不仅效率会大打折扣，而且可能会掩盖甚至丢失大量重要数据，为整合桥梁数据资源设置了很大的难度。目前，从世界范围来讲，还没有提出一个真正有明显效果的方案来分析处理如此大量的桥梁监测数据。我国地形复杂，桥梁众多，想要保证大量桥梁的安全使用仅靠人工和一般的桥梁健康监测系统是很难办到的，可见找到一种稳定快速的桥梁监测系统是很有实际意义的。

为了能够较早地识别以及定位桥梁存在的潜在损伤，需要对桥梁进行长期的健康监测以及定期评估。但是在开展上述工作之前，应准确地获得桥梁的相关数据。拟重点对桥梁的桥面线形、塔偏、应力、索力、数字温度以及动态称重六大子系统数据的准确获取开展研究。

现役桥梁由于各种原因总会存在着不同程度的结构损伤，这些损伤的累积及扩展不仅影响桥梁的正常运营，而且会危及结构的使用安全。国内外许多桥梁的突然破坏与倒塌已经使桥梁工程界对桥梁损伤安全评定与维护管理对策这一新课题倍加关注。

在桥梁健康监测系统中，监测现场数据采集传输的稳定性和可靠性，是决定系统正常工作的关键因素。传统的桥梁健康监测是以电缆或电线作为基础传输介质组成的数据采集系统。目前常用的解决方案是在监控现场，将传感器布置在需要监测桥梁的关键部位，传感器采用星型连接，将各个传感器采集到的信号用独立电缆传送到中央采集站，由中央采集站将所有连接的信号集中处理发送到上位机，进行实时数据采集。桥梁结构一般都十分庞大，需要很多传感器，工作环境复杂，相应的监测点分散，这种传统的有线信号传输方式存在很大问题。

① 线路布设复杂，接线烦琐，安装造价高，后期的线缆维护所耗的时间和精力巨大，应用上有较大局限性；

② 有些监测传输距离太远，对桥梁监测中的很多传感器微弱信号会造成数据的失真；

③ 收集速度慢，数据接口和系统整合能力差；

④ 影响正常的交通运行，若对桥梁进行荷载实验等定期检测，需要封闭交通进行。

这种传统的串行集中式监测系统很大程度上影响系统的处理速度和系统的可靠性及灵活性。无线传感网络是当前国内外工程领域的研究热点，节点具有功耗低、体积小、系统安全性高、稳定性、可靠性和实时性好的特点。将无线传感技术应用于桥梁健康监测系统，有利于整个系统的小型化，低成本，智能化。通过无线网络实现数据的采集和发送，可以提高系统安装的方便性和可移动性，并使监测系统可方便地应用于各种桥梁结构健康监测系统中。与传统监测手段相比，具有以下明显优势。

① 构成自组织动态网络，无需人工干涉自动组网，适应长期工作的需要。传感器可自动加入、断开网络，方便监测点位置的改变。

② 传感器节点数量大，分布密度高，使得网络数据采集量大，精度高，增加了系统监测的精度和稳定性。

③ 传感器节点具有无线通信能力，并且支持多跳技术，能实现健康监测的远程监测，减少现场布线的工作量，移动灵活。

④ 健康监测中的监测对象不尽相同，传感器节点具备良好的灵活性，可以配接各种类型的传感器，满足监测的不同应用。

因此，加速我国旧桥加固或改造技术的研究，不仅能更好地、及时地为现代交通运输服务，而且可以为国家带来巨大的经济和社会效益。鉴于上述情况，桥梁健康监测系统设计趋向无线监测方式，用分布式无线技术来代替传统的集中式有线技术，实现传感器和数据采集系统之间的直接通信。无线传感器网络的出现和发展为这一问题提供了一个新的解决途径。

4.5.2　项目解决的关键问题

1）桥梁健康监测传感数据采集传输系统设计

传感系统、数据采集及传输系统是整个桥梁监测系统的终端设备，也就是传感器网络节点，功能是对各种传感器信号进行采集、传输和保存，对所有传感器的工作时序和频率进行控制，并将数据传输到数据管理系统。

2）桥梁健康数据管理系统

无线传感器网络的汇聚节点通过串口与监控主机上的数据管理系统相连，把所有测点数据保存在数据管理系统的数据库内，实现数据的长期保存和备份，对结构状态的实时跟踪，实现结构信息的可视化和决策数据库的智能化。

3）传感器节点的优化布置

桥梁健康监测的第一步就是传感器节点的布置，考虑到经济与桥梁结构本身的特点等因素，在整个桥梁所有位置都布置节点是不合适的，因此，要求考虑在桥梁上布置若干个传感器节点的优化问题。利用有限的传感器节点来获取桥梁全面而准确的信息就是传感器节点优化布置的目标。

4）桥梁损伤诊断系统软件开发

监控人员通过监测各种传感采集到的数据信息，结合理论分析模型、专家经验及桥梁自身的结构特点，应用有效的评估手段对桥梁的健康状况做出评估，评价结构的强度储备和可靠度，提出维修养护决策。

4.5.3 项目的研究方法与技术路线

1. 总体研究方案

反映桥梁健康状况需要监测的内容指标有很多，如果全面监测难免给健康监测系统造成硬件庞大、数据繁杂、处理数据不可靠等缺陷。因此在监测指标上，应根据桥型选择最能反映桥梁健康状况的指标。基于通常桥梁监测指标的选择是在基于"桥梁本身安全"的情况下，主要监测如下指标。

（1）环境温度及桥上温度分布监测。某些监测过程或传感器本身的测量精度受气温的影响，如用频率法测斜拉索的索力时，温度会导致斜拉索振动基频的变化。通过对环境温度的监测可以设法消除温度变化对这些监测过程或传感器的影响。通过对整桥温度场的监测，结合其他监测项目，可以了解桥梁结构在某种温度场下的行为，如结构变形、内力变化等，为钢结构桥梁的耐久性评价提供依据。

（2）斜拉索索力监测。通过对斜拉索的重点部位索力的监测，研究索力大小的分布在各种载荷下的响应，为结构损伤识别、疲劳损伤寿命评估和结构状态评估提供依据。在恒载作用下，斜拉桥和悬索桥的主梁和索塔的索力大小的变化是衡量桥梁是否处于健康状态的重要标志。

（3）振动监测。桥梁自振特性（振动频率、振型等）与桥梁结构的刚度、质量及其分布有关，是表征桥梁结构整体状态的一个量，定期对桥梁结构的自振特性进行测量能够从整体上把握桥梁结构的运行状态。振动监测系统是健康监测系统的重要组成部分。包括监测车辆经过桥时的强迫振动加速度，无车辆过桥时主梁的脉动振动加速度。振动数据可以为基于振动监测数据的各种研究（如模态参数识别、损伤识别、安全评定、预警）提供基础数据。

索力、振动、温度是对桥梁进行长期健康监测和健康评估的主要指标，对桥梁重点部位的这些指标进行实时监测有助于了解桥面系的受力状况，桥梁的刚度性能，间接反映桥梁的稳定性，并及时准确地提供桥梁结构的实际状态数据。

桥梁的健康监测主要是对结构的状态监测和损伤诊断。利用先进的传感测试仪器设备对桥梁在外界所受的各种激励下的响应进行监测，然后对监测到的各种数据进行分析处理，结合结构模型等先进知识对结构进行诊断，分析结构损伤状态，最后对桥梁结构的健康状态进行评价，确定科学的维修保养决策。

桥梁监测系统一般可划分为位于监测现场的传感器子系统、数据采集子系统、非现场的数据管理子系统及数据分析子系统四部分，系统总体结构如图4.14所示。

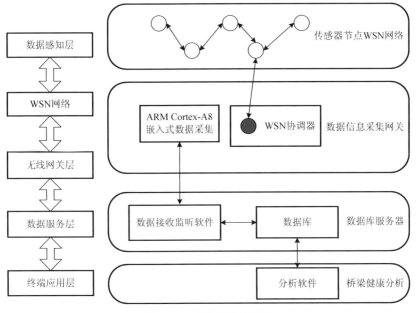

图 4.14　系统总体结构图

2. 技术路线

　　本系统的设计过程是分模块化设计的，模块化设计的好处是可以使系统各部分的研制同步进行，系统各模块易于独立升级而互不影响。利用中国移动的 GPRS 无线传输网络，研制了一套基于无线传感器网络的桥梁健康监测仪，该仪器能永远在线，不间断地向远程客户端传送桥梁缆索状态测试数据，实现缆索张力和其他指标的实时监测，如图 4.15 所示。桥梁缆索健康监测系统总体结构如图 4.16 所示。本系统由低频加速度传感器，以 ARM 为主控制器的数据采集发送终端，移动 GPRS 网络，具有公网固定 IP 的控制中心服务器、处理客户端组成。GPRS 组网方式是中心采用 ADSL 的 Internet 公网连接，采用公网固定 IP（公网服务器），GPRS 直接向中心发起连接，将采集的数据发送到公网服务器。开通中国移动 SIM 卡 GPRS 服务的 CMNET 功能，即可实现 GPRS 向公网中固定 IP（服务器）传输数据的功能，服务器利用端口映射软件将数据映射到数据接收、处理客户端，实现缆索张力的实时监测。

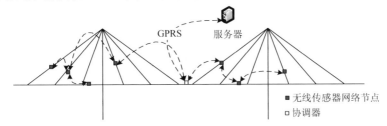

图 4.15　无线传感器网络部署图

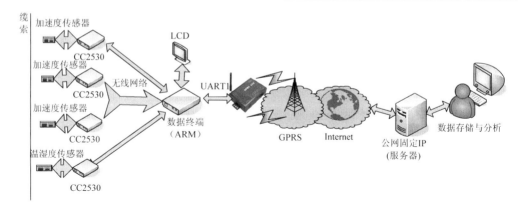

图 4.16　总体结构框图

1）设备硬件组成

本项目选择基于 ARM Cortex-A8 内核的芯片作为嵌入式处理器，无线传感器网络选择 CC2530 芯片，上层采用 Linux 操作系统。除 ARM 微处理器内核，几乎所有的 ARM 芯片均根据不同的应用领域，扩展了相关功能模块，并集成在芯片之中，称为片内外围电路，如 USB 接口、RS232 接口、网络接口、LCD 控制器、键盘接口等。根据系统的需求，本书尽可能采用片内外围电路完成所需的功能。因此，充分利用片内外围接口资源，将接口电路与核心电路分开设计，这样可以保证 CPU 稳定运行，不会受外围器件干扰，提高系统稳定性。系统硬件组成如图 4.17 所示。

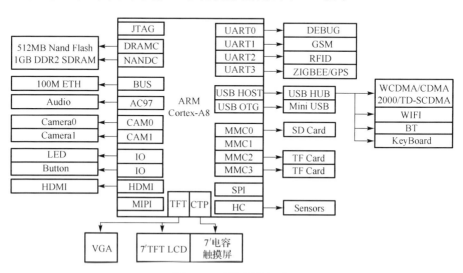

图 4.17　系统硬件组成

2）桥梁健康数据管理及分析软件设计

本测试仪器以虚拟仪器软件平台 Labwindows/CVI7.0 为基础，开发一套适合于远程测试的索力测试系统。仪器系统设计采用虚拟仪器的设计思想，除使用无线传感器网络数据采集硬件完成数据采集工作，系统的其他功能均由软件实现。数据存盘格式如何与目前主流的数据采集分析系统的数据格式相互兼容，使本系统采集到的信号能在其他数据分析系统上完成进一步的信号分析工作。

频率法测量缆索张力的基本原理是首先测定缆索的固有频率，然后根据其两端的受力同固有频率的关系换算得到张力，是一种间接的测量方法。设单位长度质量为 ρ 的缆索在张力 T 作用下被张紧，E 为弹性模量，I 为惯性矩，索的弯曲刚度为 EI，设 T 和 EI 沿索轴线不变，取缆索的微段和坐标。Q 为剪力，M 为弯矩，x 为沿缆索方向坐标，y 为缆索上各点在时刻 t 的横向位移，t 为时间，其平衡方程为

$$\frac{\mathrm{d}Q}{\mathrm{d}x} + \rho\frac{\partial^2 y}{\partial x^2} - T\frac{\partial^2 y}{\partial x^2} = 0 \qquad (4.1)$$

利用关系式

$$\frac{\mathrm{d}M}{\mathrm{d}x} = Q, \quad \frac{\partial^2 y}{\partial x^2} = \frac{M}{EI} \qquad (4.2)$$

简化后，可以得出缆索在张紧的状态下，其自由振动方程为

$$EI\frac{\partial^4 y}{\partial t^4} - T\frac{\partial^2 y}{\partial x^2} + \rho\frac{\partial^2 y}{\partial t^2} = 0 \qquad (4.3)$$

假定缆索的边界条件为两端铰接，则上述方程的解为

$$T = \frac{4\rho l^2 f_n^2}{n^2} - \frac{n^2\pi^2 EI}{l^2} \qquad (4.4)$$

式中，n 为缆索的自振频率阶数，$n = 1, 2, 3, \cdots$；f_n 为缆索的第 n 阶自振频率；l 为缆索的计算索长。

如果忽略缆索弯曲刚度的影响，式（4.4）变为

$$T = \frac{4\rho l^2 f_n^2}{n^2} \qquad (4.5)$$

由式（4.5）可以看出，对同根缆索，张力一定，其各阶自振频率的频谱是等间距的，且间距等于它的一阶自振频率 f_1。因此，对于某一确定的索，式（4.5）右边的 ρ、l 都是已知的，如果能精确测定 f_n，并确定相应的 n 值，便可求得索力 T。

在推导缆索自由振动的基本方程及其解时是将缆索当做弦来处理的。按照弦的振动理论作如下假设：

（1）索无自重的影响，即张紧后的缆索成一条直线；

（2）缆索两端铰支，即有边界条件 $x(0) = 0$，$x(l) = 0$；

（3）缆索作自由振动，即只受横向外力作用；

（4）缆索是均质的，即 $\rho(x)$=常数；

（5）索作微幅振动。

只有在上述假设条件全满足的情况下，式（4.5）才能成立。现在，在实际工程中，上面的假设不一定都成立，实际应用时应作适当修正。研究表明：缆索的刚度、垂度和边界条件对索力测定精度影响较大。该仪器在设计时，考虑到这一点，选取适合的修正公式对测定结果进行了修正。

结合近几年有关"频率法"测量缆索张力误差的理论分析结果，采用以下计算公式，来修正理论误差，此误差修正功能已应用于本系统中。

（1）考虑索垂度和弹性影响的索力计算公式为

$$T = 4ml^2 f^2 \quad (\lambda^2 \leqslant 0.17) \tag{4.6}$$

$$T = \sqrt[3]{ml^2(4f^2T^2 - 7.569mEA)} \quad (0.17 < \lambda^2 < 4\pi^2) \tag{4.7}$$

$$T = ml^2 f^2 \quad (4\pi^2 < \lambda^2) \tag{4.8}$$

式中，λ 为垂度。

（2）考虑抗弯刚度影响的索力计算公式为

$$T = 3.432ml^2 f^2 - 45.191\frac{EI}{l^2} \quad (0 \leqslant \xi \leqslant 18) \tag{4.9}$$

$$T = m\left(2lf - \frac{2.363}{l}\sqrt{\frac{EI}{m}}\right)^2 \quad (18 < \xi \leqslant 210) \tag{4.10}$$

$$T = 4ml^2 f^2 \quad (210 < \xi) \tag{4.11}$$

式中，T 为索的拉力，m 为缆索的线密度，l 为缆索长度，E 为弹性模量，I 为截面惯性矩，ξ 为抗弯刚度。

系统组成实物图和斜拉桥缆索张力检测系统分别如图 4.18 与图 4.19 所示。

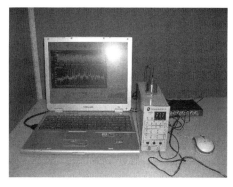

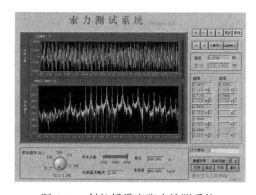

图 4.18　系统组成实物图　　　　图 4.19　斜拉桥缆索张力检测系统

第 5 章　嵌入式终端平台

5.1　引　　言

嵌入式终端平台硬件组成，抽象来说，以主处理器内核为核心，将智能终端硬件系统分为 3 个层次来进行描述，分别是主处理器内核、片上系统级设备和板级设备。主处理器内核与片上系统级设备使用片内总线相连，板级设备则一般通过片上系统级设备与系统连接。

我们知道，计算机软件结构分为系统软件和应用软件。在智能终端的软件结构中，系统软件主要是操作系统和中间件。操作系统的功能是管理智能终端的所有资源（包括硬件和软件），同时也是智能终端系统的内核与基石。嵌入式操作系统是一种用途广泛的系统软件，通常包括与硬件相关的底层驱动软件、系统内核、设备驱动接口、通信协议、图形界面、标准化浏览器等。嵌入式操作系统负责嵌入式系统的全部软、硬件资源的分配、任务调度，控制、协调并发活动。

5.2　嵌入式系统简介

5.2.1　嵌入式系统

嵌入式系统是以应用为中心，软硬件可裁减的，适用于对功能、可靠性、成本、体积、功耗等综合性严格要求的专用计算机系统。具有软件代码小、高度自动化、响应速度快等特点，特别适合要求实时和多任务的体系。嵌入式系统主要由嵌入式处理器、相关支撑硬件、嵌入式操作系统及应用软件系统等组成，它是可独立工作的"器件"。

嵌入式系统是专用计算机应用系统，它具有一般计算机组成的共性，也是由硬件和软件组成的。本章将完整地描述嵌入式系统软硬件各部分的组成结构。

1. 嵌入式系统的硬件基本结构

从硬件上将基于 CPU 的处围器件整合到 CPU 芯片内部，例如，早期基于 X86 体系结构的计算机，CPU 只有运算器和累加器的功能，一切芯片要靠外部桥路来扩展实现，像串口之类的都是靠外部的 16C550/2 的串口控制器芯片实现，而目前的这种串口控制器芯片早已集成到 CPU 内部。另外，PC 有显卡，而多数嵌入式处理器都带有 LCD 控制器，但其意义相当于显卡。比较高端的 ARM、Intel XScale 架构下的 IXP 网络处理器，CPU 内部集成 PCI 控制器（可配成支持 4 个 PCI 从设备或配成自身为 CPI 从设备）；还集成 3 个 NPE 网络处理器引擎，其中两个对应于两个 MAC 地址，可用于网关交换，而另外一个 NPE 网络处理器引擎支持 DSL，只要外面再加个 PHY 芯片即可以实现 DSL 上网功能。IXP 系列最高主频可以达到 1.8GHz，支持 2GB 内存，1GB×10 或 10GB×1 的以太网口或 Fiber Channel 的光通道。IXP 系列应该是目标基于 ARM 体系结构下，由 Intel 进行整合后成为 XScale 内核的最高处理器。

嵌入式系统的硬件架构，以嵌入式处理器为中心，由存储器、I/O 设备、通信模块以及电源等必要的辅助接口组成。嵌入式系统是量身定做的专用计算机应用系统，又不同于普通计算机组成，在实际应用中的嵌入式系统硬件配置非常精简，除了微处理器和基本的外围电路，其余的电路都可根据需要和成本进行裁剪、定制，非常经济、可靠。

嵌入式系统的硬件核心是嵌入式微处理器，有时为了提高系统的信息处理能力，常外接 DSP 和 DSP 协处理器（也可内部集成），以完成高性能信号处理。随着计算机技术、微电子技术、应用技术的不断发展及纳米芯片加工工艺技术的发展，以微处理器为核心的集成多种功能的系统芯片（System on Chip，SoC）已成为嵌入式系统的核心。在嵌入式系统设计中，要尽可能地满足系统功能接口的 SoC。这些 SoC 集成了大量的外围 USB、UART、以太网、AD/DA、IIS 等功能模块。可编程片上系统（System on Programmable Chip，SoPC）结合了 SoC 和 PLD、FPGA 各自的技术优点，使得系统具有可编程的功能，是可编程逻辑器件在嵌入式应用中的完美体现，极大地提高了系统的在线升级、换代能力。以 SoC/SoPC 为核心，用最少的外围部件和连接部件构成一个应用系统，满足系统的功能需求，这也是嵌入式系统发展的一个方向。

因此，现代嵌入式设计是以 CPU/SoC/SoPC 为核心来完成系统设计的，其外围接口包括存储设备、通信扩展设备、扩展设备接口和辅助的机电设备（电源、连接器、传感器等），构成硬件系统。嵌入式系统硬件组成如图 5.1 所示。

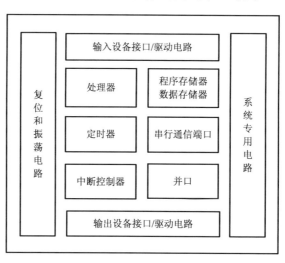

图 5.1　嵌入式系统硬件组成

2. 嵌入式系统的软件基本结构

从软件上前，就是在定制操作系统内核里将应用一并选入，编译后将内核下载到 ROM 中。而在定制操作系统内核时所选择的应用程序组件就是完成了软件的"嵌入"，例如，WinCE（Windows CE 的简称）在内核定制时，会有相应选择，即 Wordpad、PDF、MediaPlay 等的选择，如果选择了，在 CE 启动后，就可以在界面中找到这些东西，如果是以前 PC 上装的 Windows 操作系统，多半的东西都需要重新安装。

在设计简单的应用程序时，可以不使用操作系统，但在设计较复杂的程序时，可能就需要操作系统来管理和控制内存、多任务、周边资源等。依据系统所提供的程序界面来编写应用程序，可大大减少应用程序员的负担。

对于使用操作系统的嵌入式系统，嵌入式系统软件结构一般包含 4 个层面：设备驱动层、实时操作系统、应用程序接口层、实际应用程序层。有些书籍将应用程序接口归属于操作系统层，嵌入式系统的软件结构是按 3 层划分的。由于硬件电路的可裁剪性和嵌入式系统本身的特点，其软件部分也是可裁剪的。对于功能简单，仅包括应用程序的嵌入式系统，一般不使用操作系统，仅有应用程序和设备驱动程序。现代高性能嵌入式系统的应用越来越广泛，操作系统的使用成为必然发展趋势。嵌入式系统软件的组成如图 5.2 所示。

嵌入式操作系统（Embedded Operation System）是一种用途广泛的系统软件，过去它主要应用于工业控制和国防系统领域。嵌入式操作系统负责嵌入系统的全部软、硬件资源的分配、调度工作，控制

图 5.2 嵌入式系统软件的组成

协调并发活动；它必须体现其所在系统的特征，能够通过装卸某些模块来达到系统所要求的功能。目前，已推出一些应用比较成功的嵌入式操作系统产品系列。随着 Internet 技术的发展、信息家电的普及应用及嵌入式操作系统的微型化和专业化，嵌入式操作系统开始从单一的薄弱功能向高专业化的强功能方向发展。嵌入式操作系统在系统实时高效性、硬件的相关依赖性、软件固态化以及应用的专用性等方面具有较为突出的特点。嵌入式操作系统是相对于一般操作系统而言的，它除具备了一般操作系统最基本的功能，如任务调度、同步机制、中断处理、文件功能等，还有以下特点。

（1）可装卸性。开放性、可伸缩性的体系结构。

（2）强实时性。嵌入式操作系统实时性一般较强，可用于各种设备控制当中。

（3）统一的接口。提供各种设备驱动接入。

（4）操作方便、简单、提供友好的图形用户界面，追求易学易用。

（5）提供强大的网络功能，支持 TCP/IP 及其他协议，提供 TCP、UDP、IP、PPP 支持及统一的 MAC 访问层接口，为各种移动计算设备预留接口。

（6）强稳定性，弱交互性。嵌入式系统一旦开始运行就不需要用户过多的干预，

这就要负责系统管理的嵌入式操作系统具有较强的稳定性。嵌入式操作系统的用户接口一般不提供操作命令，它通过系统调用命令向用户程序提供服务。

（7）固化代码。在嵌入式系统中，嵌入式操作系统和应用软件被固化在嵌入式系统计算机的 ROM 中。辅助存储器在嵌入式系统中很少使用，因此，嵌入式操作系统的文件管理功能应该能够很容易地拆卸，而用各种内存文件系统。

（8）更好的硬件适应性，也就是良好的移植性。

国际上用于信息电器的嵌入式操作系统有 40 种左右。现在，市场上非常流行的嵌入式操作系统产品，包括 3Com 公司下属子公司的 Palm OS，全球占有份额达 50%，Microsoft 公司的 Windows CE 只占 29%。在美国市场，Palm OS 更以 80%的市场占有率远超 Windows CE。开放源代码的 Linux 很适于做信息家电的开发，例如，中科红旗软件技术有限公司开发的红旗嵌入式 Linux 和美商网虎公司开发的基于 Xlinux 的嵌入式操作系统"夸克"。"夸克"是目前全世界最小的 Linux 之一，它有两个很突出的特点：体积小和使用 GCS 编码。

常见的嵌入式系统有 Linux、uClinux、WinCE、Palm OS、Symbian、eCos、uCOS-II、VxWorks、pSOS、Nucleus、ThreadX、Rtems、QNX、INTEGRITY、OSE、C Executive。

5.2.2　嵌入式系统的分类

可以将嵌入式系统分成以下三种类型。

1）小型嵌入式系统

这些系统是采用一个 8 位或者 16 位的微控制器设计的，其硬件和软件复杂度很小，需要进行板级设计。它们甚至可以是电池驱动的。当为这些系统开发嵌入式软件时，主要的编程工具是所使用的微控制器或者处理器专用编辑器、汇编器（Assembler）和交叉汇编器。通常利用 C 语言来开发这些系统。C 语言被编译为汇编程序，然后将可执行代码存放到系统存储器的适当位置上。为了满足系统连续运行时的功耗限制，软件必须放置在存储器中。

2）中型嵌入式系统

这些系统是采用一个 16 位或者 32 位的微控制器、DSP 或者精简指令集计算机（Reduced Instruction Set Computer，RISC）设计的；硬件和软件复杂度都比较大。对于复杂的软件设计，可以使用如下的编程工具：RTOS、源代码设计工具、模拟器、调试器和集成开发环境（Integrated Development Environment，IDE）。软件工具还提供了硬件复杂性的解决方法。汇编器作为编程工具用处不大。这些系统还可以运用已有的 ASSP 和 IP 来完成各种功能，例如，总线接口、加密、解密、离散余弦变换和逆变换、TCP/IP 协议栈和网络连接功能。

3）复杂嵌入式系统

复杂嵌入式系统的软件和硬件都非常复杂，需要可升级的处理器或者可配置的处理器和可编程逻辑阵列（Field Programmable Gate Array，FPGA）。它们用于边缘应用，在这些应用中，需要硬件和软件协同设计，并且都集成到最终的系统中；然而，它们却受硬件单元所提供的处理速度的限制。为了节约时间并提高运行速度，可以在硬件中实现一定的软件功能，例如，加密和解密算法、离散余弦变换和逆变换、TCP/IP 协议栈和网络驱动程序功能。系统中某些硬件资源的功能也可以用软件来实现。这些系统的开发工具要么十分昂贵，要么根本不存在。有时候，必须为这些系统开发编译器或者可重定目标的编译器。

5.2.3　嵌入式系统发展趋势

作为嵌入式系统（包括硬、软件系统）极为重要的组成部分的嵌入式操作系统，通常包括与硬件相关的底层驱动软件、系统内核、设备驱动接口、通信协议、图形界面、标准化浏览器等。嵌入式操作系统具有通用操作系统的基本特点，例如，能够有效管理越来越复杂的系统资源；能够把硬件虚拟化，使得开发人员从繁忙的驱动程序移植和维护中解脱出来；能够提供库函数、驱动程序、工具集以及应用程序。与通用操作系统相比较，嵌入式操作系统在系统实时高效性、硬件的相关依赖性、软件固态化以及应用的专用性等方面具有较为突出的特点。

嵌入式操作系统伴随着嵌入式系统的发展经历了四个比较明显的阶段。

第一阶段：无操作系统的嵌入算法阶段，以单芯片为核心的可编程控制器形式的系统，具有与监测、伺服、指示设备相配合的功能。应用于一些专业性极强的工业控制系统中，通过汇编语言编程对系统进行直接控制，运行结束后清除内存。系统结构和功能都相对单一，处理效率较低，存储容量较小，几乎没有用户接口。

第二阶段：以嵌入式 CPU 为基础、简单操作系统为核心的嵌入式系统。CPU 种类繁多，通用性比较差；系统开销小，效率高；一般配备系统仿真器，操作系统具有一定的兼容性和扩展性；应用软件较专业，用户界面不够友好；系统主要用来控制系统负载以及监控应用程序运行。

第三阶段：通用的嵌入式实时操作系统阶段，以嵌入式操作系统为核心的嵌入式系统。能运行于各种类型的微处理器上，兼容性好；内核精小、效率高，具有高度的模块化和扩展性；具备文件和目录管理、设备支持、多任务、网络支持、图形窗口以及用户界面等功能；具有大量的应用程序接口；嵌入式应用软件丰富。

第四阶段：以基于 Internet 为标志的嵌入式系统。这是一个正在迅速发展的阶段。目前大多数嵌入式系统还孤立于 Internet 之外，但随着 Internet 的发展以及 Internet 技术与信息家电、工业控制技术等结合日益密切，嵌入式设备与 Internet 的结合将代表着嵌入式技术的真正未来。

由于网络与通信技术的发展，嵌入式系统在经历了近 20 年的发展历程后，又进入了一个新的历史发展阶段，即从普遍的低端应用进入到一个高、低端并行发展，并且不断提升低端应用技术水平的时代，其标志是近年来 32 位 MCU 的发展。

32 位 MCU 的应用不会走 8 位机百花齐放、百余种型号系列齐上阵的道路，这是因为在 8 位机的低端应用中，嵌入对象与对象专业领域十分广泛而复杂；而当前 32 位 MCU 的高端应用则多集中在网络、通信和多媒体技术领域，32 位 MCU 将会集中在少数厂家发展的少数型号系列上。

在嵌入式系统高端应用的发展中，曾经有众多的厂家参与，很早就有许多 8 位嵌入式 MCU 厂家实施了 8 位、16 位和 32 位机的发展计划。后来，8 位和 32 位机的技术扩展侵占了 16 位机的发展空间。传统电子系统智能化对 8 位机的需求使这些厂家将主要精力放在 8 位机的发展上，形成了 32 位机发展迟滞不前的局面。当网络、通信和多媒体信息家电业兴起后，出现了嵌入式系统高端应用的市场；而在嵌入式系统的高端应用中，进行多年技术准备的 ARM 公司适时地推出了 32 位 ARM 系列嵌入式微处理器，以其明显的性能优势和知识产权平台扇出的运行方式，迅速形成 32 位机高端应用的主流地位，以至于使不少传统嵌入式系统厂家放弃了自己的 32 位发展计划，转而使用 ARM 内核来发展自己的 32 位 MCU。甚至在嵌入式系统发展史上作出卓越贡献的 Intel 公司以及将单片微型计算机发展到微控制器的 Philips 公司，在发展 32 位嵌入式系统时都不另起炉灶，而是转而使用 ARM 公司的嵌入式系统内核来发展自己的 32 位 MCU。

后 PC 时代的到来以及 32 位嵌入式系统的高端应用吸引了大量计算机专业人士的介入，加之嵌入式系统软/硬件技术的发展，导致了嵌入式系统应用模式的巨大变化，即使嵌入式系统应用进入一个基于软/硬件平台、集成开发环境的应用系统开发时代，并带动了 SoC 技术的发展。在众多嵌入式系统厂家参与下，基于 ARM 系列处理器的应用技术会在众多领域取得突破性进展。Intel 公司将 ARM 系列向更高端的嵌入式系统发展；而 Philips 公司则在向高端嵌入式系统发展的同时，向低端的 8 位和 16 位机的高端应用延伸。Intel 公司和 Philips 公司的发展都体现了各自的特点，并充分发挥了各自的优势。因此，在 32 位嵌入式系统的应用中，ARM 系列会形成 ARM 公司领军，众多厂家参与，计算机专业、电子技术专业以及对象专业人士共同推动的局面，形成未来 32 位嵌入式系统应用的主流趋势。这种集中分工的技术发展模式有利于嵌入式系统的快速发展。

虽然嵌入式系统这一名词在最近几年才流行起来。但早在 20 世纪 80 年代，国际上就有一些 IT 组织、公司，开始进行商用嵌入式系统和专用操作系统的研发。从硬件方面讲，32、64 位微处理器是目前嵌入式系统的核心，它们的使用同样也是未来发展的一大趋势。为了抢占这个无限广阔的市场，各大硬件厂商竞相推出产品，包括 Intel、Motorola、Philips、AMD 等均不甘示弱，几乎每个月都有新产品出现。

从软件方面讲，目前的几大软件平分天下。VxWorks 是目前嵌入式系统领域中使用最广泛、市场占有率最高的系统。它支持多种处理器，但是由于很多 API 是这个系统本身独有的，使得开发的兼容性受到较大影响。OS-9 是主要为高科技产品设计的，提高了很好的安全和容错性，并且有很好的升级能力和灵活性。Palm OS 是 Palm 公司的操作系统，和微软的 Windows CE 是 PDA 操作系统的两大巨头。由于 Windows CE 的模块化设计允许它对于从掌上电脑到专用的工业控制器的用户电子设备进行定制，以及微软公司强大的技术力量，虽然目前 Palm 还占有大部分的市场份额，但是有理由相信 Windows CE 必将成为 PDA 系统软件的一个霸主。由于国际 PDA 市场的快速增长，目前基于 Palm 和基于 Windows CE 的应用软件有着大量的需求。这类软件由于系统功能的单一，所以软件功能也趋向专一化。而掌上设备的各种通信、管理软件需求量极大。同时开发环境齐备，可以完全在 PC 上进行，通过软件模拟调试，等到模拟通过再下载入机器，而且因为可以使用大量的 PC 的 API 函数、SDK，所以开发过程是在已有的成熟技术基础上进行的，相对简单，吸引了大量的软件开发人员进入这一领域。

　　硬件方面，不仅有各大公司的微处理器芯片，还有用于学习和研发的各种配套开发包。目前低层系统和硬件平台经过若干年的研究，已经相对比较成熟，实现各种功能的芯片应有尽有。而且巨大的市场需求给人们提供了学习研发的资金和技术力量。从软件方面讲，也有相当部分的成熟软件系统。国外商品化的嵌入式实时操作系统，已进入我国市场的有 WindRiver、Microsoft、QNX 和 Nuclear 等。我国自主开发的嵌入式系统软件产品如科银（CoreTek）公司的嵌入式软件开发平台 DeltaSystem，它不仅包括 DeltaCore 嵌入式实时操作系统，而且还包括 LamdaTools 交叉开发工具套件、测试工具、应用组件等；此外，中国科学院也推出了 Hopen 嵌入式操作系统（虽然还不够完善）。同时由于是研究热点，所以可以在网上找到各种各样的免费资源，从各大厂商的开发文档，到各种驱动、程序源代码，甚至很多厂商还提供微处理器的样片。这对于从事这方面的研发，无疑是个资源宝库。对于软件设计，无论上手还是进一步开发，都相对比较容易。这就使得很多生手能够比较快地进入研究状态，利于发挥大家的积极创造性。

　　未来的几年内，随着信息化、智能化、网络化的发展，嵌入式系统技术也将获得广阔的发展空间。美国著名未来学家尼葛洛庞帝 1999 年 1 月访华时预言，4～5 年后嵌入式智能（计算机）工具将是 PC 和因特网之后最伟大的发明。进入 20 世纪 90 年代，嵌入式技术全面展开，目前已成为通信和消费类产品的共同发展方向。在通信领域，数字技术正在全面取代模拟技术。在广播电视领域，美国已开始由模拟电视向数字电视转变，欧洲的 DVB（数字电视广播）技术已在全球大多数国家推广。数字音频广播（Digital Audio Broadcasting，DAB）也已进入商品化试播阶段。而软件、集成电路和新型元器件在产业发展中的作用日益重要。所有上述产品中，都离不开嵌入式系统技术。像前途无可计量的维纳斯计划生产机顶盒，核心技术就是采用 32 位以上芯片级的嵌入式技术。在个人领域中，嵌入式产品将主要是个人商用，作为个人移动的数据处理和通信软件。由于嵌入式设备具有自然的人机交互界面，GUI 屏幕为中心的多媒体界面给人很大的亲和力。手写文字输入、语音拨号上网、收发电子邮件以及彩色图形、图像已取得初步成效。目前一些先进的 PDA 在显示屏幕上已实现汉字写入、短消息语音发布，使用范围也将日益广阔。对于企业专用解决方案，如物流管理、条码扫描、移动信息采集等，这种小型手持嵌入式系统将发挥巨大的作用。自动控制领域，不仅可以用于 ATM、自动售货机、工业控制等专用设备和移动通信设备、GPS、娱乐相结合，嵌入式系统同样可以发挥巨大的作用。由此可见，嵌入式系统技术发展的空间真是无比广大。嵌入式系统是后 PC 时代的擎天之柱。有理由相信，未来的电子技术就是嵌入式系统技术的天下。

5.3　嵌入式系统硬件

5.3.1　微处理器

在芯片领域主要分成两块，一块是通用 CPU，也就是常说的 PC 芯片；另一块是嵌入式 CPU。嵌入式 CPU 是嵌入式系统的核心，是控制、辅助系统运行的硬件部件。所谓嵌入式 CPU 是指安装在不是计算机的路由器、手机、电视机、汽车等设备上的 CPU 芯片，而装在 PC、笔记本、工作站、服务器上的 CPU 一般称为通用 CPU，因为它能执行各种各样的程序。嵌入式 CPU 相对于通用 CPU 是功能相对单一化的芯片。它几乎出现在目前所有电器产品之中，小到一部手机，大到一架飞机，其中有几块到数十万块芯片。

嵌入式 CPU 与通用 CPU 不同的是，嵌入式 CPU 大多工作在为特定用户群设计的系统中，在实际嵌入式应用中，只保留和嵌入式应用紧密相关的功能硬件，去除其他的冗余功能部分。它通常都具有低功耗、体积小、质量轻、集成度高、成本低、可靠性高等特点，能够把通用 CPU 中许多由多块芯片完成的任务集成在芯片内部，从而有利于嵌入式系统设计趋于小型化，移动能力大大增强，与网络的耦合也越来越紧密。目前主要的嵌入式处理器类型有 Am186/88、386EX、SC-400、Power PC、68000、MIPS、ARM/StrongARM 系列等，其中基于 ARM 处理器核的嵌入式 CPU 在手持移动设备和通信等嵌入式领域占据绝对的市场。很多场合的嵌入式应用都要求低功耗，特别是像手机、PDA 等手持移动设备，低功耗应用追求更高的 MIPS/W（每瓦每秒百万条指令），如 IBM PowerPC750FX 每瓦的 MIPS 数比 Intel P4 高 10 倍。但从芯片的指令系统和体系结构，通用 CPU 和嵌入式 CPU 并没有本质区别。

嵌入式 CPU 一般具备以下 4 个特点。

（1）对实时多任务有很强的支持能力，能完成多任务并且有较短的中断响应时间，从而使内部的代码和实时内核心的执行时间减少到最低限度。

（2）具有功能很强的存储区保护功能。这是由于嵌入式系统的软件结构已模块化，而为了避免在软件模块之间出现错误的交叉作用，需要设计强大的存储区保护功能。

（3）可扩展的处理器结构，使得能迅速地设计出满足应用的嵌入式微处理器。

（4）嵌入式微处理器必须功耗很低，尤其是用于便携式的无线及移动的计算和通信设备中靠电池供电的嵌入式系统更是如此，如需要功耗只有毫瓦甚至微瓦级。

通常，把 CPU 分为通用 CPU 和嵌入式 CPU 两类。但是，应用的变化也在推动着 CPU 设计的变化，根据新兴应用的特点，又可以分为数字信号处理器（Digital Signal Processor，DSP）、网络处理器（Network Processor，NP）和媒体处理器（Media Processor，MP）等类型，根据集成度的特性分出 SoC 的类型，但是，这些处理器大体可以归为嵌入式处理器类型。嵌入式系统中的处理器芯片和核中的各种功能电路（实线框）以及特定版本的专用单元（虚线框）如图 5.3 所示，嵌入式微处理器的主要类别如表 5.1 所示。

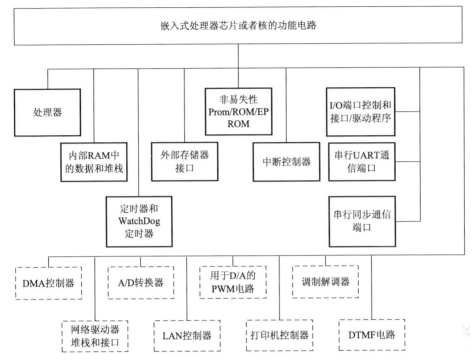

图 5.3　嵌入式系统中的处理器芯片和核中的各种功能电路（实线框）以及特定版本的专用单元（虚线框）

表 5.1　嵌入式微处理器的主要类别

流　派	微控制器系列	厂　商	流　派	微控制器系列	厂　商
流派 1	Power PC	IBM	流派 4	ARM	ARM
流派 2	Motorola 68000	Motorola	流派 5	X86	Intel
流派 3	MIPS	MIPS			

5.3.2　存储器

计算机存储器指计算机的内部存储区域，以芯片格式和集成电路形式存在。计算机存储器应用于录音机或磁盘。术语"存储器"通常视为物理存储器的简称，作为保留数据的实际可能芯片。有些计算机也使用虚拟存储器，即在硬盘上扩展物理存储器。

存储器分为两种基本类型：ROM 和 RAM。

ROM（只读存储器）：在 ROM 中，只读数据是预先记录的，不能被移动。ROM 不易于丢失，也就是说，无论计算机处于开机还是关机状态，ROM 始终保留其内部内容。大多数个人计算机的 ROM 较小，主要用于存储一些关键性程序，如用来启动计算机的程序。另外，ROM 也用于计算器及外围设备等，如激光打印机，其字体存储于 ROM 中。ROM 还存在一些扩展变量，如可编程只读存储器（PROM），即采用专用 PROM 编程器在空白芯片上写入数据。

RAM（随机存储器）：该存储器中的内容可以以任意顺序存取（读、写和移动）。时序存储器设备正好与其形成对比，如磁带、唱片等，其存储介质的机械运动驱使计算机必须以固定顺序存取数据。RAM 通常负责计算机中主要的存储任务，如数据和程序等动态信息的存储。RAM 的通用格式包括 SRAM（静态 RAM）和 DRAM（动态 RAM）。RAM IC 通常组装为插槽。常见的标准插槽类型包括 SIMM（Single In-line Memory Module）插槽和 DIMM（Dual In-line Memory Module）插槽。

嵌入式系统中的存储器分类如图 5.4 所示。

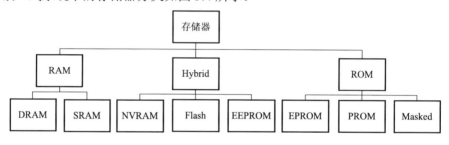

图 5.4　嵌入式系统中的存储器分类

此外，还存在一些如闪存（Flash Memory）、NVRAM 以及 EEPROM 等存储器类型，它们是结合 RAM 和 ROM 特征所获得的产物。常见存储器类型及性能如表 5.2 所示。

表 5.2　常见存储器类型及性能

类　型	是否易变	是否可写	擦除大小	最大擦除周期	成　本	速　　度
SRAM	是	是	字节	没有限制	昂贵	快速
DRAM	是	是	字节	没有限制	适中	适中
Masked ROM	否	否	n/a	n/a	便宜	快速
PROM	否	通过编程器可写一次	n/a	n/a	适中	快速
EPROM	否	是，通过编程器完成	整个芯片	有限制（参照数据表）	适度	快速
EEPROM	否	是	字节	有限制（参照数据表）	昂贵	快速读，慢速擦除/写
Flash Memory	否	是	扇区	有限制（参照数据表）	适中	快速读，慢速擦除/写
NVRAM	否	是	字节	没有限制	昂贵	快速

在嵌入式设计开发中不得不提及的是 Flash 存储技术，Flash 是非易失闪存技术，分为两大类：Nand Flash 和 Nor Flash。Intel 于 1988 年首先开发出 Nor Flash 技术，东芝公司于 1989 年发布了 Nand Flash 结构。它们的主要区别有以下几点。

（1）读写速度：Nor Flash 的读速度比 Nand Flash 稍快一些，Nand Flash 的写入速度比 Nor Flash 快很多。

（2）擦除：Nand Flash 的 4ms 擦除速度远比 Nor Flash 的 5s 快，Nand Flash 的擦除单元更小，相应的擦除电路更少。

（3）使用难易：Nand Flash 和 Nor Flash 器件在进行写入和擦除操作时都需要 MTD（Memory Technology Device）（内存技术驱动程序）。Nor Flash 带有 SRAM 接口，有足够的地址引脚来寻址，可以很容易地存取其内部的每 1 字节，可以在上面直接运行程序。Nand Flash 器件使用复杂的 I/O 口来串行地存取数据，各个产品或厂商的方法可能各不相同。Nand Flash 器件必须使用驱动程序 MTD 来运行程序。而且向 Nand Flash 器件写入信息需要相当的技巧，因为设计师绝不能向坏块写入，这就意味着在 Nand Flash 器件上自始至终都必须进行虚拟映射。

（4）容量：Nand Flash 的单元尺寸几乎是 Nor Flash 器件的一半。

（5）应用：Nor Flash 占据了容量为 1～16MB 闪存市场的大部分，而 Nand Flash 只是用在 8～128MB 的产品当中，这也说明 Nor Flash 主要应用在代码存储介质中，Nand Flash 适合于数据存储。

（6）寿命：在 Nand Flash 中每个块的最大擦写次数是 1×10^6 次，而 Nor Flash 的擦写次数是 1×10^5 次。Nand Flash 存储器除了具有 10∶1 的块擦除周期优势，典型的 Nand Flash 块尺寸要比 Nor Flash 器件小 8 倍，每个 Nand Flash 存储器块在给定的时间内的删除次数要少一些。所以 Nand Flash 的寿命远大于 Nor Flash。

（7）故障率：所有 Flash 器件都受位交换现象的困扰。在某些情况下（很少见，Nand Flash 发生的次数要比 Nor Flash 多），一个位会发生反转或被报告反转。如果只是被报告反转，则只需要多读几次即可。如果这个位真的改变，就必须采用错误更正/错误探测（Error Correcting Code/Error Detection and Correction，ECC/EDC）算法。位反转的问题更多见于 Nand Flash，Nand Flash 的供应商建议使用 Nand Flash 的时候，同时使用 EDC/ECC 算法。

5.3.3　常用总线与接口

任何一个微处理器都要与一定数量的部件和外围设备连接，但如果将各部件和每一种外围设备都分别用一组线路与 CPU 直接连接，那么连线将会错综复杂，甚至难以实现。为了简化硬件电路设计、简化系统结构，常用一组线路，配置以适当的接口电路，与各部件和外围设备连接，这组共用的连接线路称为总线。采用总线结构便于部件和设备的扩充，尤其制定了统一的总线标准则容易使不同设备间实现互联。

微机中总线一般有内部总线、系统总线和外部总线。内部总线是微机内部各外围芯片与处理器之间的总线，用于芯片级的互联；而系统总线是微机中各插件板与系统板之间的总线，用于插件板级的互联；外部总线则是微机和外部设备之间的总线，微机作为一种设备，通过该总线和其他设备进行信息与数据交换，它用于设备级的互联。

　　另外，从广义上说，计算机通信方式可以分为并行通信和串行通信，相应的通信总线称为并行总线和串行总线。并行通信速度快、实时性好，但由于占用的口线多，不适于小型化产品；而串行通信速率虽低，但在数据通信吞吐量不是很大的微处理电路中则显得更加简易、方便、灵活。串行通信一般可分为异步模式和同步模式。

　　随着微电子技术和计算机技术的发展，总线技术也在不断地发展和完善，而使计算机总线技术种类繁多，各具特色。下面仅对微机各类总线中目前比较流行的总线技术分别加以介绍。

　　1）内部总线

　　（1）I^2C（Inter-IC）总线 10 多年前由 Philips 公司推出，是近年来在微电子通信控制领域广泛采用的一种新型总线标准。它是同步通信的一种特殊形式，具有接口线少，控制方式简化，器件封装形式小，通信速率较高等优点。在主从通信中，可以有多个 I^2C 总线器件同时接到 I^2C 总线上，通过地址来识别通信对象。

　　（2）SPI 总线。串行外围设备接口（Serial Peripheral Interface，SPI）总线技术是 Motorola 公司推出的一种同步串行接口。Motorola 公司生产的绝大多数 MCU（微控制器）都配有 SPI 硬件接口，如 68 系列 MCU。SPI 总线是一种三线同步总线，因其硬件功能很强，所以与 SPI 有关的软件就相当简单，使 CPU 有更多的时间处理其他事务。

　　（3）SCI 总线。串行通信接口（Serial Communication Interface，SCI）也是由 Motorola 公司推出的，它是一种通用异步通信接口 UART，与 MCS-51 的异步通信功能基本相同。

　　2）系统总线

　　（1）ISA（Industrial Standard Architecture）总线标准是 IBM 公司 1984 年为推出 PC/AT 机而建立的系统总线标准，所以又称 AT 总线。它是对 XT 总线的扩展，以适应 8/16 位数据总线要求。它在 80286 至 80486 时代应用非常广泛，以至于现在奔腾机中还保留有 ISA 总线插槽。ISA 总线有 98 只引脚。

　　（2）EISA 总线。EISA 总线是 1988 年由 Compaq 等 9 家公司联合推出的总线标准。它是在 ISA 总线的基础上使用双层插座，在原来 ISA 总线的 98 条信号线上又增加了 98 条信号线，也就是在两条 ISA 信号线之间添加一条 EISA 信号线。在实用中，EISA 总线完全兼容 ISA 总线信号。

　　（3）VESA（Video Electronics Standard Association）总线是 1992 年由 60 家附件卡制造商联合推出的一种局部总线，简称 VL 总线（VESA Local Bus）。它的推出为微机系统总线体系结构的革新奠定了基础。该总线系统考虑到 CPU 与主存和 Cache 的直接相连，通常把这部分总线称为 CPU 总线或主总线，其他设备通过 VL 总线与 CPU 总线相连，所以 VL 总线称为局部总线。它定义了 32 位数据线，且可通过扩展槽扩展到 64 位，使用 33MHz 时钟频率，最大传输率达 132Mbit/s，可与 CPU 同步工作。是一种高速、高效的局部总线，可支持 386SX、386DX、486SX、486DX 及奔腾微处理器。

　　（4）PCI（Peripheral Component Interconnect）总线是当前最流行的总线之一，它是由 Intel 公司推出的一种局部总线。它定义了 32 位数据总线，且可扩展为 64 位。PCI

总线主板插槽的体积比原 ISA 总线插槽还小，其功能比 VESA、ISA 有极大的改善，支持突发读写操作，最大传输速率可达 132Mbit/s，可同时支持多组外围设备。PCI 局部总线不能兼容现有的 ISA、EISA、MCA（Micro Channel Architecture）总线，但它不受制于处理器，是基于奔腾等新一代微处理器而发展的总线。

（5）Compact PCI。以上所列举的几种系统总线一般都用于商用 PC 中，在计算机系统总线中，还有另一大类为适应工业现场环境而设计的系统总线，如 STD 总线、VME 总线、PC/104 总线等。这里仅介绍当前工业计算机的热门总线之一——Compact PCI。Compact PCI 的意思是"坚实的 PCI"，是当今第一个采用无源总线底板结构的 PCI 系统，是 PCI 总线的电气和软件标准加欧式卡的工业组装标准，是当今最新的一种工业计算机标准。Compact PCI 是在原来 PCI 总线基础上改造而来的，它利用 PCI 的优点，提供满足工业环境应用要求的高性能核心系统，同时还考虑充分利用传统的总线产品，如 ISA、STD、VME 或 PC/104 来扩充系统的 I/O 和其他功能。

3）外部总线

（1）RS 232-C 总线。RS232-C 是美国电子工业协会（Electronic Industry Association，EIA）制定的一种串行物理接口标准。RS 是英文"推荐标准"的缩写，232 为标识号，C 表示修改次数。RS 232-C 总线标准设有 25 条信号线，包括一个主通道和一个辅助通道，在多数情况下主要使用主通道，对于一般双工通信，仅需几条信号线就可实现，如一条发送线、一条接收线及一条地线。RS 232-C 标准规定的数据传输速率为每秒 50、75、100、150、300、600、1200、2400、4800、9600、19200 波特。RS 232-C 标准规定，驱动器允许有 2500pF 的电容负载，通信距离将受此电容限制，例如，采用 150pF/m 的通信电缆时，最大通信距离为 15m；若每米电缆的电容量减小，通信距离可以增加。传输距离短的另一原因是 RS 232 属单端信号传送，存在共地噪声和不能抑制共模干扰等问题，因此一般用于 20m 以内的通信。

（2）RS 485 总线。在要求通信距离为几十米到上千米时，广泛采用 RS 485 串行总线标准。RS 485 采用平衡发送和差分接收，因此具有抑制共模干扰的能力。加上总线收发器具有高灵敏度，能检测低至 200mV 的电压，故传输信号能在千米以外得到恢复。RS 485 采用半双工工作方式，任何时候只能有一点处于发送状态，因此，发送电路须由使能信号加以控制。RS 485 用于多点互联时非常方便，可以省掉许多信号线。应用 RS 485 可以联网构成分布式系统，其允许最多并联 32 台驱动器和 32 台接收器。

（3）IEEE 488 总线。上述两种外部总线是串行总线，而 IEEE 488 总线是并行总线接口标准。IEEE 488 总线用来连接系统，如微计算机、数字电压表、数码显示器等设备及其他仪器仪表，均可用 IEEE 488 总线装配起来。它按照位并行、字节串行双向异步方式传输信号，连接方式为总线方式，仪器设备直接并联于总线上而无需中介单元，但总线上最多可连接 15 台设备。最大传输距离为 20m，信号传输速度一般为 500Kbit/s，最大传输速度为 1Mbit/s。

（4）USB 总线。通用串行总线（Universal Serial Bus，USB）是由 Intel、Compaq、

Digital、IBM、Microsoft、NEC、Northern Telecom 7 家世界著名的计算机和通信公司共同推出的一种新型接口标准。它基于通用连接技术，实现外设的简单快速连接，达到方便用户、降低成本、扩展 PC 连接外设范围的目的。它可以为外设提供电源，而不像普通的使用串、并口的设备需要单独的供电系统。另外，快速是 USB 技术的突出特点之一，USB 的最高传输率可达 12Mbit/s，比串口快 100 倍，比并口快近 10 倍，而且 USB 还能支持多媒体。但是不能通过 USB 进行计算机的互联。

（5）IEEE 1394。其标准是由 IEEE 在 Apple 公司的 Fire Wire 基础上制定的。与 USB 有很大的相似性。采用树形或菊花链结构，以级连方式在一个接口上最多可连接 63 个不同种类的设备。传输速率高，最高可达 3.2Gbit/s；实时性好，总线提供电源，系统中各设备之间的关系是平等的，连接方便，允许热插拔和即插即用。

5.4　嵌入式系统软件

5.4.1　嵌入式实时操作系统

嵌入式操作系统（Embedded Operation System，EOS）是一种用途广泛的系统软件，过去它主要应用于工业控制和国防系统领域。EOS 负责嵌入系统的全部软、硬件资源的分配、任务调度，控制、协调并发活动。它必须体现其所在系统的特征，能够通过装卸某些模块来达到系统所要求的功能。目前，已推出一些应用比较成功的 EOS 产品系列。随着 Internet 技术的发展、信息家电的普及应用及 EOS 的微型化和专业化，EOS 开始从单一的弱功能向高专业化的强功能方向发展。EOS 在系统实时高效性、硬件的相关依赖性、软件固化以及应用的专用性等方面具有较为突出的特点。EOS 是相对于一般操作系统的，它除具有一般操作系统最基本的功能，如任务调度、同步机制、中断处理、文件处理等，还有以下特点。

（1）可裁剪性。支持开放性和可伸缩性的体系结构。

（2）强实时性。EOS 实时性一般较强，可用于各种设备控制中。

（3）统一的接口。提供设备统一的驱动接口。

（4）操作方便、简单、提供友好的图形用户界面，追求易学易用。

提供强大的网络功能，支持 TCP/IP 及其他协议，提供 TCP/UDP/IP/PPP 支持及统一的 MAC 访问层接口，为各种移动计算设备预留接口。

（5）强稳定性，弱交互性。嵌入式系统一旦开始运行就不需要用户过多的干预，这就要负责系统管理的 EOS 具有较强的稳定性。EOS 的用户接口一般不提供操作命令，它通过系统调用命令向用户程序提供服务。

（6）固化代码。在嵌入式系统中，EOS 和应用软件被固化在嵌入式系统计算机的 ROM 中。

（7）更好的硬件适应性，也就是良好的移植性。

在嵌入式产品研发中使用实时操作系统（Real Time Operation System，RTOS）有非常多好处，归纳起来主要有以下几方面，首先 RTOS 支持多任务，应用程式被分解成多个任务，程式研发变得更加容易，便于维护，易读易懂。提高了研发效率，缩短了研发周期。此外，计算机对关键事件的处理在延迟时间上有确保，即系统的实时性能确保好于某一确定的值。系统的稳定性、可靠性会得到提高。例如，能增加一些用于监视各任务运行状态的任务来提高系统的可靠性。

RTOS 核心是一个支持多任务的操作系统。从表现上讲，RTOS 是实时嵌入式系统在启动之后运行的一段背景程序。应用程序是运行在这个基础之上的多个任务。RTOS 根据各个任务的要求，进行资源（包括存储器、外设等）的管理、消息管理、任务调度、异常处理等工作。在 RTOS 支持的系统中，每个任务都有优先级别，RTOS 根据各个任务的优先级来动态地切换各个任务，保证对实时性的要求。这种体系结构简化了编程结构，比过去的循环控制的体系结构有了很大的改进。

从性能上讲，RTOS 和普通的操作系统存在的区别主要在"实时"二字上。对于什么是实时系统，POSIX 1003.b 作了这样的定义：系统能够在限定的响应时间内提供所需水平的服务。而由 JohnA.Stankovic 提出的更加为大家接受的定义是：一个实时系统是指计算的正确性不仅取决于程序的逻辑正确性，也取决于结果产生的时间，如果系统的时间约束条件得不到满足，将会发生系统出错。从这个角度上看，可以把实时系统定义成"一个能够实现在指定或者确定的时间内完成系统功能和对外部或内部、同步或异步时间做出响应的系统"。这个定义要求：系统应该有在事先定义的时间范围内识别和处理离散事件的能力；系统能够处理和存储控制系统所需要的大量的数据。

综上，RTOS 一般符合以下的一些要求。

（1）可确定性：是指它可以按照固定的、预先确定的时间或时间间隔执行操作。

（2）响应性：是指在系统得到中断后为中断提供服务的时间。

（3）用户控制：是指允许用户细粒度地控制任务的各种属性（任务优先级、任务权限等）。

（4）故障弱化运行：是指系统在故障时尽可能多地保存其权能和数据的能力。

（5）可靠性。

5.4.2　RTOS 体系结构

RTOS 的体系结构如图 5.5 所示。

（1）硬件抽象层包含了所有和硬件平台相关的代码，如上下文切换和 I/O 寄存器访问等。它存在于 RTOS 的最底层，直接访问和控制硬件，对其上层的 RTOS 的机器无关代码提供访问和控制服务。这样可以简化 RTOS 内核的移植工作，除了设备驱动程序，在移植的时候只需要修改硬件抽象层的代码。

（2）RTOS 内核（Kernel）是用来为大多数程序乃至操作系统（网络、文件系统、驱动程序）构建一系列在抽象的文件上工作的抽象机，使用户程序及上层操作系统组件对系统设备透明。一般来说，RTOS 内核的实现为微内核的体系结构。所谓微内核技术是指将必需的功能（如进程管理、任务通信、中断处理、进程调度）放在内核中，而将其他的核心功能和服务（文件系统、存储管理、网络通信、设备管理）等作为内核之上可配置的部分。

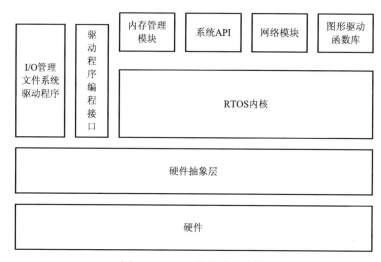

图 5.5　RTOS 的体系结构图

（3）在提供的 RTOS 接口上需要有对用户程序提供的函数接口，专门为用户定制网络、图形、视频等接口。并且提供驱动程序开发界面，方便开发者对不同需求的设备定制驱动程序。

5.4.3　RTOS 的衡量标准

用来作为 RTOS 性能衡量标准的指标主要有以下几种。

（1）系统响应时间（System Response Time）：系统在发出处理要求到系统给出应答信号的时间。

（2）任务切换时间（Context Switching Time）：多任务之间进行切换而花费的时间。

（3）中断延迟时间（Interrupt Latency Time）：从接收到中断信号到操作系统做出响应，并完成进入中断服务程序的时间。

5.4.4　RTOS 的分类方法

目前，在经过了一段时期的蓬勃发展之后，各种用途和类型的 RTOS 种类繁多，大致可以分为以下几种类型。

（1）商业 RTOS。这类操作系统是专门针对实时应用而开发的。从 20 世纪 80 年代开始，随着实时应用需求的不断扩大和计算机技术的不断进步，商业 RTOS 迅速发展，出现了具有不同设计思路的大都为嵌入式系统而开发的 RTOS，如 iRMX、

VxWorks、pSOSystem 等。它们的特点在于代码精炼、尺寸小、运行效率高，并不把重点放在繁杂的功能的支持上，而是通过简单高效的代码实现任务的可预测执行。

（2）分时操作系统的扩展。在现有成熟的分时操作系统的基础上，通过增加实时支持模块，修改操作系统内核与时间和调度等相关部分的方法使分时操作系统具有一定程度的实时支持能力，如 UNIX、Windows、Linux 都有实时扩展的系统出现。

（3）研究性质的 RTOS。目前，有些大学和科研机构发布了一些基于较新的实时理论的 RTOS，它们在开始时主要用于验证实时理论，获取试验数据，但随着人们对它们进行的不断测试和改进以及理论的不断成熟，其中有些 RTOS 开始在实际中得到应用。值得注意的是，目前基于 Linux 内核的 RTOS 的研究和开发非常活跃，它们主要通过修改和扩展 Linux 内核，使其具有支持实时任务的功能。

5.4.5　RTOS 的关键技术

实时内核是 RTOS 的重要部分，它完成操作系统的基础功能。可抢占性、多任务并发、实时调度、快速灵活的任务间通信与同步、合理的中断机制等是对现代实时内核的标准要求，也是 RTOS 较好地支持实时应用的基本条件。

（1）可抢占性。抢占是指当系统处于核心态运行时，允许任务的重新调度。换句话说就是指正在执行的任务可以被打断，让另一个任务运行。抢占提高了应用对异步事件的响应性能力。操作系统内核可抢占，并不是说任务调度在任何时候都可以发生。例如，当一个任务正在通过一个系统调用访问共享数据时，重新调度和中断都被禁止。

（2）多任务并发。由于一个系统常需要同时支持多个应用同时进行，并且一个应用又往往由一组任务完成，所以能够并发运行多个任务是很重要的。多任务提供了一个较好的对现实世界的匹配，因为它允许对应于许多外部事件的多线程执行。另外，系统内核对多任务并发的运行还有利于更充分地利用系统计算资源。

（3）实时调度。为使并发运行的多个实时任务能够及时地分配到系统资源，以在规定时间之前完成运算，需要一套严密的实时调度方案为它们安排执行序列。无论按什么样的调度方法进行调度，其目的都是既要并发运行，又能保证各个任务的时间约束。

（4）快速灵活的任务间通信与同步。在一个实时系统中，可能有许多任务作为一个应用的一部分执行，它们之间具有协作关系。系统必须提供这些任务间的快速灵活且功能强大的通信机制。同时也要提供为了有效地共享不可抢占的资源或临界区所需的同步机制。

（5）合理的中断机制。中断是计算机硬件与操作系统之间的纽带，中断是 RTOS 的基础部分之一，能够在确定的响应时间内对中断进行及时处理是 RTOS 的必要功能。当多个中断在非常接近的时刻到来时，中断机制一方面要保证不丢失中断，另一方面还要尽可能地减少中断延迟。因此需要有合理的中断机制的设计。

5.5　主流嵌入式系统

嵌入式系统是以应用为中心，软硬件可裁减的，适用于对功能、可靠性、成本、体积、功耗等综合性严格要求的专用计算机系统。具有软件代码小、高度自动化、响应速度快等特点，特别适合于要求实时和多任务的体系。嵌入式系统主要由嵌入式处理器、相关支撑硬件、嵌入式操作系统（EOS）及应用软件系统等组成，它是可独立工作的"器件"。

EOS 是一种用途广泛的系统软件，过去它主要应用于工业控制和国防系统领域。EOS 负责嵌入系统的全部软、硬件资源的分配、调度工作，控制协调并发活动；它必须体现其所在系统的特征，能够通过装卸某些模块来达到系统所要求的功能。目前，已推出一些应用比较成功的 EOS 产品系列。随着 Internet 技术的发展、信息家电的普及应用及 EOS 的微型化和专业化，EOS 开始从单一的弱功能向高专业化的强功能方向发展。EOS 在系统实时高效性、硬件的相关依赖性、软件固态化以及应用的专用性等方面具有较为突出的特点。EOS 是相对于一般操作系统的，它除具备一般操作系统最基本的功能，如任务调度、同步机制、中断处理、文件功能等，还有以下特点。

（1）可装卸性。开放性、可伸缩性的体系结构。

（2）强实时性。EOS 实时性一般较强，可用于各种设备控制当中。

（3）统一的接口。提供各种设备驱动接入。

（4）操作方便、简单、提供友好的图形用户界面，追求易学易用。

（5）提供强大的网络功能，支持 TCP/IP 及其他协议，提供 TCP/UDP/IP/PPP 支持及统一的 MAC 访问层接口，为各种移动计算设备预留接口。

（6）强稳定性，弱交互性。嵌入式系统一旦开始运行就不需要用户过多的干预，这就要负责系统管理的 EOS 具有较强的稳定性。嵌入式操作系统的用户接口一般不提供操作命令，它通过系统调用命令向用户程序提供服务。

（7）固化代码。在嵌入式系统中，EOS 和应用软件被固化在嵌入式系统计算机的 ROM 中。辅助存储器在嵌入式系统中很少使用，因此，EOS 的文件管理功能应该能够很容易地拆卸，而用各种内存文件系统。

（8）更好的硬件适应性，也就是良好的移植性。

国际上用于信息电器的 EOS 有 40 种左右。现在，市场上非常流行的 EOS 产品，包括 3Com 公司下属子公司的 Palm OS，全球占有份额达 50%，Microsoft 公司的 Windows CE 只占 29%。在美国市场，Palm OS 更以 80% 的占有率远超 Windows CE。开放源代码的 Linux 很适于做信息家电的开发。

常见的嵌入式系统有 Linux、uClinux、WinCE、Palm OS、Symbian、eCos、uCOS-II、VxWorks、pSOS、Nucleus、ThreadX、Rtems、QNX、INTEGRITY、OSE、C Executive。

5.6　VxWorks 实时操作系统

VxWorks 是美国 Wind River System 公司（以下简称风河公司，即 WRS 公司）推出的一个 RTOS。WRS 公司组建于 1981 年，是一个专门从事 RTOS 开发与生产的软件公司，该公司在 RTOS 领域被世界公认为是最具有领导作用的公司。

VxWorks 是一个运行在目标机上的高性能、可裁剪的嵌入式 RTOS。它以其良好的可靠性和卓越的实时性被广泛地应用在通信、军事、航空、航天等高精尖技术及实时性要求极高的领域中，如卫星通信、军事演习、弹道制导、飞机导航等。在美国的 F-16、FA-18 战斗机、B-2 隐形轰炸机和爱国者导弹上，甚至连 1997 年 4 月在火星表面登陆的火星探测器上也使用到了 VxWorks。

5.6.1　VxWorks 的体系结构

VxWorks 嵌入式 RTOS 的基本构成模块主要有以下几个部分：微内核 Wind、板级支持包（Board Support Package，BSP）、网络子系统、文件子系统、I/O 子系统等。VxWorks 的系统结构如图 5.6 所示。

VxWorks 在这一领域得以立足，得益于它的下列几个特点。

（1）具有一个高性能的操作系统内核 Wind。VxWorks 的内核 Wind 是一个

应用程序和标准应用组件库		
I/O子系统	文件子系统	网络子系统
微内核Wind		
板级支持包		
硬件		

图 5.6　VxWorks 的系统结构

具有较高性能的、标准的嵌入式 RTOS 内核，主要特点包括快速多任务切换、抢占式任务调度、任务间通信手段多样化等。该内核具有任务间切换时间短、中断延迟小、网络流量大的特点，与其他嵌入式 RTOS 相比有一定的优势。

首先，VxWorks 的任务调度策略为以可抢占式调度为基础，辅以时间偏轮转调度算法。这一调度算法使得 VxWorks 能够及时地响应高优先级的任务。而同级任务间则可选择时间片轮转法使多个同优先级的任务并发执行。

其次，VxWorks 采用中断处理与普通任务分别在不同的栈中处理的中断处理机制。这使得中断的产生只会引发一些关键寄存器的存储而不会导致任务的上下文切换，从而减小了中断延迟。同时，VxWorks 的中断处理程序只完成在最小时间内通告中断的发生，而将其他的非实时处理尽量放入被引发的中断服务程序中来完成，从而进一步缩小了中断延迟。VxWorks 在内核中普遍采用互斥信号量而不是关闭中断来实现互斥访问的方法也对缩小中断延迟有一定的贡献。VxWorks 还具有比较优秀的网络处理能力，与同类产品相比，与网络处理速度及流量目前均处于领先水平。

（2）VxWorks 具有友好的开发调试环境，便于操作、配置和应用程序的开发调试。

嵌入式系统的本质特点使得其开发和调试过程较一般系统更为复杂。一个友好的开发环境对嵌入式系统显得尤为重要。

VxWorks 支持应用程序的动态链接和动态下载，使开发者省去了每次调试都将应用程序与操作系统核进行链接和下载的步骤，缩短了编辑调试的周期。VxWorks 提供的目标仿真器 Vxsim，使开发者可独立于硬件环境而先行开发应用程序，从而节省了新产品的研发时间和硬件方面的开销。VxWorks 具有可视化图形界面的调试工具，很大程度地方便了开发者的调试工作。

（3）VxWorks 具有较好的兼容性。VxWorks 是最早兼容 POSIX1003.lb 标准的嵌入式 RTOS 之一，同时也是由 IEEE 开发的可移植操作系统接口（Portable Operating System Interface，POSIX）组织的主要会员。VxWorks 支持 TCP/IP 协议栈。VxWorks 还是第一个通过 Windows NT 测试的，可在 Windows NT 平台进行开发和仿真的嵌入式 RTOS。VxWorks 同时支持 ANSI 标准，并通过 ISO 9001 的认证。VxWorks 良好的兼容性，使其在不同运行环境间可以方便移植，从而使用户在开发和培训方面所做的工作得到保护，减少了开发周期和经费。

（4）VxWorks 支持多种开发和运行环境。VxWorks 的应用范围和领域比较广泛。VxWorks 开发环境支持的主机包括 Sun、HP、IBM-rs6000、Dec、MIPS 等。系统运行环境支持 PowerPC、68K、CPU32、SPARC、i960、MIPS 等很多 CPU，以及支持 RISC、DSP 等技术。同时，VxWorks 也支持多种硬件环境

（5）在紧跟新技术持续发展方面有一定的能力和经验。在不断的发展过程中，VxWorks 完成了不少改进和革新。它是最早实现捆绑继承交叉开发环境嵌入式 RTOS 之一，也是最早在其内核中加入 TCP/IP 网络协议的嵌入式 RTOS，此后，又率先宣布支持网络文件系统。在系统集成最新网络协议方面一直保持良好的势头。VxWorks 还是最先支持 RISC 处理器的嵌入式 RTOS。从这可以看出 VxWorks 具有较强的开发革新能力及较快的更新周期。

5.6.2　VxWorks 内核分析

操作系统的实时性是一个相对的概念，一般指的是在相同的环境下、使用相同的输入，会在规定的时间内得到正确的响应。一个 RTOS 内核需要满足许多特定的实时环境所提出的基本要求，这些内容如下。

（1）多任务。由于真实世界的事件的异步性，能够运行许多并发进程或任务是很重要的。多任务提供了一个较好的对真实世界的模拟，因为它允许对应于许多外部事件的多线程"同时"执行。系统内核通过适当的策略分配 CPU 给这些任务来获得并发性。

（2）抢占调度。真实世界的事件具有继承的优先级，在分配 CPU 的时候要注意到这些优先级。基于优先级的抢占调度，任务都被指定了优先级，在能够执行的任务（没有被挂起或正在等待资源）中，优先级最高的任务被分配 CPU 资源。换句话

说，当一个高优先级的任务变为可执行态，它会立即抢占当前正在运行的较低优先级的任务。

（3）任务间的通信与同步。在一个实时系统中，可能有许多任务作为应用的一部分执行。系统必须提供这些任务间的快速且功能强大的通信机制，内核也要提供同步机制，来有效地共享不可抢占的资源或临界资源。

（4）任务与中断之间的通信。尽管真实世界的事件通常作为中断方式到来，但为了提供有效的排队、优先级和减少中断延时，通常希望在任务级处理相应的工作。所以需要在任务级和中断级之间进行通信，完成事件的传递。

VxWorks 模块组成如图 5.7 所示。

图 5.7　VxWorks 的模块组成

5.7　Linux 实时操作系统

Linux 是一种自由和开放源代码的类 Unix 操作系统。该操作系统的内核由林纳斯·托瓦兹在 1991 年 10 月 5 日首次发布。在加上用户空间的应用程序之后，成为 Linux 操作系统。Linux 也是自由软件和开放源代码软件发展中最著名的例子。只要遵循 GNU 通用公共许可证，任何个人和机构都可以自由地使用 Linux 的所有底层源代码，也可以自由地修改和再发布。大多数 Linux 系统还包括了像提供 GUI 的 X Window 等的程序。除了一部分专家，大多数人都直接使用 Linux 发布版，而不是自己选择每一样组件或自行设置。

严格来讲，Linux 只表示操作系统内核本身，但通常采用 Linux 内核来表达该意思。Linux 则常用来指基于 Linux 内核的完整操作系统，包括 GUI 组件和许多其他实用工具。由于这些支持用户空间的系统工具和库主要由理查德·斯托曼于 1983 年发起的 GNU 计划提供，自由软件基金会提议将该组合系统命名为 GNU/Linux，但 Linux 不属于 GNU 计划。

Linux 最初作为支持 Intel X86 架构的个人计算机的一个自由操作系统。目前已经被移植到更多的计算机硬件平台，远远超出其他任何操作系统。Linux 是一个领先的操作系统，可以运行在服务器和其他大型平台之上，如大型主机和超级计算机。世界上 500 个最快的超级计算机，90%以上运行的是 Linux 发行版或其变种，包括最快的前 10 名超级计算机运行的都是基于 Linux 内核的操作系统。Linux 也广泛应用在嵌入式系统上，如手机、平板电脑、路由器、电视和电子游戏机等。在移动设备上广泛使用的 Android 操作系统就是创建在 Linux 内核之上的。

通常情况下，Linux 被打包成供个人计算机和服务器使用的 Linux 发行版，一些流行的主流 Linux 发布版，包括 Debian（及其派生版本 Ubuntu、Linux Mint）、Fedora

（及其相关版本 Red Hat Enterprise Linux，CentOS）和 OpenSUSE 等。Linux 发行版包含 Linux 内核和支撑内核的实用程序和库，通常还带有大量可以满足各类需求的应用程序。个人计算机使用的 Linux 发行版通常包括 X Window 和一个相应的桌面环境，如 GNOME 或 KDE。桌面 Linux 操作系统常用的应用程序，包括 Firefox 网页浏览器、LibreOffice 办公软件、GIMP 图像处理工具等。由于 Linux 是自由软件，任何人都可以创建一个符合自己需求的 Linux 发行版。Linux 内核架构如图 5.8 所示。

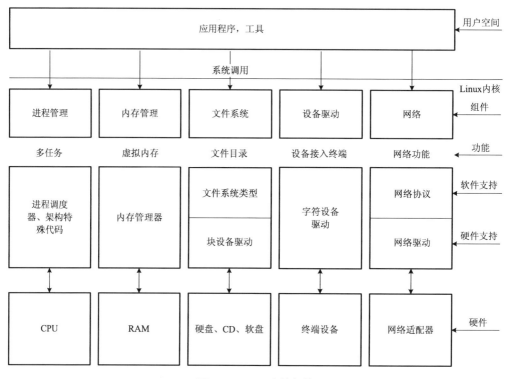

图 5.8　Linux 内核架构

5.8　Windows CE 实时操作系统

　　Windows CE 是微软公司嵌入式、移动计算平台的基础，它是一个开放的、可升级的 32 位 EOS，是基于掌上电脑类的电子设备操作系统，它是精简的 Windows 95，Windows CE 的图形用户界面相当出色。其中 CE 中的 C 代表袖珍（Compact）、消费（Consumer）、通信能力（Connectivity）和伴侣（Companion）；E 代表电子产品（Electronics）。与 Windows 95/98、Windows NT 不同的是，Windows CE 是所有源代码全部由微软自行开发的嵌入式新型操作系统，其操作界面虽来源于 Windows 95/98，但 Windows CE 是基于 Win32 API 重新开发的、新型的信息设备的平台。Windows CE 具有模块化、结构化和基于 Win32 API 和与处理器无关等特点。Windows CE 不仅继承了传统的 Windows 图形界面，并且在 Windows CE 平台上可以使用 Windows 95/98 上的编程工具（如 Visual Basic、Visual C++等）、使用同样的函数、使用同样的界面风格，使绝大多数的应用软件只需简单的修改和移植就可以在 Windows CE 平台上继续使用。Windows CE 并非专为单一装置设计的，所以微软为旗下采用 Windows CE 作业系统的产品大致分为三条产品线：Pocket PC（掌上电脑）、Handheld PC（手持设备）及 Auto PC。

Windows CE 版本主要有 1.0、2.0、3.0、4.0、4.2、5.0 和 6.0。

WinCE1.0：WinCE1.0 是一种基于 Windows 95 的操作系统，其实就是单色的 Windows 95 简化版本。20 世纪 90 年代中期卡西欧推出第一款采用 WinCE1.0 操作系统的蛤壳式 PDA，算是第一家推出真正称得上手掌尺寸的掌上电脑厂商。作为第一代的 WinCE1.0 于 1996 年问世，但是它最初的发展并不顺利。当时 Palm OS 在 PDA 市场上非常成功，几乎成为整个 PDA 产品的代名词，在这种情况下，微软公司被迫为最初 WinCE 的不断改进的同时，也通过游说、技术支持、直接资助等手段聚集了大量合作厂商，使 WinCE 类的 PDA 阵容越来越强大。

WinCE2.0：随着 Windows 95 的出现和 Windows 98 的成功，另外一个巨人——微软站起来了，并迅速地在 PC 操作系统业界建立了微软帝国。PDA 市场的发展潜力被众多分析家看好，嗅觉异常灵敏的"微软"自然不会放过这样一个巨大的市场，在其操作系统帝国已经非常稳定的前提下，又开始了在 PDA 市场上的全力冲刺，用 WinCE2.0 操作系统来打造与 Palm 非常类似的掌上产品。WinCE2.0 不仅比 Win CE1.0 快得多，而且彩色显示，有众多新型 PDA 采用新的 WinCE2.0 系统，大有取代 Pilot 的趋势，成为 PDA 操作系统新的标准。尽管 WinCE2.0 仍然要比 Pilot 操作系统需要大的空间，但它具有 Windows 的界面，会用 PC 的人估计没有多少人不会使用微软的操作系统。如果你熟悉 Windows 95，在使用 Windows CE 的时候就熟门熟路，就不需要重新学习。而且，两者技术上的相似性，第三方 Windows 应用软件开发商，就可以很容易地把自己的应用软件转换成可供 Windows CE 运行的版本。因此，Windows CE 的可使用软件的种类将会越来越多。

WinCE3.0：WinCE3.0 是微软的 Windows 压缩版本，是一个通用版本，并不针对掌上产品，标准 PC、家电和工控设备上也可以安装运行，但要做许多客户化工作，当然也可以做掌上电脑。微软鼓励大家在任何硬件平台（WinCE3.0 支持 5 系列 CPU: X86、PowerPC、ARM、MIPS、SH3/4）上使用（为了和 VxWorks、Linux 等竞争），所以早期的 WinCE 运行在不同的硬件平台上。WinCE3.0 费用为 20 美元，注册费用为 10 美元起，批量时大致能降到 15 美元。

2000 年，微软公司将 WinCE3.0 正式改名为 Windows for Pocket PC，简称 Pocket PC。就是把 Pocket Word 和 Pocket Excel 等一些日常所需的办公软件的袖珍版装了进去，同时在娱乐方面的性能进行了很大的加强。当然对于微软的所有举动，捧场的厂商自然也不会少，现在加入 Pocket PC 阵营的就有 HP、Compaq、Casio 等一些著名厂商。当 Compaq 的 iPAQ 3630 的诞生和在市场的热销，支持和加入 Pocket PC 阵营的厂商就越来越多。2002 年智能手机商机再现，不少 PPC 厂商希望推出整合手机功能的 PPC，于是在 2002 年 8 月，专门为手机优化过的微软 Pocket PC 2002 手机版操作系统匆匆问世，2002 年 10 月，国内第一款 PPC 手机——多普达 686 上市，随后熊猫推出 CH860，联想推出 ET180。

WinCE4.0：WinCE.Net（即 WinCE4.0）是微软于 2002 年 1 月份推出的首个以.Net 命名的操作系统，从名字上就可以知道它是微软的.Net 的一部分。WinCE.Net 是 WinCE3.0 的升级，同时还加入.Net Framework 精简版，支持蓝牙和.Net 应用程序开发。

WinCE4.2：WindowsCE.Net 4.2 是 WinCE.NET 4.0/4.1 的升级版，对 Windows CE 先前版本的强大功能进行了进一步的扩充和丰富，基于其开发的设备将从这些微小但重要的变化中获得更好的性能和更强的 Windows 集成功能。微软在 WinCE4.2 版时曾提供开放源代码，但是只针对研究单位，而程序代码较少，为 200 万行。

WinCE5.0：WinCE5.0 在 2004 年 5 月份推出，微软宣布 WinCE5.0 扩大开放程序源代码。在这个开放源代码计划授权下，微软开放 250 万行源代码作为评估套件（EvaluationKit）。凡是个人、厂商都可以下载这些源代码加以修改使用，未来厂商 OEM 时，则再依执行时期（Run-time）授权，支付 WinCE5.0 核心每台机器 3 美元的授权费用，这也是微软第一个提供商业用途衍生授权的操作系统。

WinCE 6.0：2006 年 11 月，微软公司最新的嵌入式平台 Windows Embedded CE 6.0 正式上市。作为业内领先的软件工具，Windows Embedded CE 6.0 将为多种设备构建实时操作系统，例如，互联网协议机顶盒、全球定位系统、无线投影仪，以及各种工业自动化、消费电子以及医疗设备等。在 Windows Embedded 诞生十周年之际，微软将首次在"共享源计划"（Microsoft Shared Source Programme）中 100%毫无保留地开放 Windows Embedded CE 6.0 内核，（图形用户界面不开放）比 Windows Embedded CE 的先前版本的开放比例整体高出 56%。"共享源计划"为设备制造商提供了全面的源代码访问，以进行修改和重新发布（根据许可协议条款），而且不需要与微软或其他方共享他们最终的设计成果。尽管 Windows 操作系统是一个通用型计算机平台，为实现统一的体验而设计，设备制造商可以使用 Windows Embedded CE 6.0 工具包为不同的非桌面设备构建定制化的操作系统映像。通过获得 Windows Embedded CE 源代码的某些部分，如文件系统、设备驱动程序和其他核心组件，嵌入式开发者可以选择他们所需的源代码，然后编译并构建自己的代码和独特的操作系统，迅速将他们的设备推向市场。

微软还将 Visual Studio 2005 专业版作为 Windows Embedded CE 6.0 的一部分一并推出。这对微软又是一次史无前例的突破。Visual Studio 2005 专业版将包括一个被称为 Platform Builder 的功能强大的插件，它是一个专门为嵌入式平台提供的"集成开发环境"。这个集成开发环境使得整个开发链融为一体，并提供了一个从设备到应用都易于使用的工具，极大地加速了设备开发的上市。

　　Windows Embedded CE 6.0 重新设计的内核具有 32000 个处理器的并发处理能力，每个处理器有 2GB 虚拟内存寻址空间，同时还能保持系统的实时响应。这使得开发人员可以将大量强大的应用程序融入更智能化、更复杂的设备中。无论在路上、在工作还是在家里，都可以使用这种设备。

　　在路上：Windows Embedded CE 6.0 加入了新的单元核心数据和语音组件，这使得设备能够通过蜂窝通信网络建立数据连接和语音通话，从而实现机器对机器的通信应用场景，并构建相应的设备，如停车表、自动售货机和 GPS 设备等。

　　在工作上：Windows Embedded CE 6.0 包含的组件更便于开发者创建通过 Windows Vista 内置功能无线连接到远程桌面共享体验的投影仪。

　　在家中：Windows Embedded CE 6.0 充分利用了多媒体技术，以开发网络媒体设备、数字视频录像机和 IP 机顶盒等。

　　目前最新的 Windows CE 为 Windows CE 6.0，这个版本在内核部分有很大的进步：所有系统元件都由 EXE 改为 DLL，并移到 Kernel Space；全新设计的虚拟内存架构；全新的设备驱动程序架构，同时支持 User Mode 与 Kernel Mode 两种驱动程序。突破只能运行 32 个工作元（Process）的限制，可以运行 32768 个工作元。每一工作元的虚拟内存限制由 32Mbit 增加到全系统总虚拟内存。Platform Builder IDE 集成到 Microsoft Visual Studio 2005。新的安全架构，确保只有被信任的软件可以在系统中运行。UDF 2.5 文件系统，支持 802.11i（WPA2）及 802.11e（QoS）等无线规格，以及多重无线支持。

　　支持 X86、ARM、SH4、MIPS 等各种处理器。提供新的 Cellcore Components 使系统在移动电话网络中更容易创建数据链接及激活通话。在开发环境上，微软也提供兼容.Net Framework 的开发元件：.Net Compact Framework，让正在学习.Net 或已拥有.Net 程序开发技术的开发人员能迅速而顺利地在搭载 Windows CE .Net 系统的设备上开发应用程序。

　　嵌入式 Linux OS 与 Windows CE 相比具有以下优点。

　　第一，Linux 是开放源代码，遍布全球的众多 Linux 爱好者都是 Linux 开发者的强大技术支持者；Windows CE 6.0 目前内核全部开放，GUI 不开放。第二，Linux 的内核小、效率高；与 Windows CE 相比，占用过多的 RAM。第三，Linux 是开放源代码的操作系统，在价格上极具竞争力，适合中国国情。Windows CE 需要版权费用。第四，Linux 不仅支持 X86 芯片，还是一个跨平台的系统。更换 CPU 时就不会遇到更换平台的困扰。第五，Linux 内核的结构在网络方面是非常完整的，它提供了对包括十兆位、百兆位及千兆位的以太网络，还有无线网络、令牌环（Token Ring）和光纤甚至卫星的支持，目前 WinCE 的网络功能也比较强大。

　　嵌入式 Linux OS 与 Windows CE 相比具有以下缺点。

　　第一，Linux 开发难度较高，需要很高的技术实力，WinCE 开发相对较容易，开发周期短，内核完善，主要是应用层开发。第二，Linux 核心调试工具不全，调试不太方便，尚没有很好的图形用户界面，WinCE 的图形用户界面丰富，开发工具强大。第三，系统维护难度大。Linux 占用较大的内存，如果去掉部分无用的功能来减小使用的内存，但是如果不仔细，将引起新的问题。

WinCE 5.0 与 WinCE 6.0 有何区别？

100%毫无保留地开放 Windows Embedded CE 6.0 内核，微软还将 Visual Studio 2005 专业版作为 Windows Embedded CE 6.0 的一部分一并推出。Visual Studio 2005 专业版将包括一个称为 Platform Builder 的功能强大的插件，它是一个专门为嵌入式平台提供的"集成开发环境"。这个集成开发环境使得整个开发链融为一体，并提供了一个从设备到应用都易于使用的工具，极大地加速了设备开发的上市。Windows Embedded CE 6.0 重新设计的内核具有 32000 个处理器的并发处理能力，每个处理有 2GB 虚拟内存寻址空间，同时还能保持系统的实时响应，加入了新的单元核心数据和语音组件，WinCE 6.0 包含的组件更便于开发者创建通过 Windows Vista 内置功能无线连接到远程桌面共享体验的投影仪，充分利用了多媒体技术，以开发网络媒体设备、数字视频录像机和 IP 机顶盒等。

第6章 云计算平台

6.1 引 言

物联网突破了人与人通信的边界，已经成为业界公认的产业发展大方向。在物联网三大关键技术领域中，与传感网及数据传输部分受限于众多因素过程仍显漫长不同，云计算的出现，不仅大大提高了信息处理能力，而且彻底改变了计算与存储的方式，凭借其高效和按需计算的能力成为物联网的前奏"大脑"。计算方式的革命成为物联网下率先取得突破的关键领域。相对于传统通信，物联网在信息传输网前向增加了信息采集即传感网、后向增加了海量信息处理环节。极其便宜的海量计算能力，对于物联网下庞大数据的处理尤为重要，云计算的出现，正好解决了这个问题。

什么是"云计算"？它其实说的是一种超大规模、虚拟化、易扩展、廉价的服务的交付和使用模式，用户通过网络按需获得服务。云计算（Cloud Computing）是网格计算（Grid Computing）、分布式计算（Distributed Computing）、并行计算（Parallel Computing）、效用计算（Utility Computing）、网络存储技术（Network Storage Technology）、虚拟化（Virtualization）、负载均衡（Load Balance）等传统计算机技术和网络技术发展融合的产物。它旨在通过网络把多个成本相对较低的计算实体整合成一个具有强大计算能力的完美系统，并借助 SaaS、PaaS、IaaS、MSP 等先进的商业模式把强大的计算能力分布到终端用户手中。云计算的一个核心理念就是通过不断提高"云"的处理能力，进而减少用户终端的处理负担，最终使用户终端简化成一个单纯的输入/输出设备，并能按需享受"云"的强大计算处理能力。

最简单的云计算技术在网络服务中已经随处可见，如搜索引擎、网络信箱等，使用者只要输入简单指令即能得到大量信息。云计算是未来 3～5 年全球范围内最值得期待的技术革命。信息爆炸和信息泛滥日益成为经济可持续发展的阻碍，云计算以其资源动态分配、按需服务的设计理念，具有低成本解决海量信息处理的独特魅力。未来如手机、GPS 等行动装置都可以通过云计算技术，发展出更多的应用服务。

目前物联网的发展仅是一个初、中级阶段，由于技术上需要突破，所以物联网对云计算的需求还是比较低的。正因于此，云计算的高阶段的虚拟化和负载平衡都还需要进一步研究。

很少有一种技术能够像"云计算"这样，在短短的两年间就产生巨大的影响力。Google、亚马逊、IBM 和微软等 IT 巨头以前所未有的速度和规模推动云计算技术和产品的普及，一些学术活动迅速将云计算提上议事日程，支持和反对的声音不绝于耳。

那么，云计算到底是什么？发展现状如何？它的实现机制是什么？它与网格计算是什么关系？本章将分析这些问题，目的是帮助读者对云计算形成一个初步认识。

6.2　云计算的概念

云计算是在 2007 年诞生的新名词，但仅过了半年多，其受到关注的程度就超过了网格计算，云计算和网格计算在 Google 中的搜索趋势如图 6.1 所示。

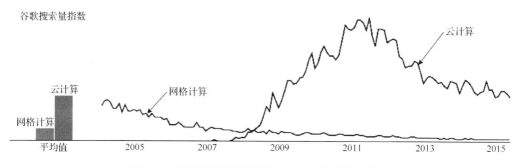

图 6.1　云计算和网格计算在 Google 中的搜索趋势

然而，对于到底什么是云计算，至少可以找到 100 种解释，目前还没有公认的定义，本书给出一种定义，供读者参考。

云计算是一种商业计算模型，它将计算任务分布在大量计算机构成的资源池上，使用户能够按需获取计算力、存储空间和信息服务。

这种资源池称为"云"。"云"是一些可以自我维护和管理的虚拟计算资源，通常是一些大型服务器集群，包括计算服务器、存储服务器和宽带资源等。云计算将计算资源集中起来，并通过专门软件实现自动管理，无需人为参与。用户可以动态申请部分资源，支持各种应用程序的运转，无需为烦琐的细节而烦恼，能够更加专注于自己的业务，有利于提高效率、降低成本和技术创新。云计算的核心理念是资源池，这与早在 2002 年就提出的网格计算池（Computing Pool）的概念非常相似。网格计算池将计算和存储资源虚拟成为一个可以任意组合分配的集合，池的规模可以动态扩展，分配给用户的处理能力可以动态回收重用。这种模式能够大大提高资源的利用率，提升平台的服务质量。

之所以称为"云"，是因为它在某些方面具有现实中云的特征：云一般都较大；云的规模可以动态伸缩，它的边界是模糊的；云在空中飘忽不定，无法也无需确定它的具体位置，但它确实存在于某处。之所以称为"云"，还因为云计算的鼻祖之一亚马逊公司将大家曾经称为网格计算的东西，取了一个新名称"弹性计算云"（Elastic Computing Cloud），并取得了商业上的成功。

有人将这种模式比喻为从单台发电机供电模式转向电厂集中供电的模式。它意味着计算能力也可以作为一种商品进行流通，就像煤气、水和电一样，取用方便，费用低廉。最大的不同在于，它是通过互联网进行传输的。

云计算是并行计算（Parallel Computing）、分布式计算和网格计算的发展，或者说是这些计算科学概念的商业实现。云计算是虚拟化、效用计算、将基础设施作为服务（Infrastructure as a Service，IaaS）、将平台作为服务（Platform as a Service，PaaS）和将软件作为服务（Software as a Service，SaaS）等概念混合演进并跃升的结果。

从研究现状上看，云计算具有以下特点。

（1）超大规模。"云"具有相当的规模，Google 云计算已经拥有 100 多万台服务器，亚马逊、IBM、微软和 Yahoo 等公司的"云"均拥有几十万台服务器。"云"能赋予用户前所未有的计算能力。

（2）虚拟化。云计算支持用户在任意位置、使用各种终端获取服务。所请求的资源来自"云"，而不是固定的有形的实体。应用在"云"中某处运行，但实际上用户无需了解应用运行的具体位置，只需要一台笔记本或一个 PDA，就可以通过网络服务来获取各种能力超强的服务。

（3）高可靠性。"云"使用了数据多副本容错、计算节点同构可互换等措施来保障服务的高可靠性，使用云计算比使用本地计算机更加可靠。

（4）通用性。云计算不针对特定的应用，在"云"的支撑下可以构造出千变万化的应用，同一片"云"可以同时支撑不同的应用运行。

（5）高可扩展性。"云"的规模可以动态伸缩，满足应用和用户规模增长的需要。

（6）按需服务。"云"是一个庞大的资源池，用户按需购买，像自来水、电和煤气那样计费。

（7）极其廉价。"云"的特殊容错措施使得可以采用极其廉价的节点来构成云；"云"的自动化管理使数据中心管理成本大幅降低；"云"的公用性和通用性使资源的利用率大幅提升；"云"设施可以建在电力资源丰富的地区，从而大幅降低能源成本。因此"云"具有前所未有的性能价格比。Google 中国区前总裁李开复称，Google 每年投入约 16 亿美元构建云计算数据中心，所获得的能力相当于使用传统技术投入 640 亿美元，节省了 40 倍的成本。因此，用户可以充分享受"云"的低成本优势，需要时，花费几百美元、一天时间就能完成以前需要数万美元、数月时间才能完成的数据处理任务。

云计算按照服务类型大致可以分为三类：将基础设施作为服务（IaaS）、将平台作为服务（PaaS）和将软件作为服务（SaaS），如图 6.2 所示。

IaaS 将硬件设备等基础资源封装成服务供用户使用，如亚马逊云计算（Amazon Web Services，AWS）的弹性计算云 EC2 和简单存储服务 S3。在 IaaS 环境中，用户相当于在使用裸机和磁盘，既可以让它运行 Windows，也可以让它运行 Linux，因而几乎可以做任何想做的事情，但用户必须考虑如何才能让多台机器协同工作。AWS 提供了在节点之间互通消息的接口简单队列服务（Simple Queue Service，SQS）。IaaS 最大的优势在于它允许用户动态申请或释放节点，按使用量计费。运行 IaaS 的服务器规模达到几十万台之多，因而用户可以认为能够申请的资源几乎是无限的。同时，IaaS 是由公众共享的，因而具有更高的资源使用效率。

图 6.2　云计算的服务类型

　　PaaS 对资源的抽象层次更进一步，它提供用户应用程序的运行环境，典型的如 Google App Engine。微软的云计算操作系统 Microsoft Windows Azure 也可大致归入这一类。PaaS 自身负责资源的动态扩展和容错管理，用户应用程序不必过多考虑节点间的配合问题。但与此同时，用户的自主权降低，必须使用特定的编程环境并遵照特定的编程模型。这有点像在高性能集群计算机里进行 MPI 编程，只适用于解决某些特定的计算问题。例如，Google App Engine 只允许使用 Python 和 Java 语言、基于称为 Django 的 Web 应用框架、调用 Google App Engine SDK 来开发在线应用服务。

　　SaaS 的针对性更强，它将某些特定应用软件功能封装成服务，如 Salesforce 公司提供的在线客户关系管理（Client Relationship Management，CRM）服务。SaaS 既不像 PaaS 一样提供计算或存储资源类型的服务，也不像 IaaS 一样提供运行用户自定义应用程序的环境，它只提供某些专门用途的服务供应用调用。

　　需要指出的是，随着云计算的深化发展，不同云计算解决方案之间相互渗透融合，同一种产品往往横跨两种以上类型。例如，Amazon Web Services 是以 IaaS 发展的，但新提供的弹性 MapReduce 服务模仿了 Google 的 MapReduce，简单数据库服务 SimpleDB 模仿了 Google 的 BigTable，这两者属于 PaaS 的范畴，而它新提供的电子商务服务 FPS 和 DevPay 以及网站访问统计服务 Alexa Web，则属于 SaaS 的范畴。

6.3　云计算发展现状

　　由于云计算是多种技术混合演进的结果，其成熟度较高，又有大公司推动，发展极为迅速。Google、亚马逊、IBM、微软和 Yahoo 等大公司是云计算的先行者。云计算领域的众多成功公司还包括 VMware、Salesforce、Facebook、YouTube、MySpace 等。

　　亚马逊研发了弹性计算云（Elastic Computing Cloud，EC2）和简单存储服务（Simple Storage Service，S3），为企业提供计算和存储服务。收费的服务项目包括存储空间、带宽、CPU 资源以及月租费。月租费与电话月租费类似，存储空间、带宽按容量收费，CPU 根据运算量时长收费。在诞生不到两年的时间内，亚马逊的注册用户就多达 44 万人，其中包括为数众多的企业级用户。

　　Google 是最大的云计算技术的使用者。Google 搜索引擎建立、分布在 200 多个站点、超过 100 万台的服务器的支撑之上，而且这些设施的数量正在迅猛增长。Google 的一系列成功应用平台，包括 Google 地球、地图、Gmail、Docs 等也同样使用了这些基础设施。采用 Google Docs 之类的应用，用户数据会保存在互联网上的某个位置，可以通过任何一个与互联网相连的终端十分便利地访问和共享这些数据。目前，Google 已经允许第三方在 Google 的云计算中通过 Google App Engine 运行大型并行应用程序。Google 值得称颂的是它不保守，它早以发表学术论文的形式公开其云计算三大法宝：GFS、MapReduce 和 BigTable，并在美国、中国等高校开设如何进行云计算编程的课程。相应的模仿者应运而生，Hadoop 是其中最受关注的开源项目。

　　IBM 在 2007 年 11 月推出了"改变游戏规则"的"蓝云"计算平台，为客户带来即买即用的云计算平台。它包括一系列自我管理和自我修复的虚拟化云计算软件，使来自全球的应用可以访问分布式的大型服务器池，使得数据中心在类似互联网的环境下运行计算。

　　微软紧跟云计算步伐，于 2008 年 10 月推出了 Windows Azure 操作系统。Azure（译为"蓝天"）是继 Windows 取代 DOS 之后，微软的又一次颠覆性转型——通过在互联网架构上打造新云计算平台，让 Windows 真正由 PC 延伸到"蓝天"上。Azure 的底层是微软全球基础服务系统，由遍布全球的第四代数据中心构成。

6.4　云计算实现机制

　　由于云计算分为 IaaS、PaaS 和 SaaS 三种类型，不同的厂家又提供了不同的解决方案，目前还没有一个统一的技术体系结构，对读者了解云计算的原理构成了障碍。为此，本书综合不同厂家的方案，构造了一个供参考的云计算技术体系结构。这个体系结构如图 6.3 所示，它概括了不同解决方案的主要特征，每一种方案或许只实现了其中部分功能，或许它还有部分相对次要功能尚未概括进来。

　　云计算技术体系结构分为四层：物理资源层、资源池层、管理中间件层和 SOA（Service-Oriented Architecture）构建层。物理资源层包括计算机、存储器、网络设施、数据库和软件等。资源池层是将大量相同类型的资源构成同构或接近同构的资源池，如计算资源池、数据资源池等。构建资源池更多的是物理资源的集成和管理工作，例如，研究在一个标准集装箱的空间如何装下 2000 个服务器、解决散热和故障节点替换的问题并降低能耗。管理中间件层负责对云计算的资源进行管理，并对众多应用任务进行调度，使资源能够高效、安全地为应用提供服务。SOA 构建层将云计算能力封装成标准的 Web Services，并纳入 SOA 体系进行管理和使用，包括服务接口、服务注册、服务查找、服务访问和服务工作流等。管理中间件层和资源池层是云计算技术的最关键部分，SOA 构建层的功能更多依靠外部设施提供。

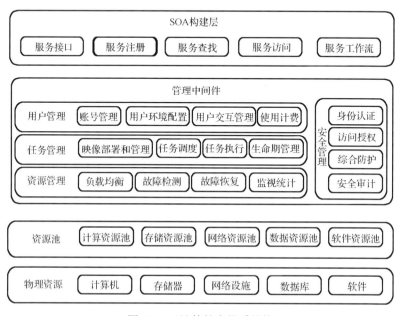

图 6.3 云计算技术体系结构

云计算的管理中间件层负责资源管理、任务管理、用户管理和安全管理等工作。资源管理负责均衡地使用云资源节点，检测节点的故障并试图恢复或屏蔽之，并对资源的使用情况进行监视统计；任务管理负责执行用户或应用提交的任务，包括完成用户任务映象（Image）的部署和管理、任务调度、任务执行、任务生命期管理等；用户管理是实现云计算商业模式的一个必不可少的环节，包括提供用户交互接口、管理和识别用户身份、创建用户程序的执行环境、对用户的使用进行计费等；安全管理保障云计算设施的整体安全，包括身份认证、访问授权、综合防护和安全审计等。

基于上述体系结构，本书以 IaaS 云计算为例，简述云计算的实现机制，如图 6.4 所示。

用户交互接口向应用以 Web Services 方式提供访问接口，获取用户需求。服务目录是用户可以访问的服务清单。系统管理模块负责管理和分配所有可用的资源，其核心是负载均衡。配置工具负责在分配的节点上准备任务运行环境。监视统计模块负责监视节点的运行状态，并完成用户使用节点情况的统计。执行过程并不复杂，用户交互接口允许用户从目录中选取并调用一个服务，该请求传递给系统管理模块后，它将为用户分配恰当的资源，然后调用配置工具为用户准备运行环境。

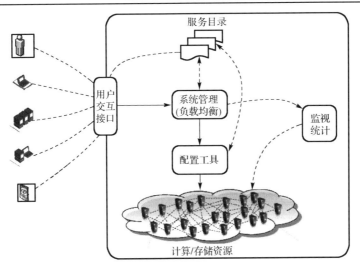

图 6.4 简化的 IaaS 实现机制图

6.5 网格计算与云计算

　　网格（Grid）是 20 世纪 90 年代中期发展起来的下一代互联网核心技术。网格技术的开创者 Ian Foster 将之定义为"在动态、多机构参与的虚拟组织中协同共享资源和求解问题"。网格是在网络基础之上，基于 SOA，使用互操作、按需集成等技术手段，将分散在不同地理位置的资源虚拟成为一个有机整体，实现计算、存储、数据、软件和设备等资源的共享，从而大幅提高资源的利用率，使用户获得前所未有的计算和信息能力。

　　国际网格界致力于网格中间件、网格平台和网格应用建设。就网格中间件，国外著名的网格中间件有 Globus Toolkit、UNICORE、Condor、gLite 等，其中 Globus Toolkit 得到了广泛采纳。就网格平台，国际知名的网格平台有 TeraGrid、EGEE、CoreGRID、D-Grid、ApGrid、Grid3、GIG 等。美国 TeraGrid 是由美国国家科学基金会计划资助构建的超大规模开放的科学研究环境。TeraGrid 集成了高性能计算机、数据资源、工具和高端实验设施。目前 TeraGrid 已经集成了超过每秒 750 万亿次计算能力、30PB 数据，拥有超过 100 个面向多种领域的网格应用环境。欧盟 e-Science 促成网格（Enabling Grids for E-sciencE，EGEE）是另一个超大型、面向多种领域的网格计算基础设施。目前已有 120 多个机构参与，包括分布在 48 个国家的 250 个网格站点、68000 个 CPU、20PB 数据资源，拥有 8000 个用户，每天平均处理 30000 个作业，峰值超过 150000 个作业。就网格应用，知名的网格应用系统数以百计，应用领域包括大气科学、林学、海洋科学、环境科学、生物信息学、医学、物理学、天体物理、地球科学、天文学、工程学、社会行为学等。

　　我国在"十五"期间有"863"计划支持的中国国家网格（CNGrid，863-10 主题）

和中国空间信息网格（SIG, 863-13 主题）、教育部支持的中国教育科研网格（ChinaGrid）、上海市支持的上海网格（ShanghaiGrid）等。中国国家网格拥有包括香港地区在内的 10 个节点，聚合计算能力为每秒 18 万亿次，目前拥有 408 个用户和 360 个应用。中国教育科研网格（ChinaGrid）连接了 20 所高校的计算设施，运算能力达每秒 3 万亿次以上，开发并实现了生物信息、流体力学等五个科学研究领域的网格典型应用。"十一五"期间，国家对网格支持的力度更大，通过"973""863"和自然科学基金等途径对网格技术进行了大力支持。"973"计划有"语义网格的基础理论、模型与方法研究"等，"863"计划有"高效能计算机及网格服务环境""网格地理信息系统软件及其重大应用"等，国家自然科学基金重大研究计划有"网络计算应用支撑中间件"等项目。

就像云计算可以分为 IaaS、PaaS 和 SaaS 三种类型一样，网格计算也可以分为三种类型：计算网格、信息网格和知识网格。计算网格的目标是提供集成各种计算资源的、虚拟化的计算基础设施。信息网格的目标是提供一体化的智能信息处理平台，集成各种信息系统和信息资源，消除信息孤岛，使得用户能按需获取集成后的精确信息，即服务点播（Service on Demand）和一步到位的服务（One Click is Enough）。知识网格研究一体化的智能知识处理和理解平台，使得用户能方便地发布、处理和获取知识。

需要说明的是，目前大家对网格的认识存在一种误解，认为只有使用 Globus Toolkit 等知名网格中间件的应用才是网格。作者认为，只要是遵照网格理念，将一定范围内分布的异构资源集成为有机整体，提供资源共享和协同工作服务的平台，均可以认为是网格。这是因为，由于网格技术非常复杂，必然有一个从不规范到规范化的过程，应该承认差异存在的客观性。虽然网格界从一开始就致力于构造能够实现全面互操作的环境，但由于网格处于信息技术前沿、许多领域尚未定型、已发布的个别规范过于复杂造成易用性差等原因，现有网格系统多针对具体应用采用适用的、个性化的框架设计和实现技术等，造成网格系统之间互操作困难，这也是开放网格论坛（Open Grid Forum，OGF）提出建立不同网格系统互通机制计划（Grid Interoperation Now，GIN）的原因。从另一个角度看，虽然建立全球统一的网格平台还有很长的路要走，但并不妨碍网格技术在各种具体的应用系统中发挥重要的作用。

网格计算与云计算的关系如表 6.1 所示。

表 6.1　网格计算与云计算的关系

	网 格 计 算	云 计 算
目标	共享高性能计算力和数据资源，实现资源共享和协同工作	提供通用的计算平台和存储空间，提供各种软件服务
资源来源	不同机构	同一机构
资源类型	异构资源	同构资源
资源节点	高性能计算机	服务器/PC
虚拟化视图	虚拟组织	虚拟机
计算类型	紧耦合问题为主	松耦合问题
应用类型	科学计算为主	数据处理为主

续表

	网 格 计 算	云 计 算
用户类型	科学界	商业社会
付费方式	免费（政府出资）	按量计费
标准化	有统一的国际标准 OGSA/WSRF	尚无标准，但已经有了开放云计算联盟 OCC

　　网格计算在概念上争论多年，在体系结构上有三次大的改变，在标准规范上花费了大量的人力，所设定的目标又非常远大——要在跨平台、跨组织、跨信任域的极其复杂的异构环境中共享资源和协同解决问题，所要共享的资源也是五花八门——从高性能计算机、数据库、设备到软件，甚至知识。云计算暂时不管概念、不管标准，Google云计算与亚马逊云计算的差别非常大，云计算只是对它们以前所做事情新的共同的时髦叫法，所共享的存储和计算资源暂时仅限于某个企业内部，省去了许多跨组织协调的问题。以 Google 为代表的云计算在内部管理运作方式上的简洁一如其界面，能省的功能都省略，Google 文件系统甚至不允许修改已经存在的文件，只允许在文件后追加数据，大大降低了实现难度，而且借助其无与伦比的规模效应释放了前所未有的能量。

　　网格计算与云计算的关系，就像是 OSI 与 TCP/IP 之间的关系：国际标准化组织（International Organization for Standardization，ISO）制定的开放系统互联（Open System Interconnection，OSI）网络标准，考虑得非常周到，也异常复杂，在多年之前就考虑到了会话层和表示层的问题。虽然很有远见，但过于理想，实现的难度和代价非常大。当 OSI 的一个简化版——TCP/IP 诞生之后，将七层协议简化为四层，内容也大大精简，因而迅速取得了成功。在 TCP/IP 一统天下之后多年，语义网等问题才被提上议事日程，开始为 TCP/IP 补课，增加其会话和表示的能力。因此，可以说 OSI 是学院派，TCP/IP 是现实派；OSI 是 TCP/IP 的基础，TCP/IP 又推动了 OSI 的发展。两者不是"成者为王、败者为寇"，而是滚动发展。

　　没有网格计算打下的基础，云计算也不会这么快到来。云计算是网格计算的一种简化实用版，通常意义的网格是指以前实现的以科学研究为主的网格，非常重视标准规范，也非常复杂，但缺乏成功的商业模式。云计算是网格计算的一种简化形态，云计算的成功也是网格的成功。网格不仅要集成异构资源，还要解决许多非技术的协调问题，也不像云计算有成功的商业模式推动，所以实现起来要比云计算难度大很多。但对于许多高端科学或军事应用，云计算是无法满足需求的，必须依靠网格来解决。

　　目前，许多人声称网格计算失败了，云计算取而代之了，这其实是一种错觉。网格计算已经有十多年历史，不如刚兴起时那样引人注目是正常的。事实上，有些政府主导、范围较窄、用途特定的网格，已经取得了决定性的胜利。代表性的有美国的 TeraGrid 和欧洲的 EGEE 等，这些网格每天都有几十万个作业在上面执行。未来的科学研究主战场，将建立在网格计算之上。在军事领域，美军的全球信息网格已经囊括超过 700 万台计算机，规模超过现有的所有云计算数据中心计算机总和。

相信不久的将来，建立在云计算之上的"商业 2.0"与建立在网格计算之上的"科学 2.0"都将取得成功。

6.6　MongoDB

MongoDB 是一个高性能、开源、无模式的文档型数据库，是当前 NoSQL 数据库产品中最热门的一种。它在许多场景下可用于替代传统的关系型数据库或键/值存储方式，MongoDB 使用 C++语言开发。MongoDB 的官方网站地址是 http://www.mongodb.org，读者可以在此获得更详细的信息。

6.6.1　NoSQL 简介

1. 为什么要用 NoSQL

NoSQL（Not Only SQL），意即反 SQL 运动，是一项全新的数据库革命性运动，早期就有人提出，原始的目的是大规模 Web 应用，发展至 2009 年趋势越发高涨。NoSQL 的拥护者提倡运用非关系型的数据存储，相对于目前铺天盖地的关系型数据库运用，这一概念无疑是一种全新的思维的注入。这类数据库主要有以下特点：非关系型的、分布式的、开源的、水平可扩展的。通常的应用如模式自由、支持简易复制、简单的 API、最终的一致性（非 ACID）、大容量数据等。NoSQL 被人们用得最多的当数 Key-Value 存储，当然还有其他的文档型的、列存储、图形数据库、Xml 数据库等。

现今的计算机体系结构在数据存储方面要求具备庞大的水平扩展性，而 NoSQL 致力于改变这一现状。目前 Google 的 BigTable 和亚马逊的 Dynamo 使用的就是 NoSQL 型数据库。NoSQL 项目在名字上看不出什么相同之处，但是，它们通常在某些方面相同：可以处理超大量的数据。这场革命目前仍然需要等待。的确，NoSQL 对大型企业还不是主流，但是，一两年之后很可能就会变个样子。在 NoSQL 运动的最新一次聚会中，来自世界各地的 150 人挤满了 CBS Interactive 的一间会议室，分享他们如何推翻缓慢而昂贵的关系数据库的暴政，怎样使用更有效和更便宜的方法来管理数据。"关系型数据库给你强加了太多东西。它们要你强行修改对象数据，以满足关系型数据库管理系统（Relational Database Management System，RDBMS）的需要"，在 NoSQL 拥护者看来，基于 NoSQL 的替代方案"只是给你所需要的"。

2. 为什么是 NoSQL

随着互联网 Web2.0 网站的兴起，非关系型的数据库现在成了一个极其热门的新领域，非关系数据库产品的发展非常迅速。而传统的关系数据库在应付 Web2.0 网站，特别是超大规模和高并发的 SNS 类型的 Web2.0 纯动态网站已经显得力不从心，暴露了很多难以克服的问题。

（1）High Performance——对数据库高并发读写的需求。

Web2.0 网站要根据用户个性化信息来实时生成动态页面和提供动态信息，基本上无法使用动态页面静态化技术，所以数据库并发负载非常高，往往要达到每秒上万次读写请求。关系数据库应付上万次 SQL 查询还勉强顶得住，但是应付上万次 SQL 写数据请求，硬盘 IO 就已经无法承受了。其实对于普通的 BBS 网站，往往也存在对高并发写请求的需求。

（2）Huge Storage——对海量数据的高效率存储和访问的需求。

对于大型的 SNS 网站，每天用户产生海量的用户动态，以国外的 Friendfeed 为例，一个月就达到了 2.5 亿条用户动态，对于关系数据库，在一张 2.5 亿条记录的表里面进行 SQL 查询，效率是极其低下乃至不可忍受的。再例如，大型（Web）网站的用户登录系统，如腾讯、盛大，动辄数以亿计的账户，关系数据库也很难应付。

（3）High Scalability & High Availability——对数据库的高可扩展性和高可用性的需求。

在基于 Web 的架构当中，数据库是最难进行横向扩展的，当一个应用系统的用户量和访问量与日俱增的时候，数据库却没有办法像 Web Server 与 App Server 那样简单的通过添加更多的硬件和服务节点来扩展性能和负载能力。对于很多需要提供 24 小时不间断服务的网站，对数据库系统进行升级和扩展是非常痛苦的事情，往往需要停机维护和数据迁移。为什么数据库不能通过不断的添加服务器节点来实现扩展呢？

在上面提到的"三高"需求面前，关系数据库遇到了难以克服的障碍，而对于 Web2.0 网站，关系数据库的很多主要特性却往往无用武之地。

（1）数据库事务一致性需求，很多 Web 实时系统并不要求严格的数据库事务，对读一致性的要求很低，有些场合对写一致性要求也不高。因此数据库事务管理成了数据库高负载下一个沉重的负担。

（2）数据库的写实时性和读实时性需求，对关系数据库，插入一条数据之后立刻查询，是肯定可以读出来这条数据的，但是对于很多 Web 应用，并不要求这么高的实时性。

（3）对复杂的 SQL 查询，特别是多表关联查询的需求，任何大数据量的 Web 系统，都非常忌讳多个大表的关联查询，以及复杂的数据分析类型的复杂 SQL 报表查询，特别是 SNS 类型的网站，从需求以及产品设计角度，就避免了这种情况的产生。往往更多的只是单表的主键查询，以及单表的简单条件分页查询，SQL 的功能被极大地弱化了。

因此，关系数据库在这些越来越多的应用场景下显得不那么合适，为了解决这类问题的非关系数据库应运而生。NoSQL 是非关系型数据存储的广义定义。它打破了长久以来关系型数据库与 ACID 理论大一统的局面。NoSQL 数据存储不需要固定的表结构，通常也不存在连接操作。在大数据存取上具备关系型数据库无法比拟的性能优势。该术语在 2009 年初得到了广泛认同。

当今的应用体系结构需要数据存储在横向伸缩性上能够满足需求。而 NoSQL 存储就是为了实现这个需求。Google 的 BigTable 与亚马逊的 Dynamo 是非常成功的商业

NoSQL 实现。一些开源的 NoSQL 体系，如 Facebook 的 Cassandra、Apache 的 HBase，也得到了广泛认同。从这些 NoSQL 项目的名字上看不出什么相同之处：Hadoop、Voldemort、Dynomite，还有其他很多。

　　3. NoSQL 的特点

　　NoSQL 与关系型数据库设计理念比较，关系型数据库中的表都是存储一些格式化的数据结构，每个元组字段的组成都一样，即使不是每个元组都需要所有的字段，但数据库会为每个元组分配所有的字段，这样的结构可以便于表与表之间进行连接等操作，但从另一个角度它也是关系型数据库性能瓶颈的一个因素。而非关系型数据库以键值对存储，它的结构不固定，每一个元组可以有不一样的字段，每个元组可以根据需要增加一些自己的键值对，这样就不会局限于固定的结构，可以减少一些时间和空间的开销。其优势还体现在以下几点。

　　（1）它们可以处理超大量的数据。

　　（2）它们运行在便宜的 PC 服务器集群上。PC 集群扩充起来非常方便并且成本很低，避免了"Sharding"操作的复杂性和成本。

　　（3）它们击碎了性能瓶颈。NoSQL 的支持者称，通过 NoSQL 架构可以省去将 Web 或 Java 应用和数据转换成 SQL 友好格式的时间，执行速度变得更快。"SQL 并非适用于所有的程序代码"，对于那些繁重的重复操作的数据，SQL 值得花钱。但是当数据库结构非常简单时，SQL 可能没有太大用处。

　　（4）没有过多的操作。虽然 NoSQL 的支持者也承认关系数据库提供了无可比拟的功能集合，而且在数据完整性上也发挥绝对稳定，他们同时也表示，企业的具体需求可能没有那么多。

　　（5）Bootstrap 支持。因为 NoSQL 项目都是开源的，因此它们缺乏供应商提供的正式支持。这一点它们与大多数开源项目一样，不得不从社区中寻求支持。

6.6.2　MongoDB 简介

　　MongoDB 的名称取自"Humongous"（巨大的）的中间部分，足见 MongoDB 的宗旨在处理大量数据上面。MongoDB 是一个开源的、面向文档存储的数据库，属于 NoSQL 数据库的一种。MongoDB 可运行在 Unix、Windows 和 OSX 平台上，支持 32 位和 64 位应用，并且提供了 Java、Php、C、C++、C#、JavaScript 多种语言的驱动程序。MongoDB 是一个介于关系数据库和非关系数据库之间的产品，是非关系数据库当中功能最丰富、最像关系数据库的。他支持的数据结构非常松散，是类似 json 的 bjson 格式，因此可以存储比较复杂的数据类型。MongoDB 最大的特点是支持的查询语言非常强大，其语法有点类似于面向对象的查询语言，几乎可以实现类似关系数据库单表查询的绝大部分功能，而且还支持对数据建立索引。它是一个面向集合的、模式自由的文档型数据库。

（1）丰富的数据模型。MongoDB 是面向文档的数据库，不是关系型数据库。放弃关系模型的主要原因就是获取更加方便的扩展性。基本的思路就是将原来"行"（Row）的概念换成更加灵活的"文档"（Document）模型。面向文档的方式可以将文档或者数组内嵌进来，所以用一条记录就可以表示非常复杂的层次关系。使用面向对象语言的开发者恰恰这么看待数据，所以感觉非常自然。MongoDB 没有模式：文档的键不会事先定义也不会固定不变。由于没有模式需要更改，通常不需要迁移大量数据。不必将所有数据都放到一个模子里面，应用层可以处理新增或者丢失的键。这样开发者可以非常容易地变更数据模型。

（2）容易扩展。应用数据集的大小在飞速增加。传感器技术的发展、带宽的增加，以及可连接到互联网的手持设备的普及，使得当下即使很小的应用也要存储大量数据，量大到很多数据库都应付不过来。TB 级别的数据以前是闻所未闻的，现在已经司空见惯。由于开发者要存储的数据不断增长，他们面临一个非常困难的选择：该如何扩展他们的数据库？升级（购买更好的设备）还是扩展（将数据分散到很多台设备上）。升级通常是最省力气的做法，但问题也显而易见：大型机一般都非常昂贵，最后达到了物理极限多少钱都买不到更好的设备。对应大多数人希望构建的大型 Web 应用，这样做不划算也不现实。而扩展就不同了，不但经济而且还能持续添加，只需要买一台一般的服务器加入集群就可以了。MangoDB 从最初设计的时候就考虑到了扩展的问题。它所采用的面向文档的数据模型使其可以自动在多台服务器之间分割数据。它还可以平衡集群的数据和负载，自动重排文档。这样开发者就可以专注于编写应用，而不是考虑如何扩展。要是需要更大的容量，只需要在集群中添加新的机器，然后让数据库来处理剩下的事。

目前正在使用 MongoDB 的网站和企业已经超过 100 多家。

1. MongoDB 特点

（1）面向集合存储，易于存储对象类型的数据。

（2）模式自由。

（3）支持动态查询。

（4）支持完全索引，包含内部对象。

（5）支持查询。

（6）支持复制和故障恢复。

（7）使用高效的二进制数据存储，包括大型对象（如视频等）。

（8）自动处理碎片，以支持云计算层次的扩展性。

（9）支持 Python、PHP、Ruby、Java、C、C#、JavaScript、Perl 及 C++语言的驱动程序，社区中也提供了对 Erlang 及.Net 等平台的驱动程序。

（10）文件存储格式为 bson（一种 json 的扩展）。

（11）可通过网络访问。

2. MongoDB 功能

（1）面向集合的存储：适合存储对象及 json 形式的数据。

（2）动态查询：MongoDB 支持丰富的查询表达式。查询指令使用 json 形式的标记，可轻易查询文档中内嵌的对象及数组。

（3）完整的索引支持：包括文档内嵌对象及数组。MongoDB 的查询优化器会分析查询表达式，并生成一个高效的查询计划。

（4）查询监视：MongoDB 包含一系列监视工具用于分析数据库操作的性能。

（5）复制及自动故障转移：MongoDB 数据库支持服务器之间的数据复制，支持主-从模式及服务器之间的相互复制。复制的主要目标是提供冗余及自动故障转移。

（6）高效的传统存储方式：支持二进制数据及大型对象（如照片或图片）。

（7）自动分片以支持云级别的伸缩性：自动分片功能支持水平的数据库集群，可动态添加额外的机器。

3. MongoDB 适用场合

（1）网站数据：MongoDB 非常适合实时的插入、更新与查询，并具备网站实时数据存储所需的复制及高度伸缩性。

（2）缓存：由于性能很高，MongoDB 也适合作为信息基础设施的缓存层。在系统重启之后，由 MongoDB 搭建的持久化缓存层可以避免下层的数据源过载。

（3）大尺寸，低价值的数据：使用传统的关系型数据库存储一些数据时可能会比较昂贵，在此之前，很多时候程序员往往会选择传统的文件进行存储。

（4）高伸缩性的场景：MongoDB 非常适合由数十或数百台服务器组成的数据库。MongoDB 的路线图中已经包含对 MapReduce 引擎的内置支持。

（5）用于对象及 json 数据的存储：MongoDB 的 bson 数据格式非常适合文档化格式的存储及查询。

4. MongoDB 不适用场景

（1）要求高度事务性的系统。

（2）传统的商业智能应用。

（3）复杂的跨文档（表）级联查询。

6.6.3　MongoDB 安装与配置

MongoDB 的官方下载地址是 http://www.mongodb.org/downloads，可以去上面下载最新的安装程序。在下载页面（图 6.5）可以看到，它对操作系统支持很全面，如 OS X、Linux、Windows、Solaris 都支持，而且都有各自的 32 位和 64 位版本。目前的稳定版本是 2.0.2 版本。

	OS X 32-bit note	OS X 64-bit	Linux 32-bit note	Linux 64-bit	Windows 32-bit note	Windows 64-bit	Solaris i86pc note	Solaris 64	Source
Production Release (Recommended)									
2.0.2 12/14/2011 Changelog Release Notes	download	download	download *legacy-static	download *legacy-static	download	download	download	download	tgz zip
Nightly Changelog	download	download	download *legacy-static	download *legacy-static	download	download	download	download	tgz zip

图 6.5 MongoDB 在各操作系统下的最新版本

1. Windows 32-bit 平台的安装

步骤一：下载 MongoDB。

下载地址：http://downloads.mongodb.org/win32/mongodb-win32-i386-2.0.2.zip。

步骤二：设置 MongoDB 程序存放目录。

将其解压到 C 盘，再重命名为 MongoDB，路径为 C:\MongoDB。

步骤三：设置数据文件存放目录。

在 C 盘的 MongoDB 文件夹中的 data（图 6.6）下建一个名为 db 的文件夹，路径为 C:\MongoDB\data\db。

图 6.6 MongoDB 文件系统

步骤四：启动 MongoDB 服务。

打开 CMD 或者 WindowsPowerShell 窗口，在 C:\MongoDB\bin 目录下，运行服务端 mongod. exe，结果如下。

C:\>cd C:\MongoDB\bin

C:\MongoDB\bin>mongod.exe --dbpath=C:\MongoDB\data\db --directoryperdb--logpath=C:\MongoDB\data\logs --logappend

注：日志文件为 C:\MongoDB\data\logs，以添加方式记录（追加）。数据目录为 C:\MongoDB\data\db，并且每个数据库将储存在一个单独的目录（--directoryperdb）下，命令如下。

```
Windows PowerShell
版权所有 (C) 2009 Microsoft Corporation。保留所有权利。

PS C:\Users\Administrator> c:\mongo\bin\mongod.exe --dbpath=c:\db
Sun Jan 29 14:12:45
Sun Jan 29 14:12:45 warning: 32-bit servers don't have journaling enabled by default. Please use --journal if you want d
urability.
Sun Jan 29 14:12:45
Sun Jan 29 14:12:45 [initandlisten] MongoDB starting : pid=4672 port=27017 dbpath=c:\db 32-bit host=zhuqingbo
Sun Jan 29 14:12:45 [initandlisten]
Sun Jan 29 14:12:45 [initandlisten] ** NOTE: when using MongoDB 32 bit, you are limited to about 2 gigabytes of data
Sun Jan 29 14:12:45 [initandlisten] **       see http://blog.mongodb.org/post/137788967/32-bit-limitations
Sun Jan 29 14:12:45 [initandlisten] **       with --journal, the limit is lower
Sun Jan 29 14:12:45 [initandlisten]
Sun Jan 29 14:12:45 [initandlisten] db version v2.0.2, pdfile version 4.5
Sun Jan 29 14:12:45 [initandlisten] git version: 514b122d308928517f5841888ceaa4246a7f18e3
Sun Jan 29 14:12:45 [initandlisten] build info: windows (5, 1, 2600, 2, 'Service Pack 3') BOOST_LIB_VERSION=1_42
Sun Jan 29 14:12:45 [initandlisten] options: { dbpath: "c:\db" }
Sun Jan 29 14:12:45 [websvr] admin web console waiting for connections on port 28017
Sun Jan 29 14:12:45 [initandlisten] waiting for connections on port 27017
Sun Jan 29 14:13:45 [clientcursormon] mem (MB) res:15 virt:65 mapped:0
Sun Jan 29 14:18:45 [clientcursormon] mem (MB) res:15 virt:62 mapped:0
Sun Jan 29 14:21:09 [initandlisten] connection accepted from 127.0.0.1:51973 #1
Sun Jan 29 14:21:38 [conn1] end connection 127.0.0.1:51973
Sun Jan 29 14:23:46 [clientcursormon] mem (MB) res:15 virt:62 mapped:0
Sun Jan 29 14:24:18 [initandlisten] connection accepted from 127.0.0.1:51996 #2
Sun Jan 29 14:25:08 [conn2] end connection 127.0.0.1:51996
```

服务端要一直运行，按 Ctrl+C 可中断。MongoDB 服务端的默认监听端口是 27017。

步骤五：将 MongoDB 作为 Windows 服务随机启动。

先创建 C:\MongoDB\data\logs 文件，用于存储 MongoDB 的日志文件，再安装系统服务，命令如下。

```
PS C:\Users\Administrator> C:\mongo\bin\mongod --dbpath=c:\ db --logpath=c:\mongo\logs\mongodb.log --install
all output going to: c:\mongo\logs\mongodb.log
PS C:\Users\Administrator>
```

步骤六：客户端连接验证。

新打开一个 CMD，输入 C:\mongo\bin\mongo，如果出现下面提示，那么就可以开始 MongoDB 之旅了。

```
PS C:\Users\Administrator> c:\mongo\bin\mongo
MongoDB shell version: 2.0.2
connecting to: test
>
```

步骤七：查看 MongoDB 日志。

查看 C:\MongoDB\data\logs 文件，即可对 MongoDB 的运行情况进行查看或排错，这样就完成了 Windows 32-bit 平台的 MongoDB 安装。同时可以在 http://localhost:28017 查看服务器的状态，如图 6.7 所示。

2. Linux 32-bit 平台的安装

步骤一：下载 MongoDB。

下载地址：http://fastdl.mongodb.org/linux/mongodb-linux-i686-2.0.2.tgz。

步骤二：设置 MongoDB 程序存放目录。

将其解压到/Apps，再重命名为 mongo，路径为/Apps/mongo。

步骤三：设置数据文件存放目录。

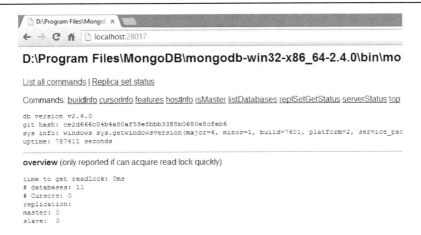

图 6.7　MongoDB 服务状态图

建立/data/db 的目录，命令为 mkdir –p /data/db。

步骤四：启动 MongoDB 服务，命令为/Apps/mongo/bin/mongod --dbpath=/data/db，结果如下。

```
[root@localhost ~]# /Apps/mongo/bin/mongod --dbpath=/data/db
Sun Apr   8 22:41:06 [initandlisten] MongoDB starting : pid=13701 port=27017 dbpath=/data/db
32-bit
** NOTE: when using MongoDB 32 bit, you are limited to about 2 gigabytes of data
**          see http://blog.mongodb.org/post/137788967/32-bit-limitations
**          with --dur, the limit is lower
......
Sun Apr   8 22:41:06 [initandlisten] waiting for connections on port 27017
Sun Apr   8 22:41:06 [websvr] web admin interface listening on port 28017
```

MongoDB 服务端的默认连接端口是 7017。

步骤五：将 MongoDB 作为 Linux 服务随机启动。

先创建/Apps/mongo/logs/mongodb.log 文件，用于存储 MongoDB 的日志文件 vi /etc/rc.local，使用 vi 编辑器打开配置文件，并在其中加入下面代码。

/Apps/mongo/bin/mongod --dbpath=/data/db --logpath=/Apps/mongo/logs/mongodb.log

步骤六：客户端连接验证。

打开一个新 Session，输入/Apps/mongo/bin/mongo，如果出现下面提示，那么就可以开始 MongoDB 之旅了。

```
[root@localhost ~]# /Apps/mongo/bin/mongo
MongoDB shell version: 1.8.1
connecting to: test
>
```

步骤七：查看 MongoDB 日志。

查看/Apps/mongo/logs/mongodb.log 文件，即可对 MongoDB 的运行状况进行查看或分析。

```
[root@localhost logs]# ll
总计 0
-rw-r--r-- 1 root root 0 04-08 20:15 mongodb.log
[root@localhost logs]#
```

以上几个步骤完成后，一个简单的 MongoDB 数据库就可以畅通无阻地运行起来。

6.6.4 体系结构

MongoDB 是一个可移植的数据库，它在流行的每一个平台上都可以使用，即所谓的跨平台特性。在不同的操作系统上虽然略有差别，但是从整体构架上来看，MongoDB 在不同的平台上是一样的，如数据逻辑结构和数据的存储等。

一个运行着的 MongoDB 数据库就可以看成一个 MongoDB Server，该 Server 由实例和数据库组成，在一般的情况下，一个 MongoDB Server 上包含一个实例和多个与之对应的数据库，但是在特殊情况下，如硬件投入成本有限或特殊的应用需求，也允许一个 Server 上可以有多个实例和多个数据库。

MongoDB 中一系列物理文件（数据文件、日志文件等）的集合或与之对应的逻辑结构（集合、文档等）称为数据库，简单地说，就是数据库是由一系列与磁盘有关系的物理文件组成的。

1. 数据逻辑结构

很多人在学习 MongoDB 体系结构的时候会遇到各种各样的问题，在这里给大家简单地介绍一下 MongoDB 体系结构之一的逻辑结构。MongoDB 的逻辑结构是一种层次结构，主要由文档（Document）、集合（Collection）、数据库（Database）三部分组成。逻辑结构是面向用户的，用户使用 MongoDB 开发应用程序使用的就是逻辑结构。

（1）MongoDB 的文档，相当于关系数据库中的一行记录。

（2）多个文档组成一个集合，相当于关系数据库的表。

（3）多个集合逻辑上组织在一起，就是数据库。

（4）一个 MongoDB 实例支持多个数据库。

文档是 MongoDB 的核心概念。多个键及其关联的值有序地放置在一起便是文档。每种编程语言表示文档的方式不太一样，但是在大多数编程语言都有相同的一种数据结构，如映射、散列或者字典。例如，在 JavaScript 里面，文档表示为对象

{"greeting":"Hello!"}

这个文档只有一个键"greeting"，其对应的值为"Hello!"。绝大多数情况下，文档会比这个简单的例子复杂得多，经常会包含多个键/值对，如

{"greeting":"Hello!", "foo":3}

这个例子很好地解释了几个十分重要的概念。

（1）文档中的键/值对是有序的，例如，上面的文档和下面的文档是完全不同的，即

{"foo":3,"greeting":"Hello!"}

（2）文档中的值不仅可以是在双引号里面的字符串，还可以是其他的几种数据类型。这个例子中的"greeting"的值是个字符串，而"foo"的值是个整数。文档的键是字符串，MongoDB 不但区分类型，也区分大小写。还有一个非常重要的事项需要注意，即 MongoDB 的文档不能有重复的键。例如，下面的文档是非法的，即

{"foo":3,"foo":"Hello!"}

集合就是一组文档，如果说 MongoDB 中的文档类似于关系数据库中的行，那么集合就如同表。集合是无模式的，这就意味着一个集合里面的文档可以是各式各样的。例如，下面两个文档可以存在于一个集合里面，即

{"greeting":"Hello!"}
{"foo":3}

注意，上面的文档不仅值的类型不同，它们的键也是完全不一样的。因为集合里面可以放置任何文档，随之而来的问题是：还有必要使用多个集合吗？为什么还要使用多个集合？把各种各样的文档都混合在一个集合里面，无论对于开发者还是管理员都是噩梦。开发者要么确保每次查询只返回需要的文档种类，要么让执行查询的应用程序来处理所有不同类型的文档。如果查询博客文章还要去除那些含有作者数据的文档，那就相当烦琐了。在一个集合里面查询特定类型的文档在速度上也不划算，分开做多个集合要快得多。把同种类型的文档放在一个集合里面，这样数据会更加集中。从只含有博客文章的集合里面查询几篇文章，会比从含有文章和作者数据的集合里面查出几篇文章要少消耗磁盘寻道操作。当创建索引的时候，文档会有附加结构（尤其是有唯一索引的时候）。索引是按照集合来定义的，把同种类型的文档放入同一个集合里面，可以使索引更加有效。

MongoDB 中的多个文档组成集合，同样多个集合可以组成数据库。一个 MongoDB 实例可以承载多个数据库，它们之间可视为完全独立的。每个数据库都有独立的权限控制，即使在磁盘上，不同的数据库也放置在不同的文件中。将一个应用的所有数据

都存储在同一个数据库中的做法就很好。要想在同一个 MongoDB 服务器上存放多个应用或者用户的数据，就要使用不同的数据库。

文档、集合、数据库的层次结构如图 6.8 所示。

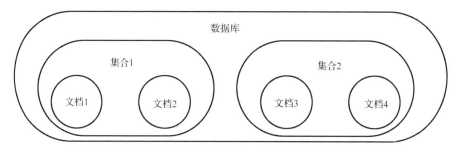

图 6.8　MongoDB 层次结构图

对于习惯关系型数据库的读者，作者将 MongoDB 与关系型数据库的逻辑结构进行了对比，以便让大家更深刻地理解 MongoDB 的逻辑结构。表 6.2 是 MongoDB 与关系型数据库的比较，图 6.9 是 MongoDB 与关系型数据库系统逻辑的对比。

表 6.2　MongoDB 与关系型数据库的比较

MongoDB	关系型数据库
文档	行
集合	表
数据库	数据库

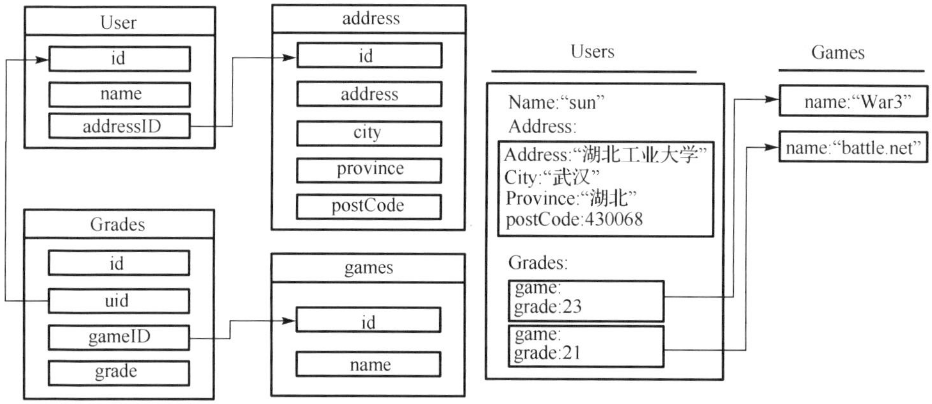

图 6.9　MongoDB 与关系型数据库系统逻辑对比图

2. 数据存储结构

MongoDB 对国内用户比较新，它就像是一个黑盒子，但是如果对于它内部的数据存储了解多一些，那么将会很快地理解和驾驭 MongoDB，让它发挥更大的作用。

MongoDB 的默认数据目录是/data/db，它负责存储所有的 MongoDB 的数据文件。在 MongoDB 内部，每个数据库都包含一个.ns 文件和一些数据文件，而且这些数据文件会随着数据量的增加而变得越来越多。所以如果系统中有一个称为 foo 的数据库，那么构成 foo 数据库的文件就会由 foo.ns、foo.0、foo.1、foo.2 等组成，具体如下所示。

```
[root@localhost db]# ll /data/db/
总计 196844
-rw------- 1 root root 16777216 04-15 16:33 admin.0
-rw------- 1 root root 33554432 04-15 16:33 admin.1
-rw------- 1 root root 16777216 04-15 16:33 admin.ns
-rw------- 1 root root 16777216 04-21 17:30 foo.0
-rw------- 1 root root 33554432 04-21 17:30 foo.1
-rw------- 1 root root 67108864 04-21 17:30 foo.2
-rw------- 1 root root 16777216 04-21 17:30 foo.ns
-rwxr-xr-x 1 root root        6 04-21 17:16 mongod.lock
-rw------- 1 root root 16777216 04-15 16:30 test.0
-rw------- 1 root root 33554432 04-15 16:30 test.1
-rw------- 1 root root 16777216 04-15 16:30 test.ns
drwxr-xr-x 2 root root     4096 04-21 17:30 _tmp
```

MongoDB 内部有预分配空间的机制，每个预分配的文件都用 0 进行填充，由于有了这个机制，MongoDB 始终保持额外的空间和空余的数据文件，从而有效避免了由于数据暴增而带来的磁盘压力过大的问题。

由于表中数据量的增加，数据文件每新分配一次，它的大小都会是上一个数据文件大小的 2 倍，每个数据文件最大 2GB。这样的机制有利于防止较小的数据库浪费过多的磁盘空间，同时又能保证较大的数据库有相应的预留空间使用。

数据库的每张表都对应一个命名空间，每个索引也有对应的命名空间。这些命名空间的元数据都集中在.ns 文件中。

在图 6.10 中，foo 数据库包含 3 个文件用于存储表和索引数据，foo.2 文件属于预分配的空文件。foo.0 和 foo.1 两个数据文件被分为了相应的盘区，对应不同的命名空间。

图 6.10 显示了命名空间和盘区的关系。每个命名空间可以包含多个不同的盘区，这些盘区并不是连续的。与数据文件的增长相同，每一个命名空间对应的盘区大小也是随着分配的次数不断增长的。这样做的目的是平衡命名空间浪费的空间与保持某一个命名空间中数据的连续性。图中还有一个需要注意的命名空间：$freelist，这个命名空间用于记录不再使用的盘区（被删除的 Collection 或索引）。每当命名空间需要分配新的盘区，都会先查看$freelist 是否有大小合适的盘区可以使用，这样回收空闲的磁盘空间。

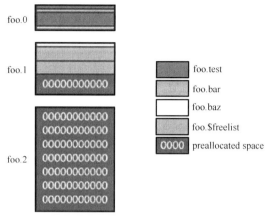

图 6.10　MongoDB 存储结构图

6.6.5　数据库操作

1）连接数据库

现在就可以使用自带的 MongoDB shell 工具来操作数据库。也可以使用各种编程语言的驱动来使用 MongoDB，但自带的 MongoDB shell 工具可以方便管理数据库。新打开一个 Session，输入/Apps/mongo/bin/mongo，如果出现下面提示，那么就说明连接上了数据库，之后就可以进行操作。

```
[root@localhost ~]# /Apps/mongo/bin/mongo
MongoDB shell version: 1.8.1
connecting to: test
>
```

默认 shell 连接的是本机 localhost 上面的 test 库，"connecting to:"会显示正在使用的数据库的名称。如果想换数据库可以用"use mydb"来实现。

2）插入记录

MongodB 是面向文档存储的数据库，文档结构形式为 bson（类似 json）。定义文档如下。

```
>doc = {
  "_id" : 1,
  "author" : "sam",
  "title" : "i love you",
  "text" : "this is a test",
  "tags" : [
    "love",
    "test"
```

```
    ],
    "comments" : [
        {
            "author" : "jim",
            "comment" : "yes"
        },
        {
            "author" : "tom",
            "comment" : "no"
        }
    ]
}
```

//插入文档

```
> db.things.insert(doc);
```

3）查询记录

Mongodb 最大的功能之一就是支持动态查询，与传统的关系型数据库查询一样，但是它的查询更灵活。

普通查询：在没有深入查询之前，先看怎么从一个查询中返回一个游标对象。可以简单地通过 find() 来查询，它返回一个任意结构的集合。如何实现特定的查询稍后讲解。

实现上面同样的查询，然后通过 while 来输出。

```
> var cursor = db.things.find();
> while(cursor.hasNext()) printjson(cursor.next());
{ "_id" : ObjectId("4c2209f9f3924d31102bd84a"), "name" : "mongo" }
{ "_id" : ObjectId("4c2209fef3924d31102bd84b"), "x" : 3 }
{ "_id" : ObjectId("4c220a42f3924d31102bd856"), "x" : 4, "j" : 1 }
{ "_id" : ObjectId("4c220a42f3924d31102bd857"), "x" : 4, "j" : 2 }
{ "_id" : ObjectId("4c220a42f3924d31102bd858"), "x" : 4, "j" : 3 }
{ "_id" : ObjectId("4c220a42f3924d31102bd859"), "x" : 4, "j" : 4 }
{ "_id" : ObjectId("4c220a42f3924d31102bd85a"), "x" : 4, "j" : 5 }
```

上面的例子显示了游标风格的迭代输出。hasNext() 函数告诉人们是否还有数据，如果有则可以调用 next() 函数。

条件查询：到这里读者已经知道怎么从游标里实现一个查询并返回数据对象，下面就来看怎么根据指定的条件来查询。下面的示例就是说明如何执行一个类似 SQL 的查询，并演示怎么在 MongoDB 里实现。这是在 MongoDB shell 里查询，当然也可以用其他的应用程序驱动或者语言来实现。

```
SQL:    SELECT * FROM things WHERE name="mongo"
```

MongoDB:

> db.things.find({name:"mongo"}).forEach(printjson);

{ "_id" : ObjectId("4c2209f9f3924d31102bd84a"), "name" : "mongo" }

SQL：　　　SELECT * FROM things WHERE x=4

MongoDB:

> db.things.find({x:4}).forEach(printjson);

{ "_id" : ObjectId("4c220a42f3924d31102bd856"), "x" : 4, "j" : 1 }

{ "_id" : ObjectId("4c220a42f3924d31102bd857"), "x" : 4, "j" : 2 }

{ "_id" : ObjectId("4c220a42f3924d31102bd858"), "x" : 4, "j" : 3 }

{ "_id" : ObjectId("4c220a42f3924d31102bd859"), "x" : 4, "j" : 4 }

{ "_id" : ObjectId("4c220a42f3924d31102bd85a"), "x" : 4, "j" : 5 }

查询条件是{ a:A, b:B,…}，类似于"where a==A and b==B and …"。

上面显示的是所有的元素，当然也可以返回特定的元素，类似于返回表里某字段的值，只需要在 find({x:4})里指定元素的名字。

SQL：　　　SELECT j FROM things WHERE x=4

MongoDB:

> db.things.find({x:4}, {j:true}).forEach(printjson);

{ "_id" : ObjectId("4c220a42f3924d31102bd856"), "j" : 1 }

{ "_id" : ObjectId("4c220a42f3924d31102bd857"), "j" : 2 }

{ "_id" : ObjectId("4c220a42f3924d31102bd858"), "j" : 3 }

{ "_id" : ObjectId("4c220a42f3924d31102bd859"), "j" : 4 }

{ "_id" : ObjectId("4c220a42f3924d31102bd85a"), "j" : 5 }

4）修改记录

将 name 是 mongo 的记录的 name 修改为 mongo_new。

> db.things.update({name:"mongo"},{$set:{name:"mongo_new"}});

下面来查询一下是否改过来了。

> db.things.find();

{ "_id" : ObjectId("4faa9e7dedd27e6d86d86371"), "x" : 3 }

{ "_id" : ObjectId("4faa9e7dedd27e6d86d86370"), "name" : "mongo_new" }

5）删除记录

将用户 name 是 mongo_new 的记录从集合 things 中删除。

> db.things.remove({name:"mongo_new"});

> db.things.find();

{ "_id" : ObjectId("4faa9e7dedd27e6d86d86371"), "x" : 3 }

经验证，该记录确实被删除了。

6.6.6　管理端 GUI 工具

看一个产品是否得到认可，可以从一个侧面看其第三方工具的数量和成熟程度，下面就来介绍 MongoDB 常用的 GUI 管理工具。

1. Fang of Mongo

Fang of Mongo 是一个集成 django 和 jquery 的基于网络的有用户界面 MongoDB 管理工具。它可以允许客户方便地浏览 MongoDB 中的内容，并提供友好的用户界面，详细可参见 https://github.com/Fiedzia/Fang-of-Mongo。

主要特点：字段名称自动完成查询器；数据加载指示器；Twitter 流插件；在 Chrome 和 Firefox 上运行良好。

2. MongoExplorer

MongoExplorer 是一款 MongoDB 的管理工具，采用 Silverlight 编写。主要使用特点：方便使用；显示数据库所有的文档和集合；使用一个便捷树的方式展示所有文档；拖拉操作全面支持；文档便捷修改。详细可见 http://mongoexplorer.com/Mongo Explorer。

3. RockMongo

RockMongo 也是一款 MongoDB 管理工具，采用 PHP5 编写。主要使用特点：方便安装，并开放所有源代码；支持多主机或单主机多管理员集成高级集合查询工具；密码保护；读写、创建、更新、删除便捷；方便查看集合统计。详细可见 http://code.google.com/p/rock-php/wiki/rock_mongo。

4. Database Master

Database Master 采用.NET 开发，Windows 系统下安装。主要使用特点：树形显示数据库和集合；创建或删除索引；方便查看数据库状态；支持 RDMBS（MySQL、Postgres 等）。

第7章　智慧数据爬虫

7.1　网络数据爬虫简介

随着网络的迅速发展，万维网成为大量信息的载体，如何有效提取并利用这些信息成为一个巨大的挑战。搜索引擎（Search Engine），如传统的通用搜索引擎 AltaVista、Yahoo 和 Google 等，作为一种辅助人们检索信息的工具成为用户访问万维网的入口和指南。但是，这些通用性搜索引擎也存在着一定的局限性。

（1）不同领域、不同背景的用户往往具有不同的检索目的和需求，通用搜索引擎所返回的结果包含大量用户不关心的网页。

（2）通用搜索引擎的目标是尽可能大的网络覆盖率，有限的搜索引擎服务器资源与无限的网络数据资源之间的矛盾将进一步加深。

（3）万维网数据形式的丰富和网络技术的不断发展，图片、数据库、音频、视频等不同数据大量出现，通用搜索引擎往往对这些信息含量密集且具有一定结构的数据无能为力，不能很好地发现和获取信息。

（4）通用搜索引擎大多提供基于关键字的检索，难以支持根据语义信息提出的查询。

为了解决上述问题，定向抓取相关网页资源的聚焦爬虫应运而生。聚焦爬虫是一个自动下载网页的程序，它根据既定的抓取目标，有选择地访问万维网上的网页与相关的链接，获取所需要的信息。与通用爬虫（General Purpose Web Crawler）不同，聚焦爬虫并不追求大的覆盖，而将目标定为抓取与某一特定主题内容相关的网页，为面向主题的用户查询准备数据资源。网络数据爬虫结构图如图 7.1 所示。

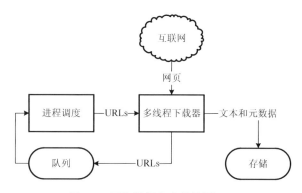

图 7.1　网络数据爬虫结构图

7.1.1　为什么要在 Web 上爬行

随着互联网的飞速发展，网络上的信息呈爆炸式增长，使得人们在网上找到所需的信息变得越来越困难，搜索引擎应运而生。搜索引擎搜集互联网上数以亿计的网页，并为每个词建立索引。在建立搜索引擎的过程中，搜集网页是非常重要的一个环节。爬虫程序就是用来搜集网页的程序。以何种策略遍历互联网上的网页成为爬虫程序主要的研究方向。现在比较流行的搜索引擎（如 Google、百度）的爬虫程序的技术内幕一般都不公开。目前几种比较常用的爬虫实现策略有广度优先的爬虫程序、Repetitive 爬虫程序、定义爬行爬虫程序、深层次爬行爬虫程序。此外，还有根据概率论进行可用 Web 页的数量估算，用于评估互联网 Web 规模的抽样爬虫程序；采用爬行深度、页面导入链接量分析等方法，限制从程序下载不相关的 Web 页的选择性爬虫程序等。

爬虫程序是一个自动获取网页的程序，它为搜索引擎从互联网上下载网页，是搜索引擎的重要组成部分。爬虫程序的实现策略、运行效率直接影响搜索引擎的搜索结果。不同的搜索引擎，会根据对搜索结果的不同需求，选择最合适的爬行策略来搜集互联网上的信息。高效、优秀的爬虫程序可以使人们在互联网上寻找到更及时、更准确的信息。

7.1.2　爬行过程

网络爬虫是搜索引擎抓取系统的重要组成部分。爬虫的主要目的是将互联网上的网页下载到本地，形成一个互联网内容的镜像备份。本小节主要对爬虫以及抓取系统进行简要介绍。

1. 网络爬虫的基本结构及工作流程

一个通用的网络爬虫的框架如图 7.2 所示。

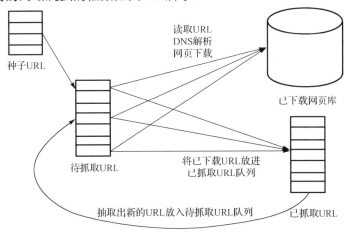

图 7.2　网络数据爬虫框架图

网络爬虫的基本工作流程如下。

（1）首先选取一部分精心挑选的种子 URL。

（2）将这些 URL 放入待抓取 URL 队列。

（3）从待抓取 URL 队列中取出待抓取的 URL，解析 DNS，并且得到主机的 IP 地址，并将 URL 对应的网页下载下来，存储进已下载网页库中。此外，将这些 URL 放进已抓取 URL 队列。

（4）分析已抓取 URL 队列中的 URL，分析其中的其他 URL，并且将 URL 放入待抓取 URL 队列，从而进入下一个循环。

2. 从爬虫的角度对互联网进行划分

对应地，可以将互联网的所有页面分为五个部分，如图 7.3 所示。

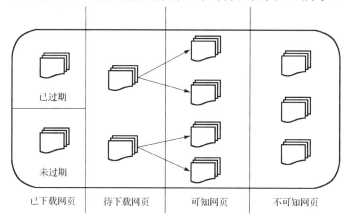

图 7.3　互联网页面分类图

（1）已下载未过期网页。

（2）已下载已过期网页：抓取到的网页实际上是互联网内容的一个镜像与备份，互联网是动态变化的，一部分互联网上的内容已经发生了变化，这时，这部分抓取到的网页就已经过期了。

（3）待下载网页：也就是待抓取 URL 队列中的那些页面。

（4）可知网页：还没有抓取下来，也没有在待抓取 URL 队列中，但是可以通过对已抓取页面或者待抓取 URL 对应页面进行分析获取到的 URL，称为可知网页。

（5）还有一部分网页，爬虫是无法直接抓取下载的，称为不可知网页。

3. 抓取策略

在爬虫系统中，待抓取 URL 队列是很重要的一部分。待抓取 URL 队列中的 URL 以什么样的顺序排列也是一个很重要的问题，因为这涉及先抓取哪个页面，后抓取哪个页面。而决定这些 URL 排列顺序的方法，称为抓取策略。下面重点介绍几种常见的抓取策略。

1）深度优先遍历策略

深度优先遍历策略是指网络爬虫会从起始页开始，一个链接一个链接跟踪下去，处理完这条线路之后再转入下一个起始页，继续跟踪链接，以图 7.4 为例。

遍历路径：A-F-G E-H-I B C D。

2）宽度优先遍历策略

宽度优先遍历策略的基本思路是，将新下载网页中发现的链接直接插入待抓取 URL 队列的末尾。也就是指网络爬虫会先抓取起始网页中链接的所有网页，然后再选择其中的一个链接网页，继续抓取在此网页中链接的所有网页。

遍历路径：A-B-C-D-E-F G H I。

3）反向链接数策略

反向链接数是指一个网页被其他网页链接指向的数量。反向链接数表示的是一个网页的内容受到其他

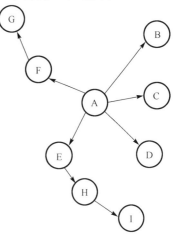

图 7.4　深度优先遍历策略图

人的推荐的程度。因此，很多时候搜索引擎的抓取系统会使用这个指标来评价网页的重要程度，从而决定不同网页的抓取顺序。

在真实的网络环境中，由于广告链接、作弊链接的存在，反向链接数不能完全评价网页的重要程度。因此，搜索引擎往往考虑一些可靠的反向链接数。

4）Partial PageRank 策略

Partial PageRank 算法借鉴了 PageRank 算法的思想：对于已经下载的网页，连同待抓取 URL 队列中的 URL，形成网页集合，计算每个页面的 PageRank 值，计算完之后，将待抓取 URL 队列中的 URL 按照 PageRank 值的大小排列，并按照该顺序抓取页面。

如果每次抓取一个页面，就重新计算 PageRank 值，一种折中方案是：每抓取 K 个页面后，重新计算一次 PageRank 值。但是这种情况还会有一个问题：对于已经下载下来的页面中分析出的链接，也就是之前提到的未知网页部分，暂时是没有 PageRank 值的。为了解决这个问题，会给这些页面一个临时的 PageRank 值：将这个网页所有入链传递进来的 PageRank 值进行汇总，这样就形成了该未知页面的 PageRank 值，从而参与排序。

5）OPIC（Online Page Importance Computation）策略

该算法实际上也是对页面进行一个重要性打分。在算法开始前，给所有页面一个相同的初始现金（Cash）。当下载了某个页面 P 之后，将 P 的现金分摊给所有从 P 中分析出的链接，并且将 P 的现金清空。对于待抓取 URL 队列中的所有页面按照现金数进行排序。

6）大站优先策略

对于待抓取 URL 队列中的所有网页，根据所属的网站进行分类。对于待下载页面数多的网站，优先下载。这个策略也因此称为大站优先策略。

4. 更新策略

互联网是实时变化的，具有很强的动态性。网页更新策略主要是决定何时更新之前已经下载过的页面。常见的更新策略又以下三种。

1）历史参考策略

顾名思义，根据页面以往的历史更新数据，预测该页面未来何时会发生变化。一般通过泊松过程进行建模、预测。

2）用户体验策略

尽管搜索引擎针对某个查询条件能够返回数量巨大的结果，但是用户往往只关注前几页结果。因此，抓取系统可以优先更新那些显示在查询结果前几页中的网页，然后再更新那些后面的网页。这种更新策略也是需要用到历史信息的。用户体验策略保留网页的多个历史版本，并且根据过去每次内容变化对搜索质量的影响，得出一个平均值，用这个值作为决定何时重新抓取的依据。

3）聚类抽样策略

前面提到的两种更新策略都有一个前提：需要网页的历史信息。这样就存在两个问题：第一，系统如果要为每个系统保存多个版本的历史信息，无疑增加了很多的系统负担；第二，如果是新的网页完全没有历史信息，就无法确定更新策略。

这种策略认为，网页具有很多属性，类似属性的网页，可以认为其更新频率也是类似的。要计算某一个类别网页的更新频率，只需要对这一类网页抽样，以其更新周期作为整个类别的更新周期。聚类抽样策略图如图 7.5 所示。

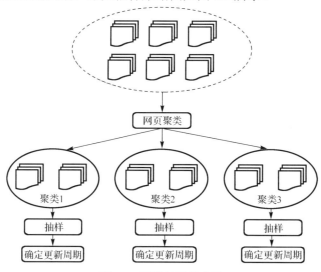

图 7.5　聚类抽样策略图

5. 分布式抓取系统结构

一般来说，抓取系统需要面对的是整个互联网上数以亿计的网页。单个抓取程序不可能完成这样的任务，往往需要多个抓取程序一起来处理。一般来说，抓取系统往往是一个分布式的三层结构，如图 7.6 所示。

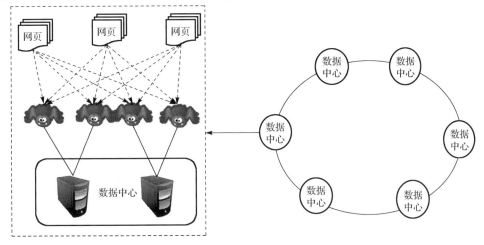

图 7.6　分布式抓取系统结构图

最下一层是分布在不同地理位置的数据中心，在每个数据中心里有若干台抓取服务器，而每台抓取服务器上可能部署了若干套爬虫程序。这就构成了一个基本的分布式抓取系统。

对于一个数据中心内的不同抓取服务器，协同工作的方式有如下几种。

1）主从式（Master-Slave）

主从式基本结构如图 7.7 所示。

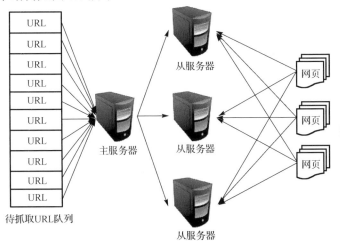

图 7.7　主从式基本结构图

对于主从式，有一台专门的主服务器来维护待抓取 URL 队列，它负责每次将 URL

分发到不同的从服务器，而从服务器则负责实际的网页下载工作。主服务器除了维护待抓取 URL 队列以及分发 URL，还要负责调解各个从服务器的负载情况，以免某些从服务器过于清闲或者劳累。

这种模式下，主服务器往往容易成为系统瓶颈。

2）对等式（Peer to Peer）

对等式的基本结构如图 7.8 所示。

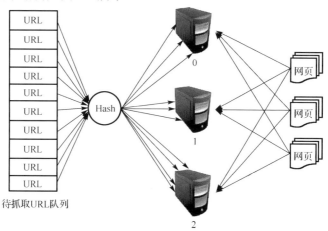

图 7.8　对等式基本结构图

在这种模式下，所有的抓取服务器在分工上没有不同。每一台抓取服务器都可以从待抓取在 URL 队列中获取 URL，然后对该 URL 的主域名的 Hash 值 H，计算 $H \bmod m$（其中，m 是服务器的数量，以图 7.8 为例，m 为 3），计算得到的数就是处理该 URL 的主机编号。

举例：假设对于 URL 为 www.baidu.com，计算器 Hash 值 $H=8$，$m=3$，则 $H \bmod m=2$，因此由编号为 2 的服务器进行该链接的抓取。假设这时候是 0 号服务器拿到这个 URL，那么它将该 URL 转给服务器 2，由服务器 2 进行抓取。

这种模式有一个问题，当有一台服务器死机或者添加新的服务器时，那么所有 URL 的哈希求余的结果就都要变化。也就是说，这种方式的扩展性不佳。针对这种情况，又有一种改进方案被提出来。这种改进的方案是用一致性哈希法来确定服务器分工，其基本结构如图 7.9 所示。

一致性哈希将 URL 的主域名进行哈希运算，映射为一个范围在 0～232 的值。而将这个范围平均地分配给 m 台服务器，根据 URL 主域名哈希运算的值所处的范围判断是哪台服务器来进行抓取。

如果某一台服务器出现问题，那么本该由该服务器负责的网页则按照顺时针顺延，由下一台服务器进行抓取。这样，即使某台服务器出现问题，也不会影响其他的工作。

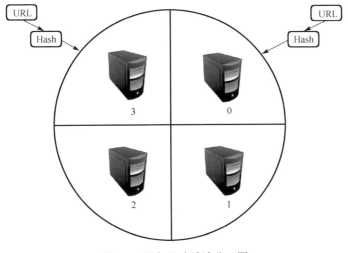

图 7.9　服务器哈希法分工图

7.1.3　智能爬行与聚焦爬虫

1）聚焦爬虫工作原理以及关键技术概述

网络爬虫是一个自动提取网页的程序，它为搜索引擎从万维网上下载网页，是搜索引擎的重要组成部分。传统爬虫从一个或若干初始网页的 URL 开始，获得初始网页上的 URL，在抓取网页的过程中，不断从当前页面上抽取新的 URL 放入队列，直到满足系统的一定停止条件。聚焦爬虫的工作流程较为复杂，需要根据一定的网页分析算法过滤与主题无关的链接，保留有用的链接并将其放入等待抓取的 URL 队列。然后，它将根据一定的搜索策略从队列中选择下一步要抓取的网页 URL，并重复上述过程，直到达到系统的某一条件。另外，所有被爬虫抓取的网页将会被系统存储，进行一定的分析、过滤，并建立索引，以便之后的查询和检索；对于聚焦爬虫，这一过程所得到的分析结果还可能对以后的抓取过程给出反馈和指导。

相对于通用网络爬虫，聚焦爬虫还需要解决三个主要问题。

（1）对抓取目标的描述或定义。

（2）对网页或数据的分析与过滤。

（3）对 URL 的搜索策略。

抓取目标的描述和定义是决定网页分析算法与 URL 搜索策略如何制定的基础，而网页分析算法和候选 URL 排序算法是决定搜索引擎所提供的服务形式和爬虫网页抓取行为的关键所在。这两个部分的算法又是紧密相关的。

2）抓取目标描述

现有聚焦爬虫对抓取目标的描述可分为基于目标网页特征、基于目标数据模式和基于领域概念。

基于目标网页特征的爬虫所抓取、存储并索引的对象一般为网站或网页。根据种子样本获取方式可分为以下三种。

（1）预先给定的初始抓取种子样本。

（2）预先给定的网页分类目录和与分类目录对应的种子样本，如 Yahoo 分类结构等。

（3）通过用户行为确定的抓取目标样例，分为用户浏览过程中显示标注的抓取样本和通过用户日志挖掘得到的访问模式及相关样本。其中，网页特征可以是网页的内容特征，也可以是网页的链接结构特征等。

7.1.4　网页搜索策略

网页的抓取策略可以分为深度优先、广度优先和最佳优先三种。深度优先在很多情况下会导致爬虫的陷入（Trapped）问题，目前常见的是广度优先和最佳优先方法。

广度优先搜索策略是指在抓取过程中，在完成当前层次的搜索后，才进行下一层次的搜索。该算法的设计和实现相对简单。在目前为覆盖尽可能多的网页，一般使用广度优先搜索方法。也有很多研究将广度优先搜索策略应用于聚焦爬虫中。其基本思想是认为与初始 URL 在一定链接距离内的网页具有主题相关性的概率很大。另一种方法是将广度优先搜索与网页过滤技术结合使用，先用广度优先策略抓取网页，再将其中无关的网页过滤掉。这些方法的缺点在于，随着抓取网页的增多，大量的无关网页将被下载并过滤，算法的效率将变低。

最佳优先搜索策略按照一定的网页分析算法，预测候选 URL 与目标网页的相似度，或与主题的相关性，并选取评价最好的一个或几个 URL 进行抓取。它只访问经过网页分析算法预测为"有用"的网页。存在的一个问题是，在爬虫抓取路径上的很多相关网页可能被忽略，因为最佳优先策略是一种局部最优搜索算法。因此需要将最佳优先结合具体的应用进行改进，以跳出局部最优点。研究表明，这样的闭环调整可以将无关网页数量降低 30%～90%。

深度优先搜索策略从起始网页开始，选择一个 URL 进入，分析这个网页中的 URL，选择一个再进入。如此一个链接一个链接地抓取下去，直到处理完一条路线之后再处理下一条路线。深度优先策略设计较为简单，然而门户网站提供的链接往往最具价值，PageRank 也很高，但每深入一层，网页价值和 PageRank 都会相应地有所下降。这暗示了重要网页通常距离种子较近，而过度深入抓取到的网页却价值很低。同时，这种策略抓取深度直接影响着抓取命中率以及抓取效率，对抓取深度是该种策略的关键。相对于其他两种策略，此种策略很少使用。

7.1.5　网页分析算法

网页分析算法可以归纳为基于网络拓扑、基于网页内容和基于用户访问行为三种类型。

网络拓扑的分析算法：基于网页之间的链接，通过已知的网页或数据，来对与其有直接或间接链接关系的对象（可以是网页或网站等）作出评价的算法。其分为网页粒度、网站粒度和网页块粒度三种。

1. 网页粒度的分析算法

PageRank 和 HITS 算法是最常见的链接分析算法，两者都是通过对网页间链接度的递归和规范化计算，得到每个网页的重要度评价。PageRank 算法虽然考虑了用户访问行为的随机性和 Sink 网页的存在，但忽略了绝大多数用户访问时带有目的性，即网页和链接与查询主题的相关性。针对这个问题，HITS 算法提出了两个关键的概念：权威型网页（Authority）和中心型网页（Hub）。

基于链接的抓取的问题是相关页面主题团之间的隧道现象，即很多在抓取路径上偏离主题的网页也指向目标网页，局部评价策略中断了在当前路径上的抓取行为。文献提出了一种基于反向链接（BackLink）的分层式上下文模型（Context Model），用于描述指向目标网页一定物理跳数半径内的网页拓扑图的中心 Layer0 为目标网页，将网页依据指向目标网页的物理跳数进行层次划分，从外层网页指向内层网页的链接称为反向链接。

2. 网站粒度的分析算法

网站粒度的资源发现和管理策略也比网页粒度的更简单有效。网站粒度爬虫抓取的关键之处在于站点的划分和站点等级（SiteRank）的计算。SiteRank 的计算方法与 PageRank 类似，但是需要对网站之间的链接进行一定程度的抽象，并在一定的模型下计算链接的权重。

网站划分情况分为按域名划分和按 IP 地址划分两种。文献讨论了在分布式情况下，通过对同一个域名下不同主机、服务器的 IP 地址进行站点划分，构造站点图，利用类似 PageRank 的方法评价 SiteRank。同时，根据不同文件在各个站点上的分布情况，构造文档图，结合 SiteRank 分布式计算得到 DocRank。文献证明，利用分布式的 SiteRank 计算，不仅大大降低了单机站点的算法代价，而且克服了单独站点对整个网络覆盖率有限的缺点。附带的一个优点是，常见 PageRank 造假难以对 SiteRank 进行欺骗。

3. 网页块粒度的分析算法

在一个页面中，往往含有多个指向其他页面的链接，这些链接中只有一部分是指向主题相关网页的，或根据网页的链接锚文本表明其具有较高重要性。但是，在 PageRank 和 HITS 算法中，没有对这些链接进行区分，因此常常给网页分析带来广告等噪声链接的干扰。在网页块级别（Block Level）进行链接分析的算法的基本思想是通过 VIPS 网页分割算法将网页分为不同的网页块（Page Block），然后对这些网页块建立 Page to Block 和 Block to Page 的链接矩阵，分别记为 Z 和 X。于是，在 Page to Page 图上的网页块级别的 PageRank 为 $W_p = X \times Z$；在 Block to Block 图上的 BlockRank 为

$W_b=Z×X$。已经有人实现了块级别的 PageRank 和 HITS 算法，并通过实验证明，效率和准确率都比传统的对应算法要好。

　　网页分析算法：基于网页内容的分析算法指的是利用网页内容（文本、数据等资源）特征进行的网页评价。网页的内容从原来的以超文本为主，发展到后来动态页面（或称为 Hidden Web）数据为主，后者的数据量约为直接可见页面数据（Publicly Indexable Web，PIW）的 400～500 倍。另外，多媒体数据、Web Service 等各种网络资源形式也日益丰富。因此，基于网页内容的分析算法也从原来的较为单纯的文本检索方法，发展为涵盖网页数据抽取、机器学习、数据挖掘、语义理解等多种方法的综合应用。本小节根据网页数据形式的不同，将基于网页内容的分析算法归纳为以下三种：第一种针对以文本和超链接为主的无结构或结构很简单的网页；第二种针对从结构化的数据源（如 RDBMS）动态生成的页面，其数据不能直接批量访问；第三种针对的数据界于第一种和第二种数据之间，具有较好的结构，显示遵循一定模式或风格，且可以直接访问。

　　基于文本的网页分析算法如下。

　　（1）纯文本分类与聚类算法。很大程度上借用了文本检索的技术，文本分析算法可以快速有效地对网页进行分类和聚类，但是由于忽略了网页间和网页内部的结构信息，很少单独使用。

　　（2）超文本分类和聚类算法。根据网页链接网页的相关类型对网页进行分类，依靠相关联的网页推测该网页的类型。

7.2　构建智慧爬虫

7.2.1　核心算法

　　在搜索引擎成为主流检索工具的今天，互联网上的网络爬虫各式各样，但爬虫爬取网页的基本步骤大致相同。

　　（1）人工给定一个 URL 作为入口，从这里开始爬取。万维网的可视图呈蝴蝶型，网络爬虫一般从蝴蝶型左边结构出发。这里有一些门户网站的主页，而门户网站中包含大量有价值的链接。

　　（2）用运行队列和完成队列来保存不同状态的链接。对于大型数据量，内存中的队列是不够的，通常采用数据库模拟队列。用这种方法既可以进行海量的数据抓取，还可以拥有断点续抓功能。

　　（3）线程从运行队列读取队首 URL，如果存在，则继续执行，反之则停止爬取。

　　（4）每处理完一个 URL，将其放入完成队列，防止重复访问。

　　（5）每次抓取网页之后分析其中的 URL（URL 是字符串形式，功能类似指针），将经过过滤的合法链接写入运行队列，等待提取。

　　（6）重复步骤（3）～（5）。

7.2.2　系统需求分析

网络爬虫要获取的对象是存在于网络上数以亿计的网页，这些网页以超链接形式互相联系在一起，每一网页对应一个超链接，又称统一资源定位符（URL）。可以把网络看成一个图 $M(V, E)$，网络中的网页构成节点集 V，它们之间的链接构成边集 E，网络爬虫正是从某一节点开始，沿着边，遍历图 M，每访问到图中一个节点 V_i，就进行一定的处理。

为了达到上述目的，一个网络爬虫必须被设计成多线程，A 个线程并发地在网络上协同工作，才有可能在尽可能短的时间内遍历完网络中的网页。但网页数目是如此之大，如果任网络爬虫程序无穷地搜索下去，那么程序几乎不能终止。所以限制网络爬虫每次工作只访问一个站点。一个再大型的站点，其中的网页数目也是有限的，因此网络爬虫程序能在有限的时间内结束。当网络爬虫程序访问到一个网页，必须进行以下几项基本处理：抽取网页中包含的文本；抽取网页中包含的 URL，并将其区分为网站内 URL 或网站外 URL。

7.2.3　网络爬虫体系结构

爬虫程序主要分为三个部分：任务执行端、任务调度端、数据服务端。每一个网络爬虫任务执行端关联一个站点，一个线程下载一个基于 URL 链接的页面，并进行 Web 页面解析，得到站内 URL 和发现新站点 URL。另外，将 URL 队列持久化到数据库，能够断点续传。网络爬虫体系结构如图 7.10 所示。

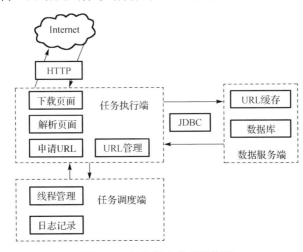

图 7.10　网络爬虫体系结构图

网络爬虫客户端线程间的协调通信采用 Java 的线程同步技术，在数据服务端中对

URL 进行缓存提高了系统处理速度。网络爬虫的任务执行和任务调度端都需要维持一个 URL 队列：任务执行端的 URL 队列中存储了站内 URL；任务调度端则是站点的 URL。在这些 URL 队列上有大量的操作，包括 URL 查找、URL 插入、URL 状态更新等。如果网络爬虫以 300 页每秒的速度下载 Web 页面，平均将会产生 2000 多个 URL，因此简单地采用内存数据结构存储这些 URL 队列有一定的问题，系统没有足够的内存空间；而采用直接持久化到数据库，则需要大量的数据库连接、查询等操作，系统效率会明显下降。如果采用 URL 压缩的办法，尽管在一定程度上可以平衡空间和时间的矛盾，但仍然不适用于大规模数据采集的网络爬虫。

7.2.4　系统构造分析

构造网络爬虫程序有两种方式：①把网络爬虫程序设计为递归的程序；②编写一个非递归的程序，它要维护一个要访问的网页列表。考虑使用哪一种方式的前提是，构造的网络爬虫程序必须能够访问非常大的 Web 站点。本系统中使用了非递归的程序设计方法。这是因为，当一个递归程序运行时要把每次递归压入堆栈，但在本系统设计中使用的是多线程，它允许一次运行多个任务，但是，多线程与递归是不兼容的。因为在这一过程中每一个线程都有自己的堆栈，而当一个方法调用它自身时，它们需要使用同一个堆栈。这就意味着递归的网络爬虫程序不能使用多线程。

每个网络爬虫线程都会独立地去完成获取 URLs 的任务，并将获取到的 URLs 加入一个公共的 URL 等待队列中。

图 7.11 表示了该系统爬虫线程的实现策略。假设线程 1 从 URL 队列中获取一条任务 URL_1，然后它会下载对应的 HTML，解析出里面包含的 URLs，然后再将这些 URLs 加入 URL 队列中。然后线程 1 会再从 URL 队列中获取新的 URL，下载 HTML 代码，并解析出 URLs，再加入 URL 队列中。而线程 2 同时也会下载它获取的 URL_2 对应的 HTML 代码，解析出 URLs 加入等待队列中。依此类推，多个线程并发地去完成爬虫工作。

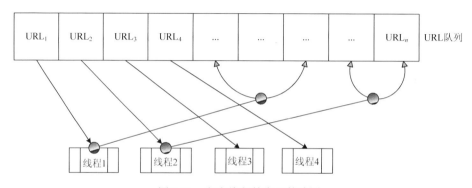

图 7.11　爬虫线程的实现策略图

7.2.5　爬行策略分析

　　因为本书实现的爬虫程序的初衷是尽可能遍历某一站点所有的页面。广度优先算法的实现理论是覆盖更多的节点，所以此爬虫程序选择了广度优先算法。实现的策略是：先获取初始 URL 对应 HTML 代码里所有的 URLs。然后依次获取这些 URLs 对应的 HTML 里的 URLs，当这一层所有的 URLs 都下载解析完成后，再获取下一层的信息。通过这种循环的获取方式实现广度优先爬行。爬虫爬行策略分析图如图 7.12 所示。

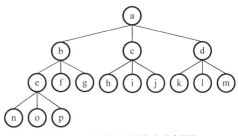

　　如图 7.12 所示，假如 a 代表初始 URL，bcd 为以 a 获取的 3 个 URLs，efg 为以 b 获取的 URLs，依此类推。那么这些 URLs 获取的顺序就是 abcdefghijklmnop。当获取到 b 的 URLs 之后，并不会马上去解析这些 URLs，而是先解析同 b 在同一层中的 cd 对应的 URLs。当这一层 URLs 全部解析完后，再开始下一层 URLs。

图 7.12　爬虫爬行策略分析图

　　广度优先算法的等待队列设计如图 7.13 所示。

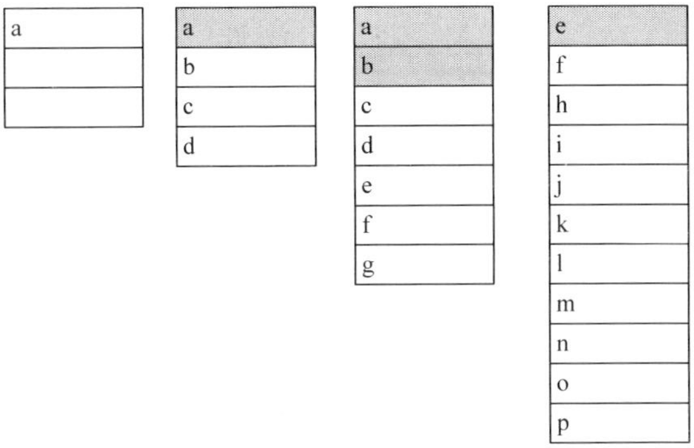

a		a		a		e
		b		b		f
		c		c		h
		d		d		i
				e		j
				f		k
				g		l
						m
						n
						o
						p

图 7.13　广度优先算法的等待队列设计图

　　图 7.13 列举了不同时间段 URL 等待队列的存储状态。第一个方框是将初始 URL:a 加入等待队列。第二个方框为解析 a 对应的 HTML，获取 URLs:bcd，同时删除 a。第三个方框为解析 b 对应的 HTML，获取 URLs:efg，同时删除 URL:b。第四个方框为解析 e 对应的 HTML，获取 URLs:nop，并删除 e。通过这样的存储方法实现如图 7.13 所示的广度爬行算法。

7.2.6　URL 抽取、解析与保存

1）URL 抽取

通过观察研究 HTML 代码可以知道，在 HTML 代码中，页面之间的跳转、关联

是通过 href 标签来实现的。需要获取 HTML 代码中的 URLs，就可以通过寻找 href 标签来达到目的。

例如，某页面源代码截图如图 7.14 所示。

```
<!DOCTYPE html PUBLIC "-//W3C//DTD XHTML 1.0 Transitional//EN" "http://www.w3.org/TR/xhtml1/DTD/xhtml1-transitional.dtd">
<html xmlns="http://www.w3.org/1999/xhtml">
<head>
<meta http-equiv="Content-Type" content="text/html; charset=utf-8" />
<title>省教育厅厅长刘传铁一行到我校调研指导工作-湖北工业大学</title>
<meta name="description" content="">
<meta name="keywords" content="">
<link href="http://www.hbut.edu.cn/css/public.css" rel="stylesheet" type="text/css" />
<link href="http://www.hbut.edu.cn/css/Index.css" rel="stylesheet" type="text/css" />
<link href="http://www.hbut.edu.cn/css/second.css" rel="stylesheet" type="text/css" />
<script src="http://www.hbut.edu.cn/js/jquery-1.3.1.js" type="text/javascript"></script>
<script src="http://www.hbut.edu.cn/js/Tab.js" type="text/javascript"></script>
</head>
<body>
<iframe src="http://www.hbut.edu.cn/baohang/headnews.html" width="960px" height="166px" frameborder="0" scrolling="no"></iframe>
<div class="wrapper">
<div class="breadCrumbTwo C343434 ColorD50001">您现在的位置： <a href="http://www.hbut.edu.cn">首页</a>  <a
href="http://www.hbut.edu.cn/xiaoyuan/index.html">新闻速递</a></div>
<div class="NewsViewLeft">
<iframe src="http://www.hbut.edu.cn/baohang/hotnews.html" width="229px" height="570px" frameborder="0" scrolling="no"></iframe>
</div>
<div class="NewsViewRight">
<h2 class="NewsTitletwo">省教育厅厅长刘传铁一行到我校调研指导工作</h2>
<div class="NewsRecord C343434">文章出处: 校办 作者： 照片来源： 发布时间: 2014-11-07</div>
```

图 7.14　某页面源代码截图

通过观察得知，一般 href 标签是以 href=的形式出现的。但是不同的网站 href=后面的内容有所不同。例如，href="url"这种情况，就可以通过截取双引号之间的内容来获取 URL；如果是 href='url'这种情况，就需要截取单引号之间的内容来获取 URL；或者有些是 href=url，需要以等号为开始标记，而这种情况通常结尾是空格或者>符号。

通过这种方法可以获取网页中大部分的 URLs。但是有些 URLs 是通过提交表单，或者通过 JavaScript 来跳转的。这些情况就需要更细致的考虑，才能获取。

2）URL 解析

截取出来的字符串，可能为相对地址或者绝对地址。所以需要判断 URL 为绝对地址，还是相对地址。相对地址需要先转化为绝对地址，再进行过滤。因为解析出来的 URL 地址可能是一些文件的地址，或者为 JavaScript 文件或者 Css 文件。这些格式的 URL 是无法获取 HTML 代码的，也就不可能进行 URL 解析。所以需要过滤掉这些 URLs。然后再进行 URL 消重处理，最后加入 URL 等待队列。

为了把爬行限制在同一站点内，需要截断指向站外的链接，保证网络爬虫总在站内执行，即准确地根据超链 URL 判断超链是否指向站外。由 RFC 对 URL 的定义可知，URL 的格式为"protocol://host:port/path?query"。一般情况下，同一网站内所有页面对应 URL 的 host 是相同的，所以可以使用 host 匹配作为判断超链是否指向站外的标准。进一步研究发现，很多大型网站中一个分类目录对应一个主机，所以前面的判断标准必须改进。研究 host 的组成可知，host 的格式一般为"站内分类.站点标志串.站点类型各异的串"。站点类型串只有"com/edu/gov/net/国家域名"几种类型，所以取站点类型各异串前面的串，即站点标志串进行匹配，超链 URL 的 host 中是否包含此串，为超链是否站内的判断标准。

3）URL 保存

因为等待 URLs 的数目非常多，如果全部采用 List 来存储非常占用内存空间。所以将等待 URLs 存入数据库中，并设计 2 个缓存区，用于向队列中加入和取得 URLs。URL 等待队列设计成三段式。第一段为一个 List，用来加入新得到的 URL。当这个 List 中的数目过多时，则将 List 中的内容加入数据库，并清空该 List，以便加入新的 URLs。第二段为数据库，当第一段数据过多时，将第一段内的数据存入数据库。第三段也为一个 List，从这里面分配任务 URL，当该 List 内 URL 不足时，将数据库里的数据再转存入。URL 等待队列的结构如图 7.15 所示。

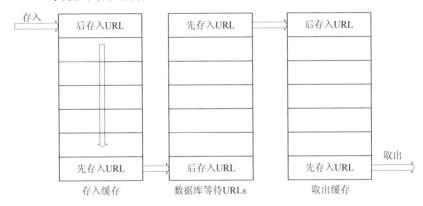

图 7.15　URL 等待队列的结构

7.3　开源爬虫

7.3.1　Lucene

Lucene 是 Apache 软件基金会 4Jakarta 项目组的一个子项目，是一个开放源代码的全文检索引擎工具包，即它不是一个完整的全文检索引擎，而是一个全文检索引擎的架构，提供了完整的查询引擎和索引引擎，以及部分文本分析引擎（英文与德文两种西方语言）。Lucene 的目标是为软件开发人员提供一个简单易用的工具包，以方便地在目标系统中实现全文检索的功能，或者是以此为基础建立起完整的全文检索引擎。

作为一个开放源代码项目，Lucene 从问世之后，引发了开放源代码社群的巨大反响，程序员不仅使用它构建具体的全文检索应用，而且将之集成到各种系统软件中，以及构建 Web 应用，甚至某些商业软件也采用了 Lucene 作为其内部全文检索子系统的核心。Apache 软件基金会的网站使用了 Lucene 作为全文检索的引擎，IBM 的开源软件 Eclipse 的 2.1 版本中也采用了 Lucene 作为帮助子系统的全文索引引擎，相应的 IBM 的商业软件 Web Sphere 中也采用了 Lucene。Lucene 以其开放源代码的特性、优异的索引结构、良好的系统架构获得了越来越多的应用。

　　Lucene 是一个高性能、可伸缩的信息搜索库。它可以为应用程序添加索引和搜索能力。Lucene 是用 Java 语言实现的、成熟的开源项目，是著名的 Apache Jakarta 大家庭的一员，并且基于 Apache 软件许可[ASF，License]。同样，Lucene 是当前非常流行的、免费的 Java 信息搜索库。Lucene 系统结构如图 7.16 所示。

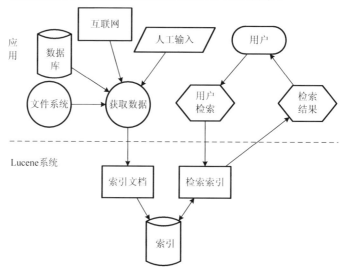

图 7.16　Lucene 系统结构图

　　Lucene 作为一个全文检索引擎，其具有如下突出的优点。

　　（1）索引文件格式独立于应用平台。Lucene 定义了一套以 8 位字节为基础的索引文件格式，使得兼容系统或者不同平台的应用能够共享建立的索引文件。

　　（2）在传统全文检索引擎的倒排索引的基础上，实现了分块索引，能够针对新的文件建立小文件索引，提升索引速度。然后通过与原有索引的合并，达到优化的目的。

　　（3）优秀的面向对象的系统架构，使得对于 Lucene 扩展的学习难度降低，方便扩充新功能。

　　（4）设计了独立于语言和文件格式的文本分析接口，索引器通过接受 Token 流完成索引文件的创立，用户扩展新的语言和文件格式，只需要实现文本分析的接口。

　　（5）已经默认实现了一套强大的查询引擎，用户无需自己编写代码即可使系统获得强大的查询能力，Lucene 的查询实现中默认实现了布尔操作、模糊查询（Fuzzy Search）、分组查询等。Lucene 系统处理流程图如图 7.17 所示。

　　面对已经存在的商业全文检索引擎，Lucene 也具有相当的优势。

　　首先，它的开放源代码发行方式（遵守 Apache Software License），在此基础上程序员不仅可以充分地利用 Lucene 所提供的强大功能，而且可以深入细致地学习到全文检索引擎制作技术和面向对象编程的实践，进而在此基础上根据应用的实际情况编写出更好的更适合当前应用的全文检索引擎。在这一点上，商业软件的灵活性远远不及

Lucene。其次，Lucene 秉承了开放源代码一贯的架构优良的优势，设计了一个合理而极具扩充能力的面向对象架构，程序员可以在 Lucene 的基础上扩充各种功能，如扩充中文处理能力，从文本扩充到 HTML、PDF 等文本格式的处理，编写这些扩展的功能不仅不复杂，而且由于 Lucene 恰当合理地对系统设备进行了程序上的抽象，扩展的功能也能轻易地达到跨平台的能力。最后，转移到 Apache 软件基金会后，借助于 Apache软件基金会的网络平台，程序员可以方便地和开发者、其他程序员交流，促成资源的共享，甚至直接获得已经编写完备的扩充功能。最后，虽然 Lucene 使用 Java 语言编写，但是开放源代码社区的程序员正在不懈地将其使用各种传统语言实现（如.NetFramework），在遵守 Lucene 索引文件格式的基础上，使得 Lucene 能够运行在各种各样的平台上，系统管理员可以根据适合当前平台的语言来合理选择。

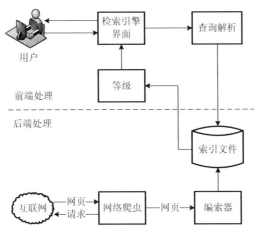

图 7.17　Lucene 系统处理流程图

7.3.2　Nutch

Nutch 是一个开源 Java 语言实现的搜索引擎。它提供了运行自己的搜索引擎所需的全部工具，包括全文搜索和 Web 爬虫。

尽管 Web 搜索是漫游互联网的基本要求，但是现有 Web 搜索引擎的数目却在下降，并且这很有可能进一步演变成为一个公司垄断几乎所有的 Web 搜索，为其谋取商业利益，这显然不利于广大互联网用户。

Nutch 为人们提供了这样一个不同的选择。相对于那些商用的搜索引擎，Nutch作为开放源代码搜索引擎将会更加透明，从而更值得大家信赖。现在所有主要的搜索引擎都采用私有的排序算法，而不会解释为什么一个网页会排在一个特定的位置。除此之外，有的搜索引擎依照网站所付的费用，而不是根据它们本身的价值进行排序。与它们不同，Nucth 没有什么需要隐瞒，也没有动机去扭曲搜索的结果。Nutch 将尽自己最大的努力为用户提供最好的搜索结果。目前 Nutch 最新的版本为 Version 2.3。

爬虫 Crawler 和查询 Searcher。Crawler 主要用于从网络上抓取网页并为这些网页建立索引。Searcher 主要利用这些索引检索用户的查找关键词来产生查找结果。两者之间的接口是索引，所以除去索引部分，两者之间的耦合度很低。

Crawler 和 Searcher 两部分尽量分开的目的主要是使两部分可以分布式配置在硬件平台上，例如，将 Crawler 和 Searcher 分别放在两个主机上，这样可以提升性能。Crawler 的重点在两个方面，即 Crawler 的工作流程和涉及的数据文件的格式及含义。数据文件主要包括三类，分别是 Web Database、一系列的 Segment 和 Index，三者的物理文件分别存储在爬行结果目录下的 db 目录下 Webdb 子文件夹内、Segments 文件夹和 Index 文件夹。那么三者分别存储的信息是什么呢？

一次爬行会产生很多个 Segment，每个 Segment 内存储的是爬虫 Crawler 在单独一次抓取循环中抓到的网页以及这些网页的索引。Crawler 爬行时会根据 WebDB 中的 Link 关系按照一定的爬行策略生成每次抓取循环所需的 Fetchlist，然后 Fetcher 通过 Fetchlist 中的 URLs 抓取这些网页并索引，然后将其存入 Segment。Segment 是有时限的，当这些网页被 Crawler 重新抓取后，先前抓取产生的 Segment 就作废。在存储中，Segment 文件夹是以产生时间命名的，方便删除作废的 Segments 以节省存储空间。

Index 是 Crawler 抓取的所有网页的索引，它是通过对所有单个 Segment 中的索引进行合并处理所得的。Nutch 利用 Lucene 技术进行索引，所以 Lucene 中对索引进行操作的接口对 Nutch 中的 Index 同样有效。但是需要注意的是，Lucene 中的 Segment 和 Nutch 中的不同，Lucene 中的 Segment 是 Index 的一部分，但是 Nutch 中的 Segment 只是 WebDB 中各个部分网页的内容和索引，最后通过其生成的 Index 与这些 Segment 已经毫无关系。

Web Database，又称为 WebDB，其中存储的是爬虫所抓取网页之间的链接结构信息，它只在爬虫 Crawler 工作中使用，而与 Searcher 的工作没有任何关系。WebDB 内存储了两种实体的信息：Page 和 Link。Page 实体通过描述网络上一个网页的特征信息来表征一个实际的网页，因为网页有很多个需要描述，WebDB 中通过网页的 URL 和网页内容的 MD5 两种索引方法对这些网页实体进行索引。Page 实体描述的网页特征主要包括网页内的 Link 数目、抓取此网页的时间等相关抓取信息、对此网页的重要度评分等。同样地，Link 实体描述的是两个 Page 实体之间的链接关系。WebDB 构成了一个所抓取网页的链接结构图，这个图中 Page 实体是图的节点，而 Link 实体则代表图的边。

在 Nutch 中，Crawler 操作的实现是通过一系列子操作的实现来完成的。对于这些子操作，Nutch 都提供了子命令行可以对其进行单独调用。下面就是这些子操作的功能描述以及命令行，命令行在括号中。

（1）创建一个新的 WebDB（admin db-create）；

（2）将抓取起始 URLs 写入 WebDB 中（inject）；

（3）根据 WebDB 生成 Fetchlist 并写入相应的 Segment（generate）；

（4）根据 Fetchlist 中的 URL 抓取网页（fetch）；

（5）根据抓取网页更新 WebDB（updatedb）；

（6）循环进行（3）～（5）直至预先设定的抓取深度；

（7）根据 WebDB 得到的网页评分和 Links 更新 Segments（updatesegs）；

（8）对所抓取的网页进行索引（index）；

（9）在索引中丢弃有重复内容的网页和重复的 URLs（dedup）；

（10）将 Segments 中的索引进行合并生成用于检索的最终 Index（merge）。

在创建一个 WebDB 之后（步骤 1），"产生/抓取/更新"循环（步骤 3～6），根据一些种子 URLs 开始启动。当这个循环彻底结束，Crawler 根据抓取中生成的 Segments 创建索引（步骤 7～10）。在进行重复 URLs 清除（步骤 9）之前，每个 Segment 的索引都是独立的（步骤 8）。最终，各个独立的 Segment 索引被合并为一个最终的索引 Index（步骤 10）。

其中有一个细节问题，Dedup 操作主要用于清除 Segment 索引中的重复 URLs，但是要知道，在 WebDB 中是不允许重复的 URL 存在的，那么为什么这里还要进行清除呢？原因在于抓取的更新。例如，一个月之前抓取过这些网页，一个月后为了更新进行了重新抓取，那么旧的 Segment 在没有删除之前仍然起作用，这个时候就需要在新旧 Segment 之间进行除重。

Nutch 是基于 Lucene 的。Lucene 为 Nutch 提供了文本索引和搜索的 API。一个常见的问题是：应该使用 Lucene 还是 Nutch？最简单的回答是：如果不需要抓取数据，应该使用 Lucene。常见的应用场合是：有数据源，需要为这些数据提供一个搜索页面。在这种情况下，最好的方式是直接从数据库中取出数据并用 Lucene API 建立索引。在没有本地数据源，或者数据源非常分散的情况下，应该使用 Nutch。在分析了 Crawler 工作中设计的文件之后，接下来研究 Crawler 的抓取流程以及这些文件在抓取中扮演的角色。Crawler 的工作原理：首先，Crawler 根据 WebDB 生成一个待抓取网页的 URL 集合，称为 Fetchlist；然后，下载线程 Fetcher 根据 Fetchlist 将网页抓取回来，如果下载线程有很多个，那么就生成很多个 Fetchlist，也就是一个 Fetcher 对应一个 Fetchlist；接着，Crawler 用抓取回来的网页更新 WebDB，根据更新后的 WebDB 生成新的 Fetchlist，里面是未抓取的或者新发现的 URLs；最后，下一轮抓取循环重新开始。这个循环过程可以称为"产生/抓取/更新"循环。指向同一个主机上 Web 资源的 URLs 通常被分配到同一个 Fetchlist 中，这可防止过多的 Fetchers 对一个主机同时进行抓取造成主机负担过重。另外，Nutch 遵守拒绝蜘蛛协议（Robots Exclusion Protocol），网站可以通过自定义 Robots.txt 控制 Crawler 的抓取。

第 8 章　智慧数据挖掘

8.1　数　据　挖　掘

　　未来将是大数据时代，庞大的数据量背后隐藏着巨大的潜在价值，人们手握巨量的数据却没有很好的手段去充分挖掘其中的价值，因此对数据挖掘的研究可以帮助人们将数据转化成知识。

　　数据挖掘（Data Mining，DM）是数据库知识发现（Knowledge Discovery in Database，KDD）中的一个步骤，一般是指从大量的数据中通过算法搜索隐藏于其中信息的过程。数据挖掘通常与计算机科学有关，并通过统计、在线分析处理、情报检索、机器学习、专家系统（依靠过去的经验法则）和模式识别等方法来实现上述目标。数据挖掘是目前人工智能和数据库领域研究的热点问题，所谓数据挖掘是指从数据库的大量数据中揭示出隐含的、先前未知的、并有潜在价值的信息的非平凡过程。数据挖掘是一种决策支持过程，它主要基于人工智能、机器学习、模式识别、统计学、数据库、可视化技术等，高度自动化地分析企业的数据，做出归纳性的推理，从中挖掘出潜在的模式，帮助决策者调整市场策略，减少风险，做出正确的决策。

　　随着计算机和互联网的普及，以及数据库技术的迅速发展和数据库管理系统的广泛应用，导致许多领域积累了海量数据（例如，从普通的超市业务数据、信用卡记录数据、电话呼叫清单、政府统计数据到不太普通的天体图像、分子数据库和医疗记录等）。现有的数据库技术大多可高效地实现数据查询、统计和维护等管理功能，但无法发现数据中存在的关联和规则，无法根据现有的数据预测未来的发展趋势。数据库中存在着大量数据，却缺乏从这些数据中自动、高效地获取知识的手段，出现了"数据丰富，知识贫乏"的现象。此外，在数据操纵方面，信息的提取及其相关处理技术却远远落后。为此，针对庞大的数据库及其中的海量数据信息源，仅依靠传统的数据检索机制和统计分析方法已远不能满足需要。

　　需求是发展之母，数据管理系统和机器学习两种技术的发展和结合，促成了在数据库中发现知识这一新技术的诞生，即基于数据库知识发现及其核心技术——数据挖掘产生并迅速发展起来。它的出现为自动和智能地把海量数据转化成有用的信息及知识提供了手段。

8.1.1　概论

　　数据挖掘是发现数据中有用模式的过程。数据挖掘的目的是确定数据的趋势和模式。数据挖掘强调对大量观测到的数据库的处理。它涉及数据库管理、人工智能、机器学习、模式识别及数据可视化等学科。用统计的观点看，它可以看成通过计算机对大量的复杂数据集的自动探索性分析。

顾名思义，数据挖掘就是从大量的数据中挖掘出有用的信息。它是根据人们的特定要求，从浩如烟海的数据中找出所需的信息，供人们的特定需求使用。

数据挖掘技术是人们长期对数据库技术进行研究和开发的结果。起初各种商业数据是存储在计算机的数据库中的，然后发展到可对数据库进行查询和访问，进而发展到对数据库的即时遍历。数据挖掘使数据库技术进入了一个更高级的阶段，它不仅能对过去的数据进行查询和遍历，并且能够找出过去数据之间的潜在联系，从而促进信息的传递。现在数据挖掘技术在商业应用中已经可以马上投入使用，因为对这种技术进行支持的三种基础技术已经发展成熟，它们是：①海量数据搜集；②强大的多处理器计算机；③数据挖掘算法。Friedman 列举了四个主要的技术理由激发了数据挖掘的开发、应用和研究的兴趣：①超大规模数据库的出现，如商业数据仓库和计算机自动收集的数据记录；②先进的计算机技术，如更快和更大的计算能力和并行体系结构；③对巨大量数据的快速访问；④对这些数据应用精深的统计方法计算的能力。

商业数据库现在正在以一个空前的速度增长，并且数据仓库正在广泛地应用于各种行业；对计算机硬件性能越来越高的要求，也可以用现在已经成熟的并行多处理机的技术来满足；另外数据挖掘算法经过了这 10 多年的发展也已经成为一种成熟、稳定，且易于理解和操作的技术。

在 20 世纪 80 年代末出现了一个新的术语，它就是数据库中的知识发现，泛指所有从源数据中发掘模式或联系的方法，人们接受了这个术语，并用数据库知识发现来描述整个数据发掘的过程，包括最开始的制定业务目标到最终的结果分析，而用数据挖掘来描述使用挖掘算法进行数据挖掘的子过程。

数据挖掘与传统的数据分析（如查询、报表、联机应用分析）的本质区别是，数据挖掘是在没有明确假设的前提下去挖掘信息、发现知识。数据挖掘所得到的信息应具有先前未知、有效和可实用三个特征。

基于并行系统的数据库管理系统也给数据挖掘技术的应用带来了便利。如果有一个庞大而复杂的数据挖掘问题要求通过访问数据库取得数据，那么效率最高的办法就是利用一个本地的并行数据库。

现在面临一个尴尬的境地——数据丰富信息匮乏（Data Rich But Information Poor）。快速增长的海量数据，已经远远超过了人们的理解能力，如果不借助强有力的工具，很难弄清大堆数据中所蕴含的知识。结果，重要决策只是基于制定决策者的个人经验，而不是基于信息丰富的数据。数据挖掘就这样应运而生，数据挖掘填补了数据和信息之间的鸿沟。

8.1.2　数据挖掘研究的内容与本质

随着数据挖掘和数据库知识发现研究逐步走向深入，数据挖掘和知识发现的研究已经形成了三根强大的技术支柱：数据库、人工智能和数理统计。目前数据挖掘和数据库知识发现的主要研究内容包括基础理论、发现算法、数据仓库、可视化技术、定性定量互换模型、知识表示方法、发现知识的维护和再利用、半结构化和非结构化数据中的知识发现以及网上数据挖掘等。

数据挖掘所发现的知识最常见的有以下四类。

（1）广义知识。广义知识指类别特征的概括性描述知识。根据数据的微观特性发现其表征的、带有普遍性的、较高层次概念的、中观和宏观的知识，反映同类事物共同性质，是对数据的概括、精炼和抽象。

广义知识的发现方法和实现技术有很多，如数据立方体、面向属性的归约等。数据立方体还有其他一些别名，如"多维数据库""实现视图"等。该方法的基本思想是实现某些常用的代价较高的聚集函数的计算，如计数、求和、平均、最大值等，并将这些实现视图储存在多维数据库中。既然很多聚集函数需经常重复计算，那么在多维数据立方体中存放预先计算好的结果将能保证快速响应，并可灵活地提供不同角度和不同抽象层次上的数据视图。另一种广义知识发现方法是加拿大 SimonFraser 大学提出的面向属性的归约方法。这种方法以类 SQL 表示数据挖掘查询，收集数据库中的相关数据集，然后在相关数据集上应用一系列数据推广技术进行数据推广，包括属性删除、概念树提升、属性阈值控制、计数及其他聚集函数传播等。

（2）关联知识。它反映一个事件和其他事件之间依赖或关联的知识。如果两项或多项属性之间存在关联，那么其中一项的属性值就可以依据其他属性值进行预测。最为著名的关联规则发现方法是 Agrawal 提出的 Apriori 算法。关联规则的发现可分为两步，第一步是迭代识别所有的频繁项目集，要求频繁项目集的支持率不低于用户设定的最低值；第二步是从频繁项目集中构造可信度不低于用户设定的最低值的规则。识别或发现所有频繁项目集是关联规则发现算法的核心，也是计算量最大的部分。

（3）分类知识。它反映同类事物共同性质的特征型知识和不同事物之间的差异型特征知识。最为典型的分类方法是基于决策树的分类方法，它是从实例集中构造决策树，是一种有指导的学习方法。该方法先根据训练子集（又称窗口）形成决策树。如果该树不能对所有对象给出正确的分类，那么选择一些例外加入窗口中，重复该过程一直到形成正确的决策集。最终结果是一棵树，其叶节点是类名，中间节点是带有分枝的属性，该分枝对应该属性的某一可能值。数据分类还有统计、粗糙集（RoughSet）等方法。线性回归和线性辨别分析是典型的统计模型。为降低决策树生成代价，人们还提出了一种区间分类器。最近也有人研究使用神经网络方法在数据库中进行分类和规则提取。

（4）预测型知识。它根据时间序列型数据，由历史的和当前的数据去推测未来的数据，也可以认为是以时间为关键属性的关联知识。

目前，时间序列预测方法有经典的统计方法、神经网络和机器学习等。1968 年，Box 和 Jenkins 提出了一套比较完善的时间序列建模理论和分析方法，这些经典的数学方法通过建立随机模型，如自回归模型、自回归滑动平均模型、求和自回归滑动平均模型和季节调整模型等，进行时间序列的预测。由于大量的时间序列是非平稳的，其特征参数和数据分布随着时间的推移而发生变化。所以，仅通过对某段历史数据的训练，建立单一的神经网络预测模型，还无法完成准确的预测任务。为此，人们提出了基于统计学和基于精确性的再训练方法，当发现现存预测模型不再适用于当前数据时，对模型重新训练，获得新的权重参数，建立新的模型。也有许多系统借助并行算法的计算优势进行时间序列预测。

此外，还可以发现其他类型的知识，如偏差型知识（Deviation），它是对差异和极端特例的描述，揭示事物偏离常规的异常现象，如标准类外的特例、数据聚类外的离群值等。所有这些知识都可以在不同的概念层次上被发现，并随着概念层次的提升，从微观到中观、宏观，以满足不同用户不同层次决策的需要。

8.2　数据挖掘流程

数据挖掘是指一个完整的过程，该过程从大型数据库中挖掘先前未知的、有效的、可实用的信息，并使用这些信息做出决策或丰富知识。数据挖掘也是一个多种专家合作的过程，也是一个在资金上和技术上高投入的过程。这一过程要反复进行，在反复过程中，不断地趋近事物的本质，不断地优化问题的解决方案。数据挖掘可以根据数据重组和细分、添加和拆分记录、选取数据样本可视化、数据探索、聚类分析、神经网络、决策树和数理统计等技术手段，综合评价数据知识、数据取样、数据探索、数据调整、模型评价等工具与模型并不断完善和扩展数据挖掘的算法，包括偏差检测和数据变换处理缺失值。处理方法有忽略元组、人工填写、全局常量填充、均值或中位数填充、同类均值或中位数填充、最可能值填充六种方法。

在数据挖掘中被研究的业务对象是整个过程的基础，它驱动了整个数据挖掘过程，也是检验最后结果和指引分析人员完成数据挖掘的依据和顾问。知识发现过程由以下三个阶段组成：①数据准备；②数据挖掘；③结果表达和解释。数据挖掘可以与用户或知识库交互。典型数据挖掘系统的结构如图8.1所示。

数据挖掘是通过分析每个数据，从大量数据中寻找其规律的技术，主要有数据准备、规律寻找和规律表示3个步骤。数据准备是从相关的数据源中选取所需的数据并整合成用于数据挖掘的数据集；规律寻找是用某种方法将数据集所含的规律找出来；规律表示是尽可能以用户可理解的方式（如可视化）将找出的规律表示出来。

数据挖掘的任务有关联分析、聚类分析、分类分析、异常分析、特异群组分析和演变分析等。

知识发现的步骤如图8.2所示。

（1）数据清理。填补缺失值、光滑噪声、识别离群点、纠正数据不一致性，通常是一个两步迭代过程，包括偏差检测和数据变换处理缺失值。处理方法有忽略元组、人工填写、全局常量填充、均值或中位数填充、同类均值或中位数填充、最可能值填充六种方法。噪声数据处理：分箱（考察近邻数据值，有箱均值、箱中位数、箱边界光滑方法）回归、离群点分析。

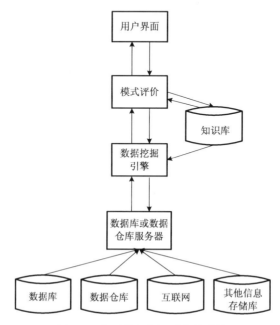

图 8.1　典型数据挖掘系统的结构

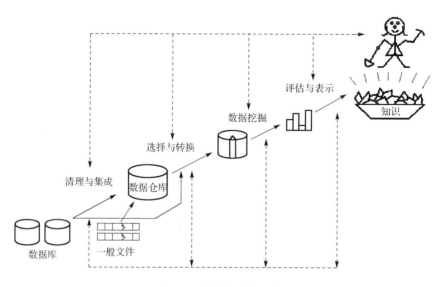

图 8.2　知识发现的步骤

（2）数据集成。将来自多个数据源的数据整合成一致的数据存储实体识别问题：模式集成和对象匹配。如在一个系统中折扣用于订单，而在另一个系统中用于商品，集成不正确导致商品不正确打折冗余和相关分析。冗余指一个属性能由另一个或另一组属性导出，则这个属性是冗余的，可用相关分析检测到。标称数据使用卡方检验，数值属性用相关系数和协方差。

（3）数据规约。简化数据集的表示，包括维规约和数值规约。维规约：数据压缩技术（如小波变换和主成分分析），属性子集选择，属性构造。数值规约：参数模型（如回归）、非参数模型（聚类、抽样、直方图）。

（4）数据变换。将数据变换成适于挖掘的形式。变换策略包括光滑、属性构造、聚集、规范化、离散化、由标称数据产生概念分层。

（5）数据挖掘。使用智能方法提取数据格式。

（6）模式评估。识别代表知识的有趣模式。

（7）知识表示。使用可视化和知识表示技术，向用户提供挖掘的知识。

8.3　数据挖掘的典型方法

数据挖掘与知识发现是一个以数据库、人工智能、数理统计、可视化四大支柱技术为基础，多学科交叉、渗透、融合形成的新的交叉学科。

数据挖掘的任务是从大量的数据中发现模式。根据数据挖掘的任务可分为多种类型，其中比较典型的有预测模型、关联分析、分类分析、聚类分析、序列分析、偏差检测、模式相似性挖掘、Web 数据挖掘等。

（1）预测模型（Predictive Modeling）。所谓预测，即从数据库或数据仓库中已知的数据推测未知的数据或对象集中某些属性的值分布。建立预测模型的常用方法有回归分析、线性模型、关联规则、决策树预测、遗传算法、神经网络。

（2）关联（Association）分析。关联规则描述了一组数据项之间的密切度或关系，用于发现项目集之间的关联。在关联规则挖掘算法中，通常给出置信度和支持度两个概念，对于置信度和支持度均大于给定阈值的规则称为强规则，而关联分析主要就是对强规则的挖掘。

关联规则挖掘近几年研究较多。现在，关联规则的挖掘已经从单一概念层次关联规则的发现发展到多概念层次的关联规则的发现，并把研究的重点放在提高算法的效率和规模可收缩性上。它广泛地运用于帮助市场导向、商品目录设计、客户关系管理和其他各种商业决策过程中。

关联分析算法有 APRIORI 算法、DHP 算法、DIC 算法、PARTITION 算法及它们的各种改进算法等。另外，对于大规模、分布在不同站点上的数据库或数据仓库，关联规则的挖掘可以使用并行算法，如 Count 分布算法、Data 分布算法、Candidate 分布算法、智能 Data 分布算法和 DMA 分布算法等。

（3）分类（Classification）分析。所谓分类是根据数据的特征为每个类别建立一个模型，根据数据的属性将数据分配到不同的组中。

在实际应用过程中，分类规则可以分析分组中数据的各种属性，并找出数据的属性模型，从而确定哪些数据属于哪些组。这样就可以利用该模型来分析已有数据，并预测新数据将属于哪一个组。类的描述可以是显式的，如用一组特征概念描述；也可以是隐式的，如用一个数学公式或数学模型描述。分类分析已经成功地用于顾客分类、疾病分类、商业建模和信用卡分析等。

分类分析的常用方法有约略（Rough）集、决策树、神经网络、统计分析法。

目前，分类方法和研究成果很多，判别方法的好坏，可从以下 3 个方面进行。

① 预测准确度（对非样本数据的判别准确度）；

② 计算复杂度；

③ 模式简洁度（在同样效果情况下，希望决策树小或规则少）。

在数据库中，往往存在噪声数据，缺损值和疏密不均匀等问题，他们对分类算法获取的知识将产生坏的影响。

（4）聚类（Clustering）分析。所谓聚类是指一组彼此间非常"相似"的数据对象的集合。相似的程度可以通过距离函数来表示，由用户或专家指定。

聚类分析是按照某种相近程度度量方法将数据分成互不相同的一些分组。每一个分组中的数据相近，不同分组之间的数据相差较大。好的聚类方法可以产生高质量的聚类，保证每一聚类内部的相似性很高，而各聚类之间的相似性很低。聚类分析的核心是将某些定性的相近程度测量方法转换成定量测试方法。采用聚类分析，系统可以根据部分数据发现规律，找出对全体数据的描述。

聚类分析的常用方法有随机搜索聚类法、特征聚类、CF 树。

（5）序列（Sequence）分析。序列分析主要用于分析数据仓库中的某类与时间相关的数据，搜索类似的序列或子序列，并挖掘时序模式、周期性、趋势和偏离等。

例如，它可以导出类似"若 AT&T 股票连续上涨两天且 DEC 股票不下跌，则第三天 IBM 股票上涨的可能性为 75%"的数据关系。序列模式可以看成一种特定的关联模型，它在关联模型中增加了时间属性。

（6）偏差检测（Deviation Detection）。用于检测并解释数据分类的偏差，它有助于滤掉知识发现引擎所抽取的无关信息，也可滤掉那些不合适的数据，同时可产生新的关注性事实。

偏差包括很多有用的知识，如以下 4 类。

分类中的反常实例、模式的例外、观察结果对模型预测的偏差、量值随时间的变化。

偏差检测的基本方法是寻找观察结果与参照之间的差别。观察结果常是某一个域的值或多个域值的汇总。参照是给定模型的预测、外界提供的标准或另一观察。

（7）模式相似性挖掘。用于在时间数据库或空间数据库中搜索相似模式时，从所有对象中找出用户定义范围内的对象；或找出所有元素对，元素对中两者的距离小于用户定义的距离范围。模式相似性挖掘的方法有相似度测量法、遗传算法等。

（8）Web 数据挖掘。万维网是一个巨大的、分布广泛的和全球性的信息服务中心，其中包含了丰富的超链接信息，为数据挖掘提供了丰富的资源。Web 数据挖掘包括 Web 使用模式挖掘、Web 结构挖掘和 Web 内容挖掘等。

Web 使用模式挖掘：在 Web 环境中，文档和对象一般都通过链接来便于用户访问。捕捉用户的存取模式或发现一个 Web 网站最频繁的访问路径称为 Web 使用模式挖掘或 Web 路径挖掘。

Web 结构挖掘：是挖掘 Web 的链接结构，并找出关于某一主题的权威网站。

Web 内容挖掘：是指在大量训练样本的基础上，得到数据对象之间的内在特征，并以此为依据进行有目的的信息筛选，从而获得指定内容的信息。

基于 Web 的研究：搜索引擎的设计、文件自动分类技术、关键词的自动提取、半结构化信息的提取及 Web 上新型应用的研究等。

8.3.1　神经网络

人工神经网络（Artifical Neural Network，ANN）是由大量并行分布式处理单元组成的简单处理单元。它有通过调整连接强度而从经验知识进行学习的能力，并可将这些知识进行运算，是模拟人脑的一种技术系统。神经网络是模拟人类的形象直觉思维，在生物神经网络研究的基础上，根据生物神经元和神经网络的特点，通过简化、归纳，提炼总结出来的一类并行处理网络，利用其非线性映射的思想和并行处理的方法，用神经网络本身的结构来表达输入和输出的关联知识。

人工神经网络是由大量简单的神经元按某种方式连接形成的智能仿生网络，它以简单非线性神经元作为处理单元，通过广泛连接构成大规模分布式并行处理非线性动力学系统方式，它不依赖于精确数学模型，而显示出自适应、自学习功能。1943 年，法国心理学家 McCuloch 和 Pitts 在分析综合神经元基本特征的基础上提出了第一个神经元数学模型，开创了人类自然科学技术史上的一门新兴科学——ANN 的研究。从 1943 年到现在，神经网络已经发展成为一门多学科领域的边缘交叉学科。

1986 年，Rumelhart 和 Hinton 提出了误差后向传播神经网络（Error Back Propagation Neural Network，EBPNN）。EBPNN 由输入层节点、隐含层节点和输出层节点组成。对于输入的信号，是由对应的每个训练样本度量的属性组成的，每个属性分别输入到输入层的各个单元中；这些单元加权输出到隐含层的各个"类神经元"中；该隐含层的加权输出可以输入另一个隐含层，如此下去；最后一个隐含层的加权输出作为构成输出层的单元的输入。输出层发布给定样本的网络预测。误差后向传播是通过迭代处理一组训练样本，将每个样本的网络预测与实际知道的类标号比较，进行学习，得出误差信号。将误差信号进行反馈，对于每个训练样本，修改权值，使得网络预测和实际类之间的均方误差最小。这种修改是"后向"进行的，即由输出层，经由每个隐含层，到第一隐含层。EBPNN 对应着一定的输入和输出，由事物的属性转换成相应的数据作为输入数据，输出数据则对应着相应的事物主题，隐含的神经网络决定着分类规则。

起初，神经网络在数据挖掘中的应用未被看好，其主要原因是神经网络具有结构复杂、可解释性差、训练时间长等缺陷。但其对噪声数据的高承受能力和低错误率的优点，以及各种网络训练算法的陆续提出与优化，尤其是各种网络剪枝算法和规则提取算法的不断提出与完善，使得神经网络在数据挖掘中的应用越来越为广大使用者所青睐。

神经网络方法用于分类、聚类、特征挖掘、预测和模式识别。神经网络方法模仿动物的脑神经元结构，以 M-P 模型和 Hebb 学习规则为基础。在本质上是一个分布式矩阵结构，通过对训练数据的挖掘，逐步计算（包括反复迭代或累加计算）神经网络连接的权值。神经网络模型大致可分为以下三种。

（1）前馈式网络：以感知机、反向传播模型和函数型网络为代表，主要用于预测和模式识别等领域。

（2）反馈式网络：以 Hopfield 离散模型和连续模型为代表，主要用于联想记忆和优化计算。

（3）自组织网络：以自适应共振理论（Adaptive Resonance Theory，ART）模型和 Kohonen 模型为代表，主要用于聚类分析。

目前，提出的神经网络模型不下 30 种，其中反向传递网（BP 网）是当前应用最为广泛的一种网络。BP 网络不仅有输入层节点，输出层节点，而且有隐含层节点（可以是一层或多层）。对于输入信号，要先前向传播到隐节点，经过作用函数后，再把隐节点的输出信息传播到输出节点，最后输出结果。BP 算法的学习过程由正向传播和反向传播组成。若在输出层得不到预期的输出，将误差信号沿原来的连接通路返回，通过修改各层神经元的权值，使误差信号最小。BP 分类的过程可以分为训练和分类两个阶段，具体过程如下：

（1）根据网络要求对输入进行预处理；

（2）采用 BP 网络对已预处理的输入进行学习；

（3）用训练好的 BP 网络对待识样本进行模式分类。

BP 网络可以对应一定的输入输出，输入模式（输入数据）类似于事物的特性，输出模式类似于事物的主题，隐含的神经网络决定着分类规则。BP 网络分类由学习和分类两个模块组成，BP 网络的学习将需要一定的时间，待网络训练完毕，则能较快地完成分类工作。

8.3.2 遗传算法

遗传算法是数据挖掘的主要算法之一。遗传算法作为一种有效的全面并行优化搜索工具，早被众多应用领域所接受，在数据挖掘方面的应用也得到了极高的重视。遗传算法应用于决策树、分类器、模糊规则获取等方面的文献不断涌现，是数据挖掘领域的一个重要研究课题。

　　遗传算法以其解决问题的混沌、随机和非线性为典型特征，为其他科学技术无法解决或难以解决的复杂问题提供了新的计算模型。对于数据嘈杂无序的特征，遗传算法是有效解决此类问题的方法之一。许多知识发现的问题可以看成搜索问题，数据库可以看成搜索空间，发现算法可以看成搜索策略，而遗传算法是模拟自然进化的全局搜索算法。应用遗传算法在数据库中进行搜索，对随机产生的一组规则进行进化，直到数据库能够被该组规则覆盖，从而挖掘出隐含在数据库中的规则。遗传算法避免了搜索过程中的局部最优解，用在规则发现方面有希望发现真正有用的规则。

　　遗传算法的基本思想是基于 Darwin 进化论和 Mendel 的遗传学说的。Darwin 进化论最重要的是适者生存原理。

　　Mendel 遗传学说最重要的是基因遗传原理。它认为遗传以密码方式存在细胞中，并以基因形式包含在染色体内。每个基因有特殊的位置并控制某种特殊性质。所以，每个基因产生的个体对环境具有某种适应性，基因突变和基因杂交可产生更适应环境的后代。经过存优去劣的自然淘汰，适应性高的基因结构得以保存下来。遗传算法是从代表问题的可能潜在解集的一个种群（Population）开始的，由经过基因（Gene）编码（Coding）的一定数目的个体（Individual）组成。每个个体实际是带有特征的实体的染色体（Chromosome）。染色体作为遗传物质的主要载体，由多个基因组成，其内部表现是基因组合，它决定了个体的外部表现。要实现个体的进化，首先需要实现从表现型到基因型的映射，即编码工作，以便产生初始种群。初始种群产生后，按照适者生存和优胜劣汰的原理，逐代（Generation）演化得到最好的近似解。在每一代，根据问题域中个体的适应度（Fitness）大小挑选（Selection）个体，并借助遗传算子（Genetic Operators）进行组合交叉（Cross）和变异（Mutation），产生出代表新的解集的种群。这个过程将导致种群像自然一样的后生代种群比前代更加适应于环境，末代种群中的最优个体经过解码（Decoding），可以作为问题近似最优解。

　　线性遗传算法的总体结构如图 8.3 所示。

　　遗传算法的应用还体现在与神经网络、粗集等技术的结合上。如利用遗传算法优化神经网络结构，在不增加错误率的前提下，删除多余的连接和隐层单元；用遗传算法和 BP 算法结合训练神经网络，然后从网络提取规则等。但遗传算法较复杂，收敛于局部极小的较早收敛问题尚未解决。

8.3.3　决策树方法

　　决策树是一种常用于预测模型的算法，它通过将大量数据有目的地分类，从中找到一些有价值的、潜在的信息。它的主要优点是描述简单、分类速度快，特别适合大规模的数据处理。最有影响和最早的决策树方法是由 Quinlan 提出的著名的基于信息熵的 ID3 算法。它的主要问题是：ID3 是非递增学习算法；ID3 决策树是单变量决策树，复杂概念的表达困难；同性间的相互关系强调不够；抗噪性差。针对上述问题，出现了许多较好的改进算法，例如，Schlimmer 和 Fisher 设计了 ID4 递增式学习算法；钟鸣、陈文伟等提出了 IBLE 算法等。

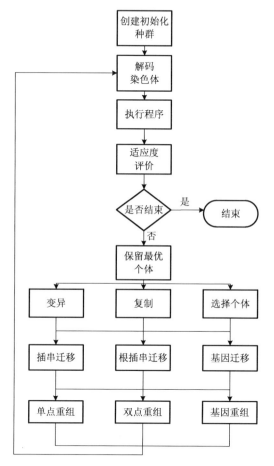

图 8.3　线性遗传算法的总体结构

8.3.4　粗集方法

粗集理论是一种研究不精确、不确定知识的数学工具。粗集方法有几个优点：不需要给出额外信息；简化输入信息的表达空间；算法简单，易于操作。粗集处理的对象是类似二维关系表的信息表。目前成熟的关系数据库管理系统和新发展起来的数据仓库管理系统，为粗集的数据挖掘奠定了坚实的基础。但粗集的数学基础是集合论，难以直接处理连续的属性。而现实信息表中连续属性是普遍存在的。因此连续属性的离散化是制约粗集理论实用化的难点。现在国际上已经研制出了一些基于粗集的工具应用软件，例如，加拿大 Regina 大学开发的 KDD-R、美国 Kansas 大学开发的 LERS 等。

8.3.5　覆盖正例排斥反例方法

它是利用覆盖所有正例、排斥所有反例的思想来寻找规则的。首先在正例集合中任选一个种子，到反例集合中逐个比较。与字段取值构成的选择子，相容则舍去，相反则保留。按此思想循环所有正例种子，将得到正例的规则（选择子的合取式）。比较典型的算法有 Michalski 的 AQ11 方法、洪家荣改进的 AQ15 方法以及其他的 AE5 方法。

8.3.6　统计分析方法

在数据库字段项之间存在两种关系：函数关系（能用函数公式表示的确定性关系）和相关关系（不能用函数公式表示，但仍是相关确定性关系），对它们的分析可采用统计学方法，即利用统计学原理对数据库中的信息进行分析。可进行常用统计（求大量数据中的最大值、最小值、总和、平均值等）、回归分析（用回归方程来表示变量间的数量关系）、相关分析（用相关系数来度量变量间的相关程度）、差异分析（从样本统计量的值得出差异来确定总体参数之间是否存在差异）等。

8.3.7　模糊集方法

即利用模糊集合理论对实际问题进行模糊评判、模糊决策、模糊模式识别和模糊聚类分析。系统的复杂性越高，模糊性越强，一般模糊集合理论是用隶属度来刻画模糊事物的亦此亦彼性的。李德毅等在传统模糊理论和概率统计的基础上，提出了定性定量不确定性转换模型——云模型，并形成了云理论。

8.4　数据挖掘软件

越来越多的软件供应商加入了数据挖掘这一领域的竞争。用户如何正确评价一个商业软件，选择合适的软件成为数据挖掘成功应用的关键。评价一个数据挖掘软件主要应从以下四个主要方面入手。

（1）计算性能：该软件能否在不同的商业平台运行；软件的架构；能否连接不同的数据源；操作大数据集时，性能变化是线性的还是指数的；计算的效率；是否基于组件结构，易于扩展；运行的稳定性等。

（2）功能性：软件是否提供足够多样的算法；能否避免挖掘过程黑箱化；软件提供的算法能否应用于多种类型的数据；用户能否调整算法和算法的参数；软件能否从数据集随机抽取数据建立预挖掘模型；能否以不同的形式表现挖掘结果等。

（3）可用性：用户界面是否友好；软件是否易学易用；软件面对的用户是初学者，

高级用户还是专家？错误报告对用户调试是否有很大帮助；软件应用的领域是专攻某一专业领域还是适用多个领域等。

（4）辅助功能：是否允许用户更改数据集中的错误值或进行数据清洗；是否允许值的全局替代；能否将连续数据离散化；能否根据用户制定的规则从数据集中提取子集；能否将数据中的空值用某一适当均值或用户指定的值代替；能否将一次分析的结果反馈到另一次分析中等。

比较著名的有 IBM Intelligent Miner、SAS Enterprise Miner、SPSS Clementine 等，它们都能够提供常规的挖掘过程和挖掘模式。

8.4.1　IBM Intelligent Miner

IBM Intelligent Miner 采用了多种统计方法和挖掘算法，主要有单变量曲线、双变量统计、线性回归、因子分析、主变量分析、分类、分群、关联、相似序列、序列模式、预测等。它能处理的数据类型有结构化数据（如数据库表、数据库视图、平面文件）和半结构化或非结构化数据（如顾客信件、在线服务、传真、电子邮件、网页等）。Intelligent Miner 通过其独有的世界领先技术，如自动生成典型数据集、发现关联、发现序列规律、概念性分类和可视化呈现，可以自动实现数据选择、数据转换、数据挖掘和结果呈现这一整套数据挖掘操作。若有必要，对结果数据集还可以重复这一过程，直至得到满意结果。它采取客户机/服务器（C/S）架构，并且它的 API 提供了 C++类和方法。

IBM DB2 Intelligent Miner for Data Version 6 提供了一套分析数据库的挖掘过程、统计函数和查看、解释挖掘结果的可视化工具。它可以从企业数据集中验证并析取高价值的商业知识，包括大量交易数据的销售点、ATM（Automatic Teller Machine）、信用卡、呼叫中心或电子商务应用。分析家和商业技术专家能够发现那些隐藏的、用其他类型的分析工具无法洞察的模式。Intelligent Miner 提供了基本的技术和工具来支持挖掘过程，同时还提供了应用服务支持定制应用的发展。

IBM DB2 Intelligent Miner for Text 允许企业从文本信息中获取有价值的客户信息。文本数据源可以是 Web 页面、在线服务、传真、电子邮件、Lotus Notes 数据库、协定和专利库。它扩展了 IBM 的数据采集功能，可以从文本文档和数据源获取信息。其功能包括识别文档语言、建立姓名、用语或其他词汇的词典，提取文本的涵义，将类似的文档分组，并根据内容将文档归类。新版本中还包括一个全功能的先进文本搜索引擎和非常高效的 Web 文本搜索功能。系统支持的服务器平台包括 AIX 和 Windows NT、OS/390 和 Sun Solaris。

IBM DB2 Intelligent Miner Scoring 使实时数据挖掘分析成为可能。它可以在交易发生时，无论在商业智能、电子商务、还是联机处理领域的应用，直接对交易进行挖掘。作为 DB2 通用数据库的一个组件，它还可以使企业依据既定的标准对自己的客户进行归类。IBM DB2 Intelligent Miner Scoring Service 直接将数据挖掘技术集成为相关的数据库管理系统，满足了应用程序开发、配置的快速增长，使应用程序速度更快。

Intelligent Miner 的不足之处是连接 DB2 以外的数据库时，如 Oracle、SAS、SPSS 需要安装 DataJoiner 作为中间软件。

8.4.2　SAS Enterprise Miner

SAS 全称 Statistics Analysis System，最早由北卡罗来纳大学的两位生物统计学研究生编制，并于 1976 年成立了 SAS 软件研究所，正式推出了 SAS 软件。SAS 是用于决策支持的大型集成信息系统，但该软件系统最早的功能限于统计分析，至今，统计分析功能也仍是它的重要组成部分和核心功能。经过多年的发展，SAS 已被全世界 120 多个国家和地区的近 30000 家机构所采用，直接用户则超过 3000000 万人，遍及金融、医药卫生、生产、运输、通信、政府和教育科研等领域。在数据处理和统计分析领域，SAS 被誉为国际上的标准软件系统，并在 1996～1997 年度被评选为建立数据库的首选产品，堪称统计软件界的巨无霸。SAS 数据挖掘界面如图 8.4 所示。

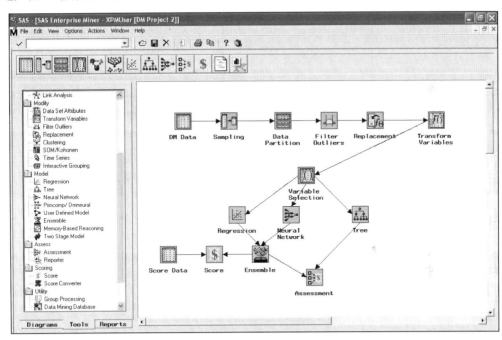

图 8.4　SAS 数据挖掘界面

SAS 是一个组合软件系统，它由多个功能模块组合而成，其基本部分是 BASE SAS 模块。BASE SAS 模块是 SAS 的核心，承担着主要的数据管理任务，并管理用户使用环境，进行用户语言的处理，调用其他 SAS 模块和产品。也就是说，SAS 的运行，首先必须启动 BASE SAS 模块，它除了本身所具有数据管理、程序设计及描述统计计算功能，还是 SAS 系统的中央调度室。它除可单独存在，也可与其他产品或模块共同构成一个完整的系统。各模块的安装及更新都可通过其安装程序非常方便地进行。SAS 具有灵活的功能扩展接口和强大的功能模块，在 BASE SAS 的基础上，还可以增加如下不同的模块而增加不同的功能：SAS/STAT（统计分析模块）、SAS/GRAPH（绘图模块）、SAS/QC（质量控制模块）、SAS/ETS（经济计量学和时间序列分析模块）、SAS/OR（运筹学模块）、SAS/IML（交互式矩阵程序设计语言模块）、SAS/FSP（快速数据处理的交互式菜单系统模块）、SAS/AF（交互式全屏幕软件应用系统模块）等。SAS 有一个智能型绘图系统，不仅能绘各种统计图，还能绘出地图。SAS 提供多个统计过程，每个过程均含有极丰富的任选项。用户还可以通过对数据集的一连串加工，实现更为复杂的统计分析。此外，SAS 还提供了各类概率分析函数、分位数函数、样本统计函数和随机数生成函数，使用户能方便地实现特殊统计要求。

SAS Enterprise Miner 是在数据挖掘市场上令人敬畏的竞争者。SAS Enterprise Miner 设计为被初学者和有经验的用户使用。它的 GUI 是数据流驱动的，且它易于理解和使用。它允许一个分析者通过构造一个使用链接连接数据节点和处理节点的可视数据流图建造一个模型。另外，此界面允许把处理节点直接插入数据流中。由于支持多种模型，Enterprise Miner 允许用户比较（评估）不同模型并利用评估节点选择最适合的。另外，Enterprise Miner 提供了一个能产生被任何 SAS 应用程序所访问的评分模型的评分节点。

SAS Enterprise Miner 能运行在客户机/服务器上或能独立运行（计算机的外围设备）的配置上。此外，在客户机/服务器模式下，Enterprise Miner 允许把服务器配置成一个数据服务器、计算服务器或两者的综合。Enterprise Miner 被设计成能在所有 SAS 支持的平台上运行。该结构支持胖客户机配置（要求客户机上的完全 SAS 许可证）以及瘦客户机（浏览器）版本。

数据访问、操纵和预处理：直接数据界面贯穿于 SAS 数据集。然而，数据也能通过标准 SAS 数据程序如访问 RDBMS 和 PC 格式数据的 Access 访问。对 Oracle、Informix、Sybase 和 DB2RDBMS 的支持是通过 Access 来实现的。

数据操纵能力包括通过基本 SA3 引擎可用的所有特征。此外，各种各样的数据取样和数据划分技术也通过合适的 Enterprise Miner 结点被支持。

8.4.3　SPSS Clementine

SPSS 是世界上最早的统计分析软件，由美国斯坦福大学的三位研究生 Norman、Hadlai 和 Dale 于 1968 年研究开发成功，同时成立了 SPSS 公司，并于 1975 年成立法人组织，在芝加哥组建了 SPSS 总部。1984 年 SPSS 总部首先推出了世界上第一个统计分析软件微机版本 SPSS/PC+，开创了 SPSS 微机系列产品的开发方向，极大地扩充了它的应用范围，并使其能很快地应用于自然科学、技术科学、社会科学的各个领域。世界上许多有影响的报刊纷纷就 SPSS 的自动统计绘图、数据的深入分析、使用方便、功能齐全等方面给予了高度的评价。SPSS 数据挖掘界面如图 8.5 所示。

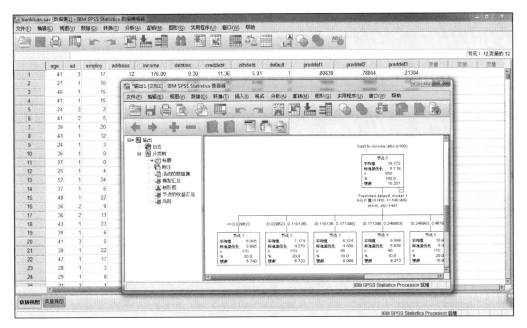

图 8.5　SPSS 数据挖掘界面

　　SPSS 是世界上最早采用图形菜单驱动界面的统计软件，它最突出的特点就是操作界面极为友好，输出结果美观漂亮。它将几乎所有的功能都以统一、规范的界面展现出来，使用 Windows 的窗口方式展示各种管理和分析数据方法的功能，对话框展示出各种功能选择项。用户只要掌握一定的 Windows 操作技能，精通统计分析原理，就可以使用该软件为特定的科研工作服务。SPSS 采用类似 Excel 表格的方式输入与管理数据，数据接口较为通用，能方便地从其他数据库中读入数据。其统计过程包括常用的、较为成熟的统计过程，完全可以满足非统计专业人士的工作需要。输出结果十分美观，存储时则是专用的 SPO 格式，可以转存为 HTML 格式和文本格式。对于熟悉老版本编程运行方式的用户，SPSS 还特别设计了语法生成窗口，用户只需在菜单中选好各个选项，然后按"粘贴"按钮就可以自动生成标准的 SPSS 程序，极大地方便了中、高级用户。

　　SPSS Clementine 是 ISL（Integral Solutions Limited）公司开发的数据挖掘工具平台。1999 年 SPSS 公司收购了 ISL 公司，对 Clementine 产品进行重新整合和开发，Clementine 已经成为 SPSS 公司的又一亮点。

　　作为一个数据挖掘平台，Clementine 结合商业技术可以快速建立预测性模型，进而应用到商业活动中，帮助人们改进决策过程。强大的数据挖掘功能和显著的投资回报率使得 Clementine 在业界久负盛誉。同那些仅着重于模型的外在表现而忽略了数据挖掘在整个业务流程中的应用价值的其他数据挖掘工具相比，Clementine 其功能强大的数据挖掘算法，使数据挖掘贯穿业务流程的始终，在缩短投资回报周期的同时极大提高了投资回报率。

　　为了解决各种商务问题，企业需要以不同的方式来处理各种类型迥异的数据，相异的任务类型和数据类型就要求有不同的分析技术。Clementine 为人们提供最出色、最广泛的数据挖掘技术，确保可用最恰当的分析技术来处理相应的问题，从而得到最优的结果以应对随时出现的商业问题。即使改进业务的机会被庞杂的数据表格所掩盖，Clementine 也能最大限度地执行标准的数据挖掘流程，找到解决商业问题的最佳答案。

　　为了推广数据挖掘技术，以解决越来越多的商业问题，SPSS 和一个从事数据挖掘研究的全球性企业联盟制定了关于数据挖掘技术的行业标准——CRISP-DM（Cross Industry Standard Process for Data Mining）。与以往仅局限在技术层面上的数据挖掘方法论不同，CRISP-DM 把数据挖掘看成一个商业过程，并将其具体的商业目标映射为数据挖掘目标。一次调查显示，50%以上的数据挖掘工具采用的都是 CRISP-DM 的数据挖掘流程，它已经成为事实上的行业标准。

　　Clementine 完全支持 CRISP-DM 标准，这不但规避了许多常规错误，而且其显著的智能预测模型有助于快速解决出现的问题。

　　在数据挖掘项目中使用 Clementine 应用模板（CATs）可以获得更优化的结果。应用模板完全遵循 CRISP-DM 标准，借鉴了大量真实的数据挖掘实践经验，是经过理论和实践证明的有效技术，为项目的正确实施提供了强有力的支撑。Clementine 中的应用模板包括如下几个部分。

　　CRM CAT——针对客户的获取和增长，提高反馈率并减少客户流失；

　　Web CAT——点击顺序分析和访问行为分析；

　　Telco CAT——客户保持和增加交叉销售；

　　Crime CAT——犯罪分析及其特征描述，确定事故高发区，联合研究相关犯罪行为；

　　Fraud CAT——发现金融交易和索赔中的欺诈和异常行为；

　　Microarray CAT——研究和疾病相关的基因序列并找到治愈手段。

　　在社会科学以及经济、市场、管理等研究领域，有时需要处理多个原因与多个结果间的复杂关系，或者会碰到不可直接观测的变量（即潜变量），这些都是传统的统计方法不好解决的问题。20 世纪 80 年代以来，结构方程分析迅速发展，弥补了传统统计方法的不足，成为多元数据分析的重要工具。

　　简单而言，与传统的回归分析不同，结构方程分析能同时处理多个因变量，并可以比较评价不同因果关系的理论模型。与传统的探索性因子分析不同，在结构方程模型中，可提出一个特定的因子结构，并检验它是否吻合数据。通过结构方程多组分析，可了解不同组别（如不同性别）内各变量的关系是否保持不变，各因子的均值是否有显著差异。

　　国际上关于教育与心理统计的研究取得了快速的发展，结构方程模型可以说是其中发展较快、应用广泛的多元统计分析技术；在商业领域的品牌研究、顾客满意度研究等方向上也得到了广泛的应用。在我国，结构方程模型研究方法在管理学、经济学、医学及社会学研究等领域的应用也得到了快速的发展。

　　结构方程模型（Structural Equation Modeling，SEM）是国际管理研究和其他社会科学研究中日益广泛采用的建模技术，每年的美国管理学会年会上都有专题教学和研讨。SEM 越来越成为各类高层次学术刊物、高层次管理研究以及社会学和经济学等学科研究领域的必备方法。

　　AMOS 是 SPSS Statistics 软件包中的独立产品，是功能强大的 SEM 建模工具，通过对包括回归、因子分析、相关性分析和方差分析等传统多元分析方法的扩展，为理论研究提供更多的支持。AMOS 界面如图 8.6 所示。

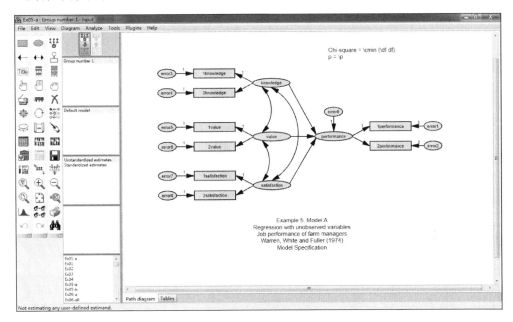

图 8.6　AMOS 界面

　　在 AMOS 环境下，可以在直观的路径图下指定、估计、评估以及设定模型，以展示假定的各变量之间的关系，来方便地建立能真实反应复杂关系的行为态度模型。在 AMOS 中，任何数值变量，无论可观测的还是潜在的，都可以用来建模，预测其他数值变量。AMOS 快速创建模型以检验变量之间的相互影响及其原因，由于 SEM 是一次性地验证复杂的因果关系，用标准方法以及在此基础上扩展的方法进行多元分析，所以比普通最小二乘回归和探索性因子分析更进一步，能获得更精确、丰富的综合分析结果。

　　使用 AMOS 直观的拖放式绘图工具，可以快速地以路径图定制模型而无需编程。在有缺失值的情况下，AMOS 使用 "Full Information Maximum Likelihood" 方法仍然可以自动计算正确的标准误及适当的统计量，降低估算值偏差。新版本的 AMOS 还增加了探索性结果方程模型、辅助多组分析、高级文本输出、扩展的 AMOS 编程环境等功能。AMOS 被广泛地应用于顾客满意度分析等领域。

8.5　大数据及相关技术

大数据技术，或称巨量资料，指的是所涉及的资料量规模巨大到无法通过目前主流软件工具，在合理时间内达到撷取、管理、处理并整理成为帮助企业经营决策更积极目的的资讯。在维克托·迈尔·舍恩伯格及肯尼斯·库克耶编写的《大数据时代》中大数据指不用随机分析法（抽样调查）的捷径，而采用所有数据进行分析处理。大数据的 4V 特点：Volume（大量）、Velocity（高速）、Variety（多样）、Value（价值）。

对于"大数据"（Big Data），研究机构 Gartner 给出了这样的定义："大数据"是需要新处理模式才能具有更强的决策力、洞察发现力和流程优化能力的海量、高增长率和多样化的信息资产。大数据技术的战略意义不在于掌握庞大的数据信息，而在于对这些含有意义的数据进行专业化处理。换言之，如果把大数据比作一种产业，那么这种产业实现盈利的关键，在于提高对数据的"加工能力"，通过"加工"实现数据的"增值"。从技术上看，大数据与云计算的关系就像一枚硬币的正反面一样密不可分。大数据必然无法用单台的计算机进行处理，必须采用分布式架构。它的特色在于对海量数据进行分布式数据挖掘，但它必须依托云计算的分布式处理、分布式数据库和云存储、虚拟化技术。随着云时代的来临，大数据也吸引了越来越多的关注。"著云台"的分析师团队认为，大数据通常用来形容一个公司创造的大量非结构化数据和半结构化数据，这些数据在下载到关系型数据库用于分析时会花费过多时间和金钱。大数据分析常和云计算联系在一起，因为实时的大型数据集分析需要像 MapReduce 一样的框架来向数十、数百其至数千的计算机分配工作。大数据需要特殊的技术，以有效地处理大量的在容忍处理时间范围内的数据。适用于大数据的技术，包括大规模并行处理数据库、数据挖掘电网、分布式文件系统、分布式数据库、云计算平台、互联网和可扩展的存储系统。

8.5.1　大数据发展历程

大数据浪潮兴起的主要脉络如表 8.1 所示，大数据技术的发展如图 8.7 所示。

表 8.1　大数据发展历程

时　间	事　件
2008 年 9 月	NATURE, SPECIALS: Big Data
2008 年 12 月	计算社区联盟, Big Data Computing: Creating Revolutionary Breakthroughs in Commerce, Science, and Society
2009 年 10 月	Toy Hey, The 4th Paradigm: Data-Intensive Science Discovery
2011 年 2 月	SCIENCE, SPECIALS: Dealing with Data
2011 年 5 月	EMC World'2011, Cloud Meets Big Data
2011 年 6 月	麦肯锡, Big Data: The Next Frontier for Innovation, Competition, and Productivity
2011 年 6 月	IDC, DIGTIAL UNIVERSE: Extracting Value from Chaos

续表

时　间	事　件
2012 年 1 月	达沃斯世界经济论坛，Big Data, Big Impact: New Possibilities for International Development
2012 年 3 月	美国奥巴马政府，Big Data Research and Development Initiative
2012 年 5 月	联合国，Big Data for Development: Challenges and Opportunities
2012 年 5 月	在 TechCrunch Disrupt 大会上，透露了 5 项将要颁布的重要联邦举措。其核心是政府开放数据计划，将政府数据和一些企业数据公开，以图改善美国人的生活方式，进而创造工作岗位
2013 年 3 月	2013 年，IBM 发布了多项大数据技术创新，包括 PureData System for Hadoop、BLU Acceleration、新版 BigInsights 以及 Watson Developer Cloud，这些技术满足了客户日益增长的需求，也使 IBM 在市场中脱颖而出
2014 年 6 月	中国科学院大学首次召开"大数据技术与应用"方向人才培养研讨会，提出把人才培养与科研优势结合起来，培养复合型大数据人才
2015 年 1 月	中国大数据技术大会发布《2015 大数据十大发展趋势预测》，表明我国已具备加快发展大数据产业的基础和条件，大数据产业链也正在加速形成

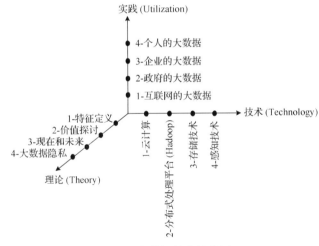

图 8.7　大数据技术的发展

2012 年 3 月 29 日，奥巴马政府以"Big Data is a Big Deal"为题发布新闻（图 8.8）。宣布投资 2 亿美元启动"大数据研究和发展计划"以图增强收集海量数据、分析萃取信息的能力。与工业界、大学研究界、非营利性机构与管理者一起利用大数据所创造的机会。

6 个首先启动大数据计划的政府部门中，国家科学基金委员会的研究内容提到要"形成一个包含数学、统计基础和计算机算法的独特科学"，其他大多是应对挑战的数据工程类项目，如国防部高级技术研究局、多尺度异常检测项目、网络内部威胁项目、INSIGHT（网络威胁自动识别）、Machine Reading 项目、Mind's Eys（机器视觉）项目、VIRAT（军事图像分析与预警）、XDATA（半结构化与非结构化数据的计算技术与软件工具）。

图 8.8　美国白宫网站上发布的名为 "Big Data is a Big Deal" 新闻

8.5.2　大数据的代表技术

1. Hadoop

　　Hadoop 实现了一个分布式文件系统（Hadoop Distributed File System，HDFS）。HDFS 有高容错性的特点，并且设计用来部署在低廉的（Low Cost）硬件上；而且它提供高吞吐量（High Throughput）来访问应用程序的数据，适合那些有着超大数据集（Large Dataset）的应用程序。HDFS 放宽了 POSIX 的要求，可以以流的形式访问（Streaming Access）文件系统中的数据。Hadoop 的框架最核心的设计就是 HDFS 和 MapReduce。HDFS 为海量的数据提供了存储，而 MapReduce 为海量的数据提供了计算能力。

　　通过 SOA 可以实现企业级数据的共享和交换，数据信息正在以几何级数的速度增长。例如，纽约证券交易所每天产生 1TB 的交易数据；Facebook 存储着约 100 亿张照片，约 1PB 存储容量。预计到 2020 年，每年产生的数字信息将会有超过 1/3 的内容保存在云平台或借助云平台处理。从海量数据中挖掘出有用的信息，并且对这些海量数据进行快捷、高效的分析处理，Hadoop 平台在处理这类问题时，采用了分布式存储方式，提高了读写速度，并扩大了存储容量。采用 MapReduce 来整合 HDFS 上的数据，可以保证分析和处理数据的高效。Hadoop 中 HDFS 的高容错特性和数据管理能力，以及它是基于 Java 语言开发的，使得 Hadoop 可以部署在低廉的计算集群中，同时不限于某个操作系统。该平台从 2002 年开始到现在取得了辉煌的成绩，2007 年 1 月，Hadoop 单 Cluster 集群已达 900 个节点；2008 年 2 月，Hadoop 最大的贡献者 Yahoo

构建了当时规模最大的 Hadoop 应用，它们在 2000 个节点上面执行了超过 1 万个 Hadoop 虚拟机器来处理超过 5PB 的网页内容，分析了大约 1 兆个网络链接之间的网页索引资料。同年 4 月，依托拥有 910 个节点的集群，在 209s 内完成了对 1TB 数据的排序，击败了前一年的 297s 冠军。如今它不仅致力于网络流量和科学研究，而且还涉猎搜索引擎、广告优化、机器学习等领域，相信 Hadoop 在更多的领域中扮演幕后英雄，提供更加优质快捷的服务。

2. NoSQL

NoSQL 泛指非关系型的数据库。随着互联网 Web2.0 网站的兴起，传统的关系数据库在应付 Web2.0 网站，特别是超大规模和高并发的 SNS 类型的 Web2.0 纯动态网站已经显得力不从心，暴露了很多难以克服的问题，而非关系型的数据库则由于其本身的特点得到了非常迅速的发展。虽然 NoSQL 流行语火起来才短短一年的时间，但是不可否认，现在已经开始了第二代运动。尽管早期的堆栈代码只能算是一种实验，然而现在的系统已经更加成熟、稳定。但是现在也面临着一个严酷的事实：技术越来越成熟，以至于原来很好的 NoSQL 数据存储不得不进行重写，也有少数人认为这就是所谓的 2.0 版本。这里列出一些比较知名的工具，可以为大数据建立快速、可扩展的存储库。NoSQL（NoSQL = Not Only SQL），意即"不仅仅是 SQL"，是一项全新的数据库革命性运动，早期就有人提出，发展至 2009 年趋势越发高涨。NoSQL 的拥护者提倡运用非关系型的数据存储，相对于铺天盖地的关系型数据库运用，这一概念无疑是一种全新的思维的注入。

3. MPP DB

大规模并行数据库技术起源于 20 世纪 70 年代的数据库机（Database Machine）研究，研究的内容主要集中在关系代数操作的并行化和实现关系操作的专用硬件设计上，希望通过硬件实现关系数据库操作的某些功能，该研究以失败而告终。80 年代后期，并行数据库技术的研究方向逐步转到了通用并行机方面，研究的重点是并行数据库的物理组织、操作算法、优化和调度策略。从 90 年代至今，随着处理器、存储、网络等相关基础技术的发展，并行数据库技术的研究上升到一个新的水平，研究的重点也转移到数据操作的时间并行性和空间并行性上。并行数据库系统的目标是高性能（High Performance）和高可用性（High Availability），通过多个处理节点并行执行数据库任务，提高整个数据库系统的性能和可用性。

4. Streaming

需要以近实时的方式对更新流进行复杂分析。对以上领域的数据进行复杂分析（如趋势分析、预测）以前往往是（在数据仓库中）脱机进行的，然而一些新的应用（尤其是在网络安全和国家安全领域）对时间都非常敏感，如检测互联网上的极端事件、欺诈、入侵、异常、复杂人群监控、趋势监控（Track Trend）、探查性分析（Exploratory

Analyses）和谐度分析（Harmonic Analysis）等，都需要进行联机分析。为什么在数据流的处理中，强调对数据读取次数的限制呢？

Muthukrishnan 指出，数据流是指"以非常高的速度到来的输入数据"，因此对数据流数据的传输、计算和存储都将变得很困难。在这种情况下，只有在数据最初到达时有机会对其进行一次处理，其他时候很难再存取到这些数据（因为没有也无法保存这些数据）。

8.5.3　Hadoop 体系结构

HDFS 和 MapReduce 是 Hadoop 的两大核心。整个体系结构主要是通过 HDFS 来实现对分布式存储的底层支持，并且它会通过 MapReduce 来实现对分布式并行任务处理的程序支持。

1）HDFS 体系结构

HDFS 采用了主从（Master/Slave）结构模型，如图 8.9 所示。

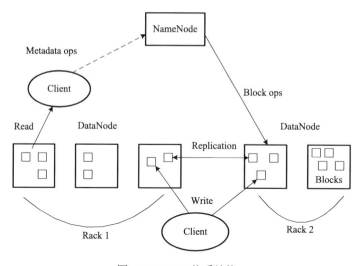

图 8.9　HDFS 体系结构

它包括两类节点，并以管理者-工作者模式运行，即由一个 NameNode（管理者）和若干个 DataNode（工作者）组成。NameNode 作为主服务器，管理文件系统的命名空间和客户端对文件的访问操作。它维护着文件系统树及整棵树内所有的文件和目录，并且记录着每个文件中各个块所在的数据节点信息。DataNode 是文件系统的工作节点。它们根据需要存储并检索数据块（受客户端或 NameNode 调度），并且定期指向 NameNode 发送它们所存储的块的列表。

NameNode 和 DataNode 都被设计成可以在普通商用计算机上运行，并且支持 Linux 操作系统。一个典型的部署场景是集群中的一台机器运行一个 NameNode 实例，其他机器分别运行一个 DataNode 实例。NameNode 是所有 HDFS 元数据的管理者，用户数据永远不会经过 NameNode。

Secondary NameNode 是一个用来监控 HDFS 状态的辅助后台程序。就像 NameNode 一样，每个集群都有一个 Secondary NameNode，并且部署在一个单独的服务器上。它不接受或记录任何实时数据变化，但是它会与 NameNode 进行通信，以便定期地保存 HDFS 元数据的快照。

JobTracker 后台程序用来连接应用程序与 Hadoop。用户代码提交到集群以后，由 JobTracker 决定哪个文件将被处理，并且为不同的任务分配节点。同时，它还监控所有运行的任务，一旦某个任务失败，JobTracker 就会自动重新开启这个任务。每个 Hadoop 集群只有一个 JobTracker，一般运行在集群的 Master 节点上。

TaskTracker 与负责存储数据的 DataNode 相结合，其处理结构上也遵循主/从架构。JobTracker 位于主节点，负责 MapReduce 工作；而 TaskTracker 位于从节点，独立管理各自的任务。每个 TaskTracker 负责独立执行具体的任务，而 JobTracker 负责分配任务。TaskTracker 还主要负责与 JobTracker 交互。如果 JobTracker 无法准时地获取 TaskTracker 提交的信息，JobTracker 就判定 TaskTracker 已经崩溃，并将任务分配给其他节点处理。

NameNode、DataNode 是针对 HDFS（Hadoop 文件系统）提出的，JobTracker、TaskTracker 是针对 MapReduce 计算模型提出的。它们的工作关系如图 8.10 所示。

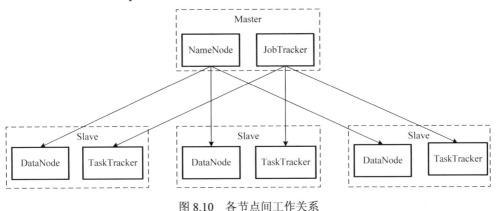

图 8.10　各节点间工作关系

2）MapReduce 体系结构

MapReduce 是一种并行编程模型和计算框架，用于对大规模数据经行并行计算。基于它可以将任务分发到由上千台机器组成的集群上，并以一种高容错的方式并行处理大量数据集，实现 Hadoop 的并行任务处理功能。MapReduce 框架是由一个单独运行在主节点上的 JobTracker 和运行在每个集群从节点上的 TaskTracker 共同组成的。主节点负责调度构成一个作业的所有任务，这些任务分布在不同的从节点上。主节点监控它们的执行情况，并且重新执行之前失败的任务；从节点仅负责由主节点指派的任务。主从节点工作流程如图 8.11 所示。

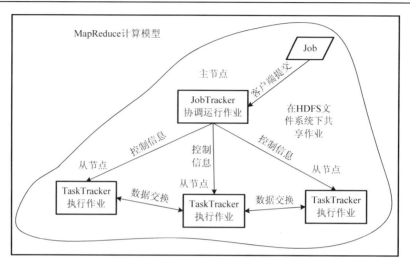

图 8.11　主从节点工作流程图

当一个 Job 被提交时，JobTracker 接收到提交作业和配置信息之后，就会将配置信息等分发给从节点，同时调度任务并监控 TaskTracker 的执行。MapReduce 运行机制，包含 4 个独立的实体。

（1）Client：提交 MapReduce 作业。

（2）JobTracker：协调运行作业。JobTracker 是一个 Java 应用程序，它的主类是 JobTracker。

（3）TaskTracker：运行作业划分后的任务。TaskTracker 是 Java 应用程序，它的主类是 TaskTracker。

（4）HDFS：用来在其他实体间共享作业文件。

MapReduce 采用分治的思想，把对大规模数据集的操作分发给一个主节点管理下的各分节点共同完成，然后通过整合各分节点的中间结果，得到最终的结果。在程序的实现中，处理过程被高度地抽象为两个函数：Map 和 Reduce。Map 负责分解任务，Reduce 负责把分解后的任务处理结果汇总起来。在并行编程中遇到的许多复杂问题，如分布式存储、工作调度、负载均衡、容错处理、网络通信等，均由 MapReduce 框架负责处理，开发人员可以不用关注。如图 8.12 所示，MapReduce 处理大数据集的过程，该计算模型核心部分是 Map 和 Reduce 函数。

Map 阶段，MapReduce 框架将任务的输入数据分割成固定大小的片段（Split），随后将每个 Split 进一步分解成 $\langle k_1, v_1 \rangle$。Hadoop 为每一个 Split 创建一个 Map 任务（以下简称 Mapper）用于执行用户自定义的 Map 函数，并将对应 Split 中的 $\langle k_1, v_1 \rangle$ 对作为输入，得到计算的中间结果 $\langle k_2, v_2 \rangle$。接着将中间结果按照 k_2 进行排序，并将 Key 值相同的 Value 放在一起形成一个新列表，产生 $\langle k_2, \text{list}(v_2) \rangle$ 元组。最后再根据 Key 值的范围将这些元组进行分组，提交给不同的 Reduce 任务。

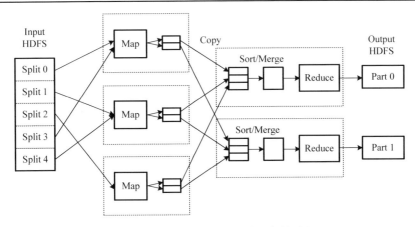

图 8.12 MapReduce 处理大数据集的过程

Reduce 阶段，Reducer 把从不同 Mapper 接收来的数据整合在一起并进行排序，然后调用用户自定义的 Reduce 函数，对输入的 $\langle k_2, \text{list}(v_2)\rangle$ 对进行相应的处理，得到键值对 $\langle k_3, v_3\rangle$ 并输出到 HDFS 上。

第9章　智慧语义搜索

随着互联网以及相关技术的发展与成熟，人们已经进入信息量极其丰富的时代。网络信息的爆炸式增长，使人们面对的资源库越来越多，而如何高效、准确地找到自己真正想要的信息成为关键性问题。于是专门帮助人们在网上查找信息资源的工具——搜索引擎（Search Engine）产生了。从 1991 年第一个搜索引擎——WebCrawler 诞生以来，陆续出现了许多功能多样的搜索引擎。搜索引擎的使用越来越受到网络用户的欢迎，搜索引擎技术正成为计算机工业界和学术界争相研究、开发的对象。目前，比较著名的搜索引擎有 Google、Yahoo、Ask、Infoseek、搜狐、百度等，这些搜索引擎都各有特点。但目前的搜索引擎还是不能完全满足用户的需求，网络用户对搜索引擎不满意的地方主要集中在搜索精度不够、无效链接太多、重复或不相关的垃圾信息较多。当然，致力于搜索引擎研究的科研人员正在搜索引擎技术的各个方面做着大量的努力。

当前，搜索引擎已成为一个新的研究、开发领域。因为它要用到信息检索、人工智能、计算机网络、分布式处理、数据库、数据挖掘、自然语言处理等多领域的理论和技术，所以对于任何一个研究人员来讲都具有很高的挑战性。又由于搜索引擎有大量的用户，有很好的经济价值，所以引起了世界各国计算机科学界和信息产业界的高度关注，目前的研究、开发十分活跃，并出现了很多值得注意的动向。

（1）非常关注提高信息查询结果的精确度，尽力提高检索的有效性。人们使用搜索引擎进行信息检索时，并不十分关注返回结果的多少，而是注重查询结果和自己的需求的吻合程度。对于一个查询，传统的搜索引擎可能会返回十几万、几十万篇文档，用户不得不在结果中反复筛选。解决查询结果过多的问题，目前出现了几种方法：一是通过各种方法获得用户没有在查询语句中表达出来的真正意图，包括使用智能代理跟踪用户检索行为，分析用户模型；使用相关度反馈机制，使用户告诉搜索引擎哪些文档和自己的需求相关（及其相关的程度），哪些不相关，通过多次交互逐步求精。二是用正文分类（Text Categorization）技术将结果进行分类，使用可视化技术显示分类结果，用户可以只浏览自己感兴趣的类别。三是进行站点类聚或内容类聚，从而减少信息的总量。

（2）基于智能代理的信息过滤和个性化服务。信息智能代理是另外一种利用互联网信息的机制。它使用自动获得的领域模型（如 Web 知识、信息处理、与用户兴趣相关的信息资源、领域组织结构）、用户模型（如用户背景、兴趣、行为、风格）知识进行信息搜集、索引、过滤（包括兴趣过滤和不良信息过滤），并自动地将用户感兴趣的、对用户有用的信息提交给用户。智能代理具有不断学习、适应信息和用户兴趣动态变化的能力，从而提供个性化的服务。智能代理可以在用户端进行，也可以在服务器端运行。

（3）采用分布式体系结构提高系统规模和性能。搜索引擎的实现可以采用集中式体系结构和分布式体系结构，两种方法各有千秋。但当系统规模到达一定程度（如网页数达到亿级）时，必然要采用某种分布式方法，以提高系统性能。搜索引擎的各个组成部分，除了用户接口，都可以进行分布：搜索器可以在多台机器上相互合作、相互分工进行信息发现，以提高信息发现和更新速度；索引器可以将索引分布在不同的机器上，以减小索引对机器的要求；检索器可以在不同的机器上进行文档的并行检索，以提高检索的速度和性能。

（4）重视交叉语言检索的研究和开发。交叉语言信息检索是指用户用母语提交查询，搜索引擎在多种语言的数据库中进行信息检索，返回能够回答用户问题的所有语言的文档。如果再加上机器翻译，返回结果可以用母语显示。该技术目前还处于初步研究阶段，主要的困难在于语言之间在表达方式和语义对应上的不确定性。但对于经济全球化、互联网跨越国界的今天，无疑具有很重要的意义。

9.1　智慧搜索引擎工作原理

搜索引擎是一类特殊的网站，这类网站通过用户输入的检索信息为用户返回检索结果，它能够将互联网上大量的网页信息收集到本地，经过组织处理后，存储到数据库中作为检索结果的来源。主要工作过程分为三步：抓取网页、处理网页和提供检索服务。

搜索引擎抓取网页主要依赖爬虫技术，其目的是获取互联网上的信息。一般定义为“一个在网络上检索文件且自动跟踪该文件的文本结构并循环检索被参照的所有文件的软件”。爬虫程序利用网页中的超文本链接遍历万维网，通过 URL 从一个 HTML 文档爬行到另一个 HTML 文档，同时可以对 HTML 文档做出相应的处理并将文档存储在本地。爬虫程序在网络上爬行，为防止重复爬取同一 HTML 文档，需要建立一个 URL 列表来记录访问的轨迹。爬虫程序爬取下来的 HTML 文档通常要进行文本内容的解析、生成索引数据库并作为检索结果的数据来源。所有的爬虫程序都有如下的工作步骤，如图 9.1 所示。

（1）爬虫从起始 URL 列表中逐个取出 URL 并从网上读取其指向的 HTML 文档；

（2）从每一个文档中提取一些信息（如关键字、URL、图像等）放入索引数据库，并建立索引指向该文档；

（3）从上述文档中提取 URL（可能是所有也可能是部分），加入待爬取的 URL 列表中；

（4）重复上述三个步骤，直到没有重复的 URL 出现或超出限制。

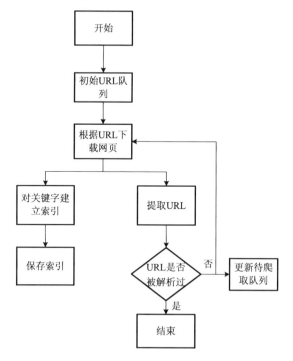

图 9.1　爬虫程序的一般流程

　　爬虫算法一般有深度优先和广度优先两种策略，以 URL 列表存取方式决定爬虫策略：先进先出为广度优先算法；先进后出为深度优先算法。广度优先算法是在初始 URL 列表很大的情况下使用，能产生更好的效率；深度优先算法则能够形成更好的网页分布，更容易发现文档的结构。

　　网页处理方法则根据具体需求而有所不同，一般的搜索引擎都是将网页经过去噪、标签处理后对文档内的文本内容进行索引，并建立索引库。中文搜索引擎在对文档内容进行索引前需要进行分词。分词处理是中文搜索引擎建立索引的关键。分词技术利用一定的规则和分词库。它将一个句子切分成词，为索引做好准备。

　　建立索引有以下几个方面需要注意。

　　（1）记录句子中的词汇（词汇的判定主要依据中文字典，根据最大匹配等策略划分）；

　　（2）存储词汇在该文档中出现的频率、出现的位置和常见搭配方式；

　　（3）建立中文字典时可以分别建立专业词汇库，以便于处理专业文献和专业领域知识；

　　（4）对无法分词的句子，将每个字当做一个词来处理。

　　索引器生成的是从关键词到 URL 的关系表，包括词汇出现的频率和位置。索引表一般采用倒排方式，即从关键词查找 URL，这是为了提高用户检索效率。不同的搜索引擎可能采用不同的标引方法,不一定要对网页中的所有关键词都做索引,可能只对页名、标题以及重要的注释词进行索引。

检索服务的主要功能是根据用户输入的关键词到索引表中进行查找,同时根据特定的算法对检索结果进行相关度评价,排序后输出给用户。通过关键词匹配获得的结果成百上千,为了得到更满足用户需求的结果,常用的方法是按网页的重要性排序或按网页的相关性给网页评级。相关性是指检索词在文档中的出现频率和出现位置,若出现位置越重要、出现频率越高,则认为该文档的相关性越高,评级越高。能见度是指引用该网页的超链接的数目,即从其他网页链接过来的数目,也是常用的网页排序标准,若引用该网页的其他网页越多,则认为该网页越重要。二次检索是为了进一步净化检索结果,按照规定的条件对搜索结果进行优化,使得结果更符合用户的需求。

由于目前的搜索引擎还不能根据用户输入的关键词就知道用户的检索意图,除非用户知道要查找的文档的标题,否则多数情况下排在第一的结果都不是用户需要的结果。因此有些文档尽管相关程度高,但并不一定是用户最需要的文档。

9.2　本 体 语 义

9.2.1　语义 Web 的概念

目前人类获取信息和服务的主要手段之一是通过 Web 服务,但是 Web 并非已经十全十美,仍然存在很多亟待解决的问题。作为一个全球性的信息网络,Web 远没有充分发挥它的潜能,计算机程序还并不能完全按照信息所携带的语义进行操作。例如,它不能准确地分辨出"西红柿、番茄、Tomato"等同一概念范畴的主体词汇,以及个人博客和订票业务意义上的区别。而这主要是因为人们没有找到一种完全可行的方法来处理信息中存在的语义,让计算机智能地理解网页内容,有效地、自动地、有目的地发现、集成和复用 Web 上已经存在的各种数据,而这也正是创建智能化 Web 服务的根本障碍。

语义 Web 研究的主要目的就是:扩展当前的 WWW,使得网络中尽可能多的信息都是具有语义的,是计算机能够理解和处理的,是便于人和计算机之间进行交互与合作的。其研究重点为如何把信息表示为计算机能够理解和处理的形式,即带有语义。因此,在语义 Web 中,各种资源都被人为地赋予了各种明确的语义信息,计算机可以对这些语义信息进行分辨和识别,并对其自动进行解释、交换和处理。目前,将语义 Web 融入现在 Web 结构的初步研究已经在进行中。不久的将来,当机器有更强的能力去处理和"理解"数据时,人们将看到很多重要的新功能。例如,在智能机器人的远程控制过程中,当用户发出某个业务的请求,计算机就可以自适应地实现业务流程的最佳智能组合和调用,智能化地完成整个流程控制。又如,当某个人想报名参加一个旅游团旅游时,计算机就可自动地为其制定最佳旅行社和路线等。

　　显然，语义 Web 的出现，将突破人们传统的信息处理方式，所采用的研究思路和方法也都将具有其自身的特殊性。从功能上来讲，它是对现有 Web 进行的语义功能方面的扩展，它的目标将是实现一种能够"理解"人类信息的智能网络。

9.2.2　语义 Web 的体系结构

　　实现语义 Web 的目标有许多相关的工作要做，WWW 的创始人 Berners-Lee 描述了语义 Web 结构的设想，认为语义 Web 是一个多层次结构，各层功能逐渐增强，下层向上层提供支持，其结构体系如图 9.2 所示。下面自底向上简要叙述各层的功能。

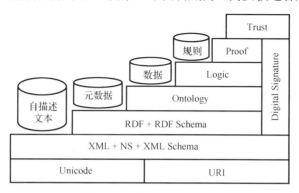

图 9.2　语义 Web 体系结构

　　Unicode 和 URI（Universal Resource Identifier）是整个语义 Web 的语法表示基础。Unicode 是一种统一的字符编码系统（采用十六位二进制编码），支持世界上所有的主要语言文本的集合，URI 是一种标准的标志 Internet 资源的方法，是对当前 Web 所使用的 URL（Universal Resource Locator）的扩展。

　　XML（Extensible Markup Language）包含一组规则，任何人可以用这些规则创建一个标记语言。NS（NameSpace）是 XML 名称空间，由 URI 索引确定，在 XML 文档中用于区别元素类型和属性名。XML Schema 用于定义 XML 文档中有效的语法。在这两层的形式化研究方面人们已经达成了广泛的共识，XML 文档的数量也正在迅速增加。

　　RDF（Resource Description Framework）可以看成语义 Web 体系结构中具有语义性的第一层，按照 W3C 的推荐标准，RDF 是"一种处理元数据的基础，它提供了 Web 上各种应用之间交换机器可理解的信息的协同工作的能力。"RDF 数据模型包括三个基本组成部分：资源（能通过 URI 引用的任何事物）、属性（被描述的资源的特性）和语句（包括引用资源的指针以及该资源属性和属性值的表达式）。RDF Schema 在 RDF 之内定义了一个简单的本体建模元语，包括类、类和属性之间的 is-a 关系以及属性的领域和范围限制。

　　RDF 和 RDF Schema 采用 XML 的语法标记，但没有使用 XML 的树型语义表示方法。可以认为 RDF Schema 是一组简单的本体建模元语加在 RDF 上，但 RDF Schema 的表达方式有很大的局限性，对于表达丰富的语义是远远不够的，如果没有标准的方法描述基本限制，这些将有待其上层的本体层将 RDF Schema 扩展成齐全的本体建模语言。

本体层（Ontology Layer）即语义层，是语义网技术的关键部分，用于描述各种资源之间的联系。本体是描述特定研究领域的一个形式化的、概念化的模型。因此它非常适合描述互联网上各种不同的、分散的、半结构信息资源。通过定义共享的、通用的领域理论，本体帮助人和机器明确地进行语义级的信息交换，而不仅是语法级的。从一定的程度上讲，本体层定义的是否合理直接关系到逻辑层推理的难度以及结果的有效性。

在本体层之上是逻辑层（Logic），逻辑层是利用语义 Web 各处的断言导出新知识的地方。

其余的两层是证明层（Proof）和信任层（Trust），它们的出发点是认为在语义 Web 上验证语句的有效性将是一项非常重要的工作。数据签名（Digital Signature）跨越各层，虽然公共钥匙密码术已经存在了很长时间，但还没有真正广泛应用。应用它，加上语义 Web 各层的支持，就可以实现信任层。以语义 Web 各层技术作为基础而建立的自描述文档（Self-des-doc）、数据（Data）和规则（Rule）将使得现在的 Web 实现语义化，从而提供更加智能化的服务。

9.2.3 Web 服务与语义 Web 服务

综合看来，语义 Web 的研究现在还主要侧重于知识表示与推理方面，用于网络上资源的智能搜索。而对于用户来讲，语义 Web 应该提供一种丰富完善的服务，一种在知识表示与推理之上的更加人性化的服务，这些服务由具有思维能力的主体（人等）来提供。而现在的 Web 服务方面的研究则主要是从商业和应用的角度来进行的，可以说是对原有技术的一种综合与集成，并不能对服务的语义进行描述，因而要让计算机完全理解这些带语义的服务是非常困难的，甚至是不可能的。

Web 服务以解决异构平台计算服务为目标，而语义 Web 服务则以计算机可理解为目标，如果能够综合这两方面研究的目标，以服务为基础，进行带有语义的服务标注和推理的研究，最后构建一种带语义的服务环境，则能够很好地为用户提供丰富完善的服务，从而达到网络的智能化。

对于本体的具体构造过程，可以用下面的公式形象地给出，即

本体=概念（Concept）+属性（Property）+公理（Axiom）+取值（Value）+名义（Nominal）

概念可以分为"原始概念（Primitive Concepts）"（属性是必要条件，而非充要条件的情况）和"定义概念（Defined Concepts）"（属性是充分必要条件的情况）两种。属性则是对概念特征或性质的描述。至于"公理"是定义在"概念"和"属性"上的限定和规则。"取值"则是具体的赋值，"名义"是无实例的概念或者是用在概念定义中的实例。在实际的应用中，不一定严格地按照上述 5 类元素来构造本体。

在构建本体之前，要先明确目标，即决定构建的本体类型和本体的构建方式。

从描述范围来看，本体包括领域本体和公共本体。领域本体和特定的应用相关，描述了现实世界内小范围的一个模型；相反，公共本体包含公共的概念和关系，可用于不同的应用之中。公共本体作为本体构建的基石，便于扩展、添加新的概念和关系。

再次，必须确定是用自顶向下的方式构建本体，还是使用自底向上的方式。自顶向下的方式，从"is-a"继承关系的顶端开始，往下扩展。许多人工构造就是采用这种办法的。而在自底向上的方式下，概念和关系是在发现概念、关系时逐步加入的。这种方式更适于自动构建。针对具体本体构建方式，主要包括以下三种途径：人工构建本体、复用现有本体和半自动化方法。

1）人工构建本体

在斯坦福大学开发的本体构建工具 Protégé 上，附带了一篇文档 *Ontology Development101:A Guide to Creating Your First Ontology*，根据其中的观点，人工构建本体分为如下一些步骤：①确定范围；②考虑复用；③枚举词汇；④定义类别；⑤定义属性；⑥定义槽（Facets）；⑦定义实例；⑧一致性检查。具体细节可以参看文献。在这里只写出构建本体的简单步骤。

（1）列出研究课题所涉及的词条（Term）。

（2）按照词条的固有属性和专有属性特征进行归纳和修改，对词条建立类（Class）以及层级化的分类模型（Taxonomy）。

（3）加入关系（Relation）联系 Terms 和 Taxonomies。

（4）按照需要，添加实例（Instance）作为概念的对象。最后在 Protégé 中，还可以利用其附带的功能和插件对本体进行文字和图形化的导出，格式也可以自由选择。在实践过程中，和软件开发的过程一样，这些步骤并不一定严格按照顺序执行，可能存在迭代回溯。

2）复用现有本体

构建本体库的时候，为了节省时间，提高效率，避免从空白处开始，可以考虑复用既有的本体库。目前存在的本体很多，如专家知识的各种整理、本体集成词汇、顶层本体（斯坦福大学的 SUO）、主题层次（Open Directory Hierarchy）、语言学资源（Word Net）、本体工程组网站和 DAML 网站上的本体库资源等。也可以使用语义搜索引擎 Swoogle 查找自己需要的本体库。

3）半自动化方法

人工构建本体的方法是一项十分庞大的工程，而本体构建本身又需要很高的技巧，本体本身的复杂性和工程性形成了知识获取的瓶颈。针对这种现状，出现了一些使用机器学习技术、根据模式对 Web 数据进行抽取的方法，如命题规则学习、贝叶斯学习、簇算法等，以期望在 Web 数据的基础上自动半自动地抽取语义本体。无论采用哪种方式构建本体都要遵守其准则，最后要对构建本体按一定标准进行评估。目前对构造本体的方法还没有统一的标准，因此这是一个需要进一步研究的方向。但是在构造特定领域本体的过程中，必须有领域专家的参与。

9.2.4　用 OWL 构建领域本体过程

目前本体库已经有很多，出于对各自专业领域和具体工程的考虑，构造本体的过程也各不相同。虽然不少研究人员从实践出发，也提出了很多有益于构造本体的标准，但是始终没有一个确切统一的本体构造方法，并且对构造本体方法的性能评估也还没有一个统一的标准。领域本体构建的原型模型如图 9.3 所示。

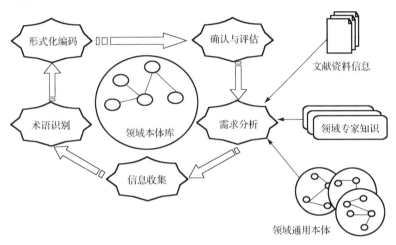

图 9.3　领域本体构建的原型模型

这里以网上流行的生物群落的模型为例，假定生物群落中有动物、植物，其中动物又分为肉食动物和植食动物。植物中以树为代表，肉食动物以狮子为代表，植食动物以长颈鹿为代表。图 9.4 表示了生物群落中类与子类的层次结构图。根据这个基本模型，按照属性的定义、类的定义对图 9.4 所示的本体进行描述。

属性定义：属性是类与类之间关系的表述。网络本体语言（Web Ontology Language，OWL）提供了比较丰富的属性表述机制，如 ObjectProperty、DatatypeProperty、SubPropertyOf、Domain、Range、TranstiveProperty、SymmetricProperty 以及 inverseOf 等。根据图 9.4 模型中的语义信息，对属性"eat"进行定义如下。

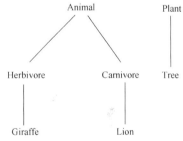

图 9.4　一个生物群落的类层次结构

```
<owl:onProperty>
    <owl:ObjectProperty rdf:ID="eat"/>
</owl:onProperty>
```

"eat"属性的逆属性"eaten-by"定义如下。

```
<owl:ObjectProperty rdf:about="#eat">
```

```
<owl:inverseOf>
  <owl:ObjectProperty rdf:ID="eated"/>
</owl:inverseOf>
</owl:ObjectProperty>
```

类定义：根据图 9.4 中的层次结构，给出如下类的定义。

```
<owl:Class rdf:ID="Leaf">
  <rdfs:subClassOf>
    <owl:Class rdf:ID="Plant"/>
  </rdfs:subClassOf>
  <rdfs:subClassOf>
    <owl:Restriction>
      <owl:onProperty>
        <owl:TransitiveProperty rdf:ID="Address"/>
      </owl:onProperty>
      <owl:allValuesFrom>
        <owl:Class rdf:ID="Branch"/>
      </owl:allValuesFrom>
    </owl:Restriction>
  </rdfs:subClassOf>
</owl: Class>
<owl:disjointWith>
    <owl:Class rdf:about="#Plant"/>
</owl: disjointWith>
```

这里 owl:disjointWith 用来说明 Plant 和 Animal 是不相交的。树（Tree）是一种植物（Plant），rdfs:subClassOf 刻画了这种"is-a"关系。

9.2.5 本体构造工具 Protégé 介绍

在建立和维护本体资源的过程中，离不开本体构建工具的帮助和支持。可供选择的本体构建工具有很多，目前较为流行的是美国斯坦福大学开发的 Protégé。

Protégé 是生成和编辑本体与知识基的可扩展、跨平台的开源式开发环境，目前已经在 30 多个国家得到了广泛的应用和推广。从 Protégé 与其他工具的比较来看，它具有很多其他工具不具备的显著优点。

（1）Protégé 带有 OWL-editors 插件，可以支持 OWL/RDF 等格式的本体编辑与输出。

（2）能够定义类和类层次、属性关系和属性-值的约束以及类与属性间的关系，完整的一致性检验策略能够确保所建的本体包含正确的知识。

（3）作为一般的和可扩展的软件环境，它提供多种方式存储本体，并且具有很好的互操作性，使用户可以模型化、询问和应用任何领域本体。

（4）可以通过可扩展 Plug-in 体系容易地集成第三方开发其他插件，例如，表示约束的一阶逻辑语言插件 PAL 以及对本体进行合并和校准的半自动插件 SMART/PROMPT 等。

（5）支持 JDBC 以及 Oracle、MySQL、SQL 和 Access 等数据库，支持标准的输入和输出格式；可以使用 Java 本地接口（Java Native Interface，JNI）与 C 和 C++程序进行交互。

（6）Protégé 采用友好的可视化界面，功能强大，便于使用。目前拥有最多注册用户，并且不断有新的版本推出。它提供免费的安装程序下载和部分已经建成的本体资源，其注册用户可以通过 E-mail 接收全世界用户的讨论信息，有利于用户之间的学术交流。

更具体地说，Protégé 是目前最容易使用的本体编辑与知识获取的工具，领域专家可以通过 Protégé 所提供的本体-模型化编辑器，清楚地表示他们的知识。Protégé 不作任务层次的清晰表达，如果需要，还可以把任务-规定知识结合到应用程序本体中，即带有具体应用系统所需要的重要知识的领域本体的扩大体。

正是因为这些优点，使得它成为人们构建本体的首选工具。图 9.5 为 Protégé 构建本体过程。

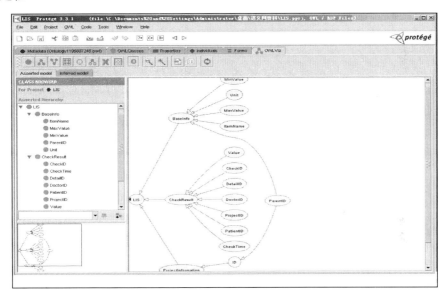

图 9.5　Protégé 构建本体过程

9.2.6　本体评估标准

对所开发的本体进行评估的目的是发现术语中一些已经定义好的属性的缺陷，具体的评估步骤如下。

（1）对语法进行检查。在不考虑它们意思的情况下，在定义中依据句法指出不正确的结构和错误的关键字。开发环境应该提供语法分析器，能够自动检查自然语言文档的缺乏、形式化定义的关键字、形式化定义的结构、定义中环的减少等。

（2）检查本体的体系结构。目标是找出是否有术语违背了建造它们的环境的设计标准。

（3）对定义中的内容进行检查。目的是识别在定义中知识的不完整或者错误，它包括三方面内容：一致性、完全性和简明性。而且这三方面不依赖用来写本体定义的语言。

简明性指的是在本体中的信息是否是有用的和精确的。如果像非形式化定义那样避免了形式化定义的冗余，就能保证在本体中这个特殊的定义是简明的。其次定义中不能存在明显的冗余。最后，一个类定义里面属性的集合被合理和正确地定义。那些定义和例子的自然语言解释不被认为是形式定义的冗余知识。

完全性指的是本体内的信息覆盖现实世界信息的范围、程度和数量。定义的完全性依靠整个本体论的层次间隔尺寸。如果没有什么被落下，就可以说这个定义是完全的。为了断定一个形式化定义是完全的，首先，想办法确定定义是否满足一个完整定义的结构标准。其次，确定关系和函数的领域及范围是否被正确而且合适地界定。确定在现实世界中一个特定的概念类的一般化和特殊化是否能正确而且合适地表示此特定类的父类和子类。最后，在每个类的定义中建立一个完全的属性集合，如果用自然语言写的非形式化与预期的形式化定义能表达相同的意思，那么这个非形式化的定义是完全的。

一致性指的是从有效的输入数据中不能同时得到互相矛盾的结论。一个本体在语义上是一致的，当且仅当他的定义在语义上是一致的。一个特定的定义在语义上是一致的当且仅当：①定义的形式化和非形式化都和现实世界的一致，而且彼此也一致；②它们不是互相矛盾的句子，这个句子可以使用其他的定义或定理推理出来。

Mariano 提出的评估和比较本体性能的参考模型标准为：对知识工程的继承，主要考虑传统知识工程对相应方法的影响；详细程度，主要是考虑方法所提出的行为或技术描述的程度；知识形式化工具，主要是考虑采用的表示知识的形式化工具，构造本体的策略。

考虑使用哪种策略构造本体，具体的策略有如下 3 种：①与应用相关；②与应用半相关；③独立于应用。与应用相关指的是以应用的知识库为基础，通过抽象的过程来构造本体。与应用半相关指的是在规范说明阶段指明本体的应用场景。独立于应用指的是整个构造过程与具体的应用无关。

9.3　语义 Web 服务的智能机器人控制

9.3.1　智能机器人控制领域的 Web 服务体系结构

基于 Web Service 的智能机器人控制系统的主要功能是把整个机器人控制系统划分为若干智能、自治的子系统，它们在物理和位置上是分离的，可独立完成相应任务，同时又可借助通信来交换信息、相互协调，从而完成全局任务。其中，最集中和关键的问题主要表现在系统结构的设计和相应的协作机制上。单个 Web 服务总是处在多个 Web 服务系统的环境之中，而多个 Web 服务又是动态复杂的，有时需要 Web 服务对环境做出迅速反应，及时处理与其他 Web 服务的矛盾，协调和解决与其他 Web 服务间的冲突，然后规划其行为，发送消息，播报机器人动作逻辑，并最终做出决策。

基于 Web Service 的体系结构如图 9.6 所示。其中，Web 服务的提供者可以用 WSDL 描述 Web 服务；用 UDDI 到服务注册中心去发布、注册相应的 Web 服务；作为服务的请求者，可以通过 UDDI 到注册中心进行查询，找到所需的 Web 服务后利用 SOAP 来绑定、调用这些服务。

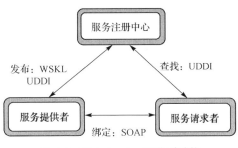

图 9.6　Web Service 的体系结构

9.3.2　模型设计和开发的基本原则

Web 服务在本质上是网络上的组件，因此面向语义 Web 服务的智能机器人控制系统总体设计也必须遵循 Web Service 的体系结构，并且符合组件式的控制系统服务模型开发的基本原则如下。

（1）尽量使用无状态对象而少用有状态对象。这并不是说不要使用有状态对象，而是说尽可能地使用无状态对象。使用无状态对象有利于进行负载平衡，提高伸缩性。而如果大量的跨边界交互对象是有状态的对象，则无法获得良好的伸缩性。

（2）针对接口编程，而不是针对实现编程。这个原则的核心要点在于：必须注意保持边界的接口稳定性。

（3）确保良好的功能划分和接口设计。既要体现出 Web 服务重用的优势，也要符合地理信息系统软件开发的习惯。如果发现一些组件间频繁跨边界交互，联系紧密，则需要考虑是否改进方案，将其实现在边界之内。

（4）尽量使用粗粒度接口而少用细粒度接口。使用细粒度接口，是纯粹的面向对象理论所提倡的，但具体实施还是应该按情形而定，当对象之间的交互需要跨边界进行时，细粒度的接口将造成很大的边界开销。

9.3.3　基于机械手本体的语义 Web 服务模型

针对智能机器人控制领域，参考服务模型设计和开发的基本原则，作者提出一种将机械手参数对象的本体引入上述 Web Service 体系结构的语义 Web 服务模型，如图 9.7 所示。

图 9.7 所示的语义 Web 服务模型，以建立的机械手参数对象的本体为基础，根据使用者的需求进行服务的匹配，完成相应的组合服务功能。

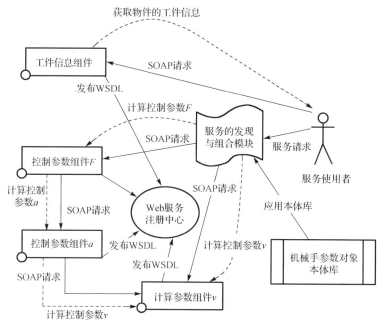

图 9.7　基于机械手参数对象本体的语义 Web 服务模型

　　Web 服务的调用过程如下：所有的 Web 服务组件在 Web 服务注册中心注册以被发现；服务使用者通过 SOAP 请求异步调用物件的工件信息组件，返回工件信息；服务使用者发送与机械手操作相关的服务请求；服务的匹配与组合模块，以机械臂的控制算法为基础，利用所构建的机械手参数对象本体库，让机器自动匹配找出一个能够在控制功能上满足请求的组合方案，实现异步调用服务组件的功能。例如，为实现多维空间中轴运动轨迹的规划与组合，机械手臂的动态方程能够用一个非线性微分方程来表述，即

$$M(q)\ddot{q} + C(q,\dot{q})\dot{q} + G(q) + F(q,\dot{q}) = \tau$$

　　在该动态方程的计算过程中，就需要用到前面构建的机械手臂（轴）的本体库，首先获取工件信息以及手臂各轴所涉及的空间状态参数，然后由具备推理功能的 Web 功能组合模块根据本体库中描述的逻辑归属关系，将相关参数（机器人关节角速度 $\dot{q}$、关节角位移 q、惯性矩阵 $M(\dot{q})$、引力力矩 $G(q)$ 等）的计算分布到各个相应的 Web 服务组件上，以完成机器人手臂动态方程的异步运算。

9.3.4　语义 Web 服务的参数匹配分析

　　基于上述语义 Web 服务模型，可以清楚地看到服务的发现与组合模块是整个模型的核心。在该模块中，如何准确有效地实现语义 Web 服务的参数匹配，是实现语义服务组合的关键，也是本小节要分析和探讨的重点。

　　在语义 Web 服务技术体系中，应用系统被分割为高内聚、弱耦合的单个服务。单个的 Web 服务可以分散于 Web 的各个地方，通过各 Web 服务语义上的匹配、组合和调用，最终协同完成整个业务活动。本小节主要讨论 Web 服务在语义基础上的匹配。

Web 服务的语义至少有两个方面的层次。

一是仅限于参数的层面上，服务组合的数据流观点利用了参数的语义信息；二是发掘服务执行的语义，把服务看成动作的观点就是基于这方面的考虑。

仅限于参数层面的语义不足以完全反映服务的意义，它把服务看成一个黑盒子：对于客户给定的输入，服务反馈满足条件的输出。但是这样仅从外部特征上观察有些时候并不能与其他服务区分开来，如下面的两个服务。

服务 1：计算商品的打折，输入和输出的语义是价格，类型是浮点数。

服务 2：计算商品的盈利，输入是一个商品的价格，输出返回商家在这个商品上的预期盈利。

这样的两个服务，从外面看来，具有完全相同的特征。如果不从它们具体的执行语义上区分，根本无法精确地从这两个服务中挑选出更适合服务请求的一个。

如果把"计算打折"和"计算预期盈利"分别定义为销售领域的两个基本动作，按此逐步生成完备的销售领域的动作词汇集；然后进一步用 PDL、SC 等具有动作推理能力的语言描述动作之间的关系和状态，就可以比较严密地反映服务的本质。但是这样的研究仍在进行中，到目前还没有合适的实现系统。

因此，只能在参数的语义层面上，讨论服务组合的一些算法和实现。必须明确两点：一是只要合适的定义每个服务的接口，在参数语义上的组合就能够解决一部分领域的实际需求；二是服务组合一般也需要人工确认匹配引擎发现的服务，也就是服务组合在实际中常常是半自动化的。

9.3.5　服务在参数上的匹配

为了探讨服务自动组合，首先必须弄明白什么样的服务才能组合在一起。组合服务的目的是利用现有的基本服务构建出一个更加强大的服务。作为协调者的组合服务，为了完成客户的要求，需要知道调用哪些服务和服务的调用次序。

一般地，这两个问题是紧密联系在一起的，如果知道了应该调用哪些基本服务，那么组合服务必然同时知道这些基本服务的调用关系。反过来，如果组合服务有了调用基本服务完成目标的一个流程，那么在每一步应该调用什么服务是显而易见的。

例如，在考虑智能机器人远程控制问题中，用户需要知道：当输入机械臂的轴号和运动指令时，应该调用哪些子 Web 服务组件来实现服务的匹配组合，完成相应的参数计算。

又如，当用户发出"1 号轴左转"的指令，该组合服务应该返回，控制 1 号轴的运动参数值有力 F、轴位移 pos、角速度 ϕ 等。

当用户发出"3 号轴下移"的指令，该组合服务应该相应地返回，控制 1 号轴的运动参数值，力 F、速度 v、加速度 acc、加加速度 jec 等。

可以看出，当整个业务流程发生了改变，组合服务的执行计划就会相应改变，即所需要调用的基本服务是不同的。

这个问题可以有如下处理方案。

组合服务分别访问用于负责控制参数 F、pos、ϕ、v、acc 等计算的各 Web 服务组件，查询它们的被调用条件，然后根据当前组合服务的请求条件判断它们的服务在当前时间是否还在运营中。

其中，负责参数计算的各 Web 服务组件可以是

（运动轴号，运动指令，输入参数）→（服务开始时间，服务终止时间，输出参数）

如 GetVelAxisPara（RobotAxisRecord、Motion、strControlParaValue、outStartTime、out EndTime）。

需要的链接代码是

```
If ((CurrentTime>=StartTime)&&(CurrentTime<EndTime))
strControlParaValue = "速度参数值: "+ velValue.ToString( );
```

显然，问题的关键在于：如何使组合服务的执行计划随着业务流程的改变而相应变化，完成不同子服务的组合调用。

针对上述问题，提出两种解决方法。

（1）自上而下的方法：组合服务的执行计划可以由开发人员事先配置好，相应地，需要什么样的基本服务同时也就确定了。在组合服务的运行时刻只需要查找到要求的服务，然后再调用这些服务即可。

（2）自下而上的方法：可以从已有的基本服务出发，不断地尝试这些服务的组合方案，直到能够满足组合服务的最终目的。

显然，自下而上的方法远远难于自上而下的方法。自下而上的方法需要匹配引擎（Match Engine）具有相应的启发式策略，需要深入研究"把服务看作动作"的组合算法，如前向链、后向链算法等。在实现上，它要求必须能够自动生成组合服务的执行计划和相应的链接代码，并且需要相应的执行和监控等机制。然而，这些策略、算法和机制仅处于理论研究阶段。在本实验中，也还不具备建设这些基础设施的条件。

采用自上而下的方法，首先需要明确组合服务的目标，确定到达这个目标可能采取的多种解决方案。在每个方案中，确定需要用到什么样的基本服务。如果一个方案需要用到的基本服务不能全部得到满足，就采取下一个方案；如果所有的方案都不能得到满足，则此组合服务就返回失败的结果。

在自上而下的方法中，由于基本服务以及这些服务的调用情况已经事先给予了确定，所以开发人员可以直接把执行计划和链接代码等通过硬编码方式固定下来。显然，这就比自下而上方法的实现降低了很大的难度。

现在，组合服务的自上而下的方法中，仍然需要知道什么样的基本服务才能满足需要，以及怎样把满足需要的服务记录下来，这就是所谓的服务匹配问题。

服务匹配是一种根据行为描述做出的软件组件的匹配，这种匹配是为了实现软件组件的重用和组件库的检索。组件匹配能够帮助决策一个组件是否可以取代另一个组件，或者一个组件要经过怎样的修改才能适应另一个组件的需求。确切地说，组件"匹配"通常代表着"满足""适合""等价"的含义。服务匹配可以回答下列问题。

检索，怎样才能从一个软件库中根据语义而不是语法检索出一个组件；

重用，怎样才能使一个从软件库中提取到的组件适应一个给定子系统；

替代，什么时候才能用一个组件替换另一个组件，而不会影响整个系统的可观测行为；

子类，什么时候可以认为一个对象是另一个对象的子类。

为了完成软件组件的匹配，首先需要对它们的行为作出形式化描述。组件的描述一般包含两个层面。

第一个层面是外部接口，通常用 C_{sig} 来表示。

该层面就是考虑软件组件向外部暴露的功能，也可以看成它的签名，就好像 C++ 的类和函数的声明一样。他描述了软件组件的静态特征，通常是可以被检查的。

第二个层面是内部逻辑（Specification），通常用 C_{spec} 来表示。

该层面描述了软件组件的动态特征，是组件语义的更精确的说明。

对于两个组件 $C=(C_{sig},C_{spec})$ 和 $C'=(C'_{sig},C'_{spec})$，它们的完全匹配定义为

Match:Componet, Componet $\rightarrow$ Bool
Match(C, C') = Match$_{sig}$(C_{sig},C'_{sig})$\wedge$Match$_{spec}$(C_{spec},C'_{spec})

当然，软件组件匹配的结果也可以是精确匹配（Exact Match）或者相对放松的匹配（Relaxed Match）。如果采取一定的计算方法，甚至可以得出组件匹配度的数值表示。

一般来说，有必要用到精确匹配的情况很少。例如，在检索的情况下，需要检索出的组件与查询有足够的相关度就可以了；在替换的情况下，需要的是新组件能够满足人们的需求，而不是它与人们的目标完全一致。

9.3.6　参数的语义可推导

参数的语义可推导，即如果一个参数的语义可以推导出另一个参数的语义，则两个参数的语义应该具有什么样的关系。

服务组件的参数分为输入和输出参数（如果是一个函数，输出参数包括返回值）。例如，服务可以表示为 $WS_i(I,O)$，I 和 O 分别表示输入参数集合和输出参数集合。这里考虑参数语义集合之间的关系，无论它是输入还是输出。

（1）单个参数的语义匹配有两种形式：sub-class-of 和 part-of。

"sub-class-of"：A sub-class-of B 表示 A 是 B 的子类。"sub-class-of"具有传递性，如果 C sub-class-of A，A sub-class-of B，那么 C sub-class-of B。例如，参数 A 的语义是 Food（食品），参数 B 的语义是 Consumble（消费品），则参数 A sub-class-of 参数 B。

"part-of"：A part-of B 表示 A 是 B 的一个元素。"part-of"也具有传递性。例如，参数 A 的语义是 Month（一年中的第几月），参数 B 的语义是 Date（日期），通常，Date 的定义是（Year，Month，Day）组合。所以，参数 A part-of 参数 B。

显然，"sub-class-of"和"part-of"关系都可以用以推导参数之间的语义包含关系。如果要求服务 Q（Question）输出是 C（Consumable），而匹配引擎发现服务 S（Service）具有输出 apple，则服务 S 可以作为服务 Q 的一个匹配。同样，服务 Q 如果要求输出是 Month，而匹配引擎发现服务 S 具有输出 Date，则服务 S 可以作为服务 Q 的一个匹配（当然需要拆解参数 Date，从中提取出参数 Month）。

可以看出：对于参数 A 和参数 B，如果 A sub-class-of B 或者 B part-of A，那么 $A \Rightarrow B$。

（2）参数集合的语义匹配形式：A semi-part-of B。

通常情况下，一个软件组件（函数、功能模块等）具有多个输入和输出，所以需要考虑参数集合的关系，一般用向量 $U = \{A_i\}$ 表示参数的集合。

对于两个参数集合 $U = \{A_i\}$ 和 $V = \{B_j\}$，如果遍历集合 U 中的所有参数 A_i，在集合 V 中总能找到参数 B_j，使得 A_i sub-class-of B_j 或者 B_j part-of A_i，那么就有 $U \Rightarrow V$。

事实上，这种判定是不周全的。例如，集合 U 中含有参数的语义是 Year、Month、Day、Hour、Minute；集合 V 中含有语义 Date= struct {Year, Month, Day}，把集合 U 中的多个参数结合起来，可以得出集合 V 的需求参数。而上面的参数集合的导出关系没有包括这种情况。另一种情况是，集合 U 中需要两个参数具有 apple 语义，然而集合 V 只包含一个参数具有 apple 语义，本来集合 V 不应该符合需求，可上面的参数集合的导出关系却没有排除这种情况。

所以，给出参数集合的语义匹配形式"semi-part-of"，其定义如下。

假设有两个集合 U 与 V，如果对于集合 U 中任一个元素 A，总能在集合 V 中找到一个元素 B，使得 A part-of B 或者 B sub-class-of A，那么 A semi-part-of B。显然，"semi-part-of"也具有传递性。

9.3.7 考虑参数语义的匹配算法

如果一个发布的服务能够匹配一个服务请求，则要求至少在某种程度上这个发布的服务能够对这个服务请求有用。也就是说，要求服务发布者能够匹配服务请求者的所有输出，并且要求服务请求者能够匹配服务发布者的所有输入。只有这样，服务发布者才能确保满足服务请求者的需要，而相应的发布服务才能够被激活。

匹配引擎满足的要求是：搜索所有的可能服务；查找匹配程度在给定阈值范围之内的服务；对匹配的服务排序。

针对要求，下面主要讨论四种匹配算法。

算法一：主控制算法。

```
match（request）　{
    recordMatch = empty list
    forall adv in advertisements do {
        if match　（request, adv）　then
            recordMatch.append（request, adv）
}
            return sort　（recordMatch）;
}
```

算法二：输出匹配算法。

```
outputMatch（outputsRequest, outputsAdvertisement）　{
    globalDegreeMatch = Exact
    forall outR in outputsRequest do {
        find outA in outputsAdvertisement such that
        degreeMatch = maxDegreeMatch（outR, outA）
        if（degreeMatch = fail）　return fail
        if（degreeMatch<globalDegreeMatch）
            globalDegreeMatch=degreeMatch
        }
        return sort（recordMatch）
}
```

说明：输出的匹配是对于请求者的每一个输出，都能在发布者的输出集合中找到。

算法三：输入匹配算法。

```
inputMatch（inputsRequest, inputsAdvertisement）　{
    globalDegreeMatch = Exact
    forall inA in inputsAdvertisement do {
        find inR in inputsRequest such that
            degreeMatch = maxDegreeMatch（outR, outA）
            if（degreeMatch = fail）　return fail
            if（degreeMatch<globalDegreeMatch）
                    globalDegreeMatch=degreeMatch
            }
        return sort（recordMatch）
}
```

　　说明：输入的匹配与输出的匹配类似，但方向恰好相反。即输入的匹配是对于发布者的每一个输入，都能在请求者的输入集合中找到。

　　需要指出的是，以上算法实现的仅是单个服务的匹配。实际应用当中，可能存在多个服务一起满足服务请求者的需求。

　　对于两个输出或者输入的匹配程度，主要取决于输入和输出含义之间的关系，例如，一个输出是 AxisPara 的服务请求能够被一个机械臂某轴的运动服务匹配，这个轴的运动服务的输出是 Time 和 Axis_ControPara。其中 AxisPara 本体结构的一个片断如图 9.8 所示。

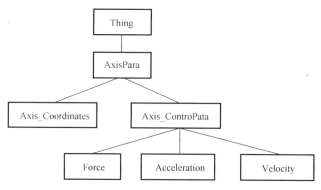

图 9.8　机械臂的轴参数本体结构片断

根据轴参数本体，匹配引擎将会用 Axis_ControPara 匹配 AxisPara，而不会用 Time 匹配 AxisPara，因为 AxisPara 在语义上包含 Axis_ControPara，而 Time 和 AxisPara 却无法找到语义上的相关联系。

算法四：匹配规则（输出）。

```
degreeOfMatch（outR, outA）:
        if outA = outR then return exact
        if outR subclassOf outA then return exact
        if outA subsumes outR then return plugIn
        if outR subsumes outA then return subsumes
        otherwise fail
```

说明：算法中，outR 代表请求服务的其中一个输出，outA 代表发布服务的其中一个输出，匹配程度是由本体的概念树（Taxonomy Tree）的最小距离得到的。

一般来说，根据匹配规则可把匹配分为 4 种等级。

1）exact

毫无疑问，如果 outR=outA，则 outR 和 outA 在语义上等价，记为 exact；另一种情况稍微复杂，如果 outR subclassOf outA，并且是直接子类（Direct Subclass、Immediate Subclass），那么匹配结果仍然是 exact。例如，在上面的 AxisPara 本体意义下，如果一个服务发布者承诺提供所有类型的 Axis_ControPara，那么它能匹配请求的 Velocity 输出。其中，Exact Pre/Post Match 指的是服务的前置和后置条件完全相同。

2）plug in

如果 outA subsumes outR，也就是说发布者的输出集合包含请求者的输入集合，那么发布者可以被插入请求者的位置上。plug in 在匹配程度上弱于 exact，例如，声明提供 AxisPara 的服务发布者可能满足请求某个轴的 Force 控制参数计算的服务，但是却不能保证它恰好能提供需要的参数值，尽管它一定可以实现至少一种参数计算。

3）subsumes

如果 outR subsumes outA，则 outA 仅部分满足需求，要么需要搜寻其他发布的服务，要么降低服务请求的期望。

4）fail

如果 outR 与 outA 没有发现任何语义上的包含关系，则匹配失败。

总之，某一个输出的匹配程度是一个离散的数值，很难有一个可观的度量标准。在定义的四种匹配算法中，exact 是最好的推荐匹配；plug in 很可能会满足请求服务的期望，是较好的匹配；subsumes 只能部分满足期望，属于第三等级；fail 是不可接受的匹配。

输入匹配是低于输出匹配的，匹配引擎显然应该首先满足请求者的期望输出，按输出匹配的程度排序后，如果两个发布服务的输出匹配程度相同，那么进一步比较它们的输入匹配。而输入匹配也可仿照输出匹配划分为四个匹配程度的等级。为了对匹配算法进行合理的评估和匹配，可以使用如下的描述算法。

算法五：匹配程度排序算法。

```
sortRule(match1,match2) {
    if match1.output > match2.output    then    match1 > match2
    if match1.output = match2.output
        & match1.input > match2.input    then    match1 > match2
if match1.output = match2.output
        & match1.input = match2.input    then    match1 = match2
```

另外需要说明的是：在考虑参数语义的情况下，两个匹配服务的输入和输出参数应该具有什么样的关系，可以通过三步来完成。第一步运用本体推理机推导出请求服务和待匹配服务各个参数之间的语义关系；第二步运用组件匹配的规则得出请求服务的匹配程度；第三步按照匹配引擎的需求对选择服务排序和筛选，而这些将在 9.4 节中详细分析。

9.4　语义 Web 服务组合的控制流程实现

9.4.1　总体技术路线

本章针对智能机器人的远程控制问题，选用机械手为例展开实验。主要在考虑参数语义的前提下，提出一个相应的服务组合框架，并利用现有技术实现其中的一些重要模块。

整个控制流程的实现，拟采用的技术路线如图 9.9 所示。

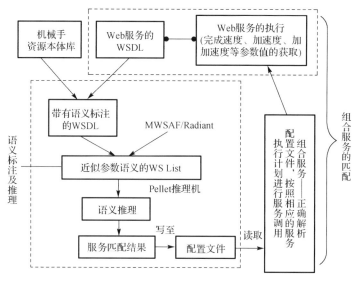

图 9.9   拟采用的技术路线图

由于 Web 服务可以方便地跨平台，并且采用 XML 作为配置文件的形式，所以可以很方便地实现异步调用。考虑到 Web 服务的多输出要求，本章使用 C#语言开发一系列 Web Service 组件；考虑到 OWL FULL 推理机只有 Java 的开源版本，所以使用 Java 语言来开发匹配引擎。

总之，根据前面所设计的基于机械手本体的语义 Web 服务实现模型，首先选用 C#语言实现几个基本的 Web Service；然后通过对组合服务条件的分析，提出服务组合框架，并运用第 8 章的服务匹配方法进行组合服务的配置（其中，匹配过程中的语义推理采用了 Pellet 推理机）；最后根据配置信息动态调用其中的子服务，完成组合服务的执行，并且对所实现的组合服务的匹配和执行过程进行必要的实验验证。

9.4.2 实现 Web Service

1. 建立 Web Service

服务的四大构成要件：Inputs、Outputs、Preconditions、Effects。Inputs、Outputs 是指服务的输入和输出，可以理解为数据的变换；Preconditions、Effects 是指服务的前提条件和效果，即服务执行前应该满足的条件和服务执行后实际产生的效果，可以理解为状态的改变。

因为将要介绍的算法是把服务看成信息源，而不是看成影响事物状态的一系列动作，所以只考虑服务的 Inputs 和 Outputs。

根据 9.4.1 小节的分析，假设负责参数计算的各 Web 服务组件为

（运动轴号，运动指令，输入参数）→（服务开始时间，服务终止时间，输出参数）

需要建立的服务如表 9.1 所示。其中，GetCommunicationService 是一个组合服务，它的主要职能是响应用户需求，查询各 Web 服务组件的具体信息，再把当前可用的 Web 组件服务返回给用户，完成必要的功能调用。

表 9.1　各 Web 服务组件

服务名称	输　入	输　出	意　义
GetCommunicationService	运动轴号 运动指令 控制参数	服务名称的集合	提供当前可利用的服务
GetPosAxisPara	运动轴号 运动指令 控制参数	服务名称 服务开始时间 服务终止时间 轴位移信息	进行轴位移的计算，提供 运行服务的信息
GetVelAxisPara	运动轴号 运动指令 控制参数	服务名称 服务开始时间 服务终止时间 轴运动速度信息	进行轴运动速度的计算，提供 运行服务的信息
GetAccAxisPara	运动轴号 运动指令 控制参数	服务名称 服务开始时间 服务终止时间 轴运动加速度	进行轴运动加速度的计算，提供 运行服务的信息
GetCurrentTimeService	—	当前时间	提供当前时间，可精确到小时

2. Web Service 组合调用过程

服务组合的目的是要生成一个执行计划，这个执行计划不仅指明了应该调用哪些子服务，而且指明了调用的完整流程。在需要完成的组合服务中，它与客户以及其他子服务间的调用顺序如图 9.10 所示。

需要强调的是：

（1）这个顺序图与服务的匹配和组合过程无关，只是组合服务在执行过程中需要完成的动作；

（2）执行这样的动态流程需要一个工作流执行引擎，然而考虑到工程上实现的难度，此处的流程是固定的。

3. Web Service 的开发及调用

Visual Studio.Net 2010 为开发 Web Service 提供了简单易用的开发环境。用户只需要选择工程类型中的 ASP.Net Web 服务，在需要向外以 Web Service 发布的方法前加上<WebMethod()>标签，即可创建简单的 Web Service。同时，ASP.Net Web Service 还可以抛出异常，并且异常抛出后，可以被客户端捕获。

在.Net 2010 体系中，依据开发人员的喜好，可以采用不同的语言来开发 Web Service，但是经过编译后仍会得到同样的执行代码。

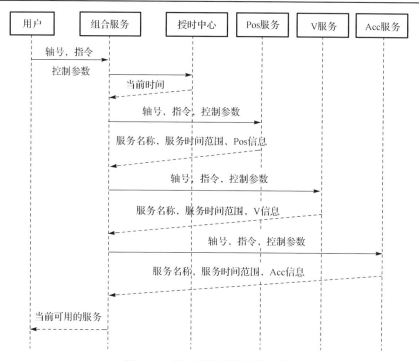

图 9.10　组合服务调用的顺序图

本实验中，选用 C#来开发 Web Service 的原因如下。

（1）C#提供了丰富的类库，可以大大减轻开发者的工作量。

（2）C#支持输出参数，可以使服务组合具有尽可能大的普遍性。

虽然理论上可以使 Java 方法返回 Collection，但使用的 Eclipse3.2 平台不能自动对此种类型序列化，所以这里不采用 Java。

（3）具有用 C#开发基于 Web Service 的智能机器人控制系统的经验。

组合服务中提供服务描述的方法如下。

```
[WebMethod]
public string svGetServiceDescription()
{
    return @"http://localhost/RobotControlWebSite1/CommunicationService.xml";
}
```

Web Service 采用 XML 封装、解封参数和结果，实现的是功能强大的跨网络调用。但是为了增强程序的易调试性，ASP.Net 提供了本地调试 Web Service 的便利。

当开发人员点击运行 Web Service 工程时，Visual Studio.Net 2005 就会在本地开启一个服务进程，同时该进程会任意选择一个空闲的端口监听用户请求。

在 Visual Studio.Net 2010 中，打开一个测试页面，页面中会显示该工程各个服务的链接。单击其中一个链接，将会打开相应服务的页面。如果该服务没有输出参数，并且输入参数只使用了基本类型，则该服务可以比较"智能"地生成一个要求用户输入参数的表单 Web 页面。

单击 Web 页面中的"调用"按钮后，即可以通过该页面向 Web Service 发出请求，并返回结果页面。其中，在每个服务的调试页面中，都给出了调用该 Web Service 时应该发出的 SOAP 消息。

对于开发出的 Web Service，无论 Form 应用程序还是 Web 应用程序，仅需要在项目中添加一个 Web 引用，就能够在程序中增加响应的 Web Service 引用。在需要使用该 Web Service 的地方创建一个存根对象，在该项目程序中，就可以像调用普通函数一样使用该 Web Service。

9.4.3　组合服务的条件

1. 匹配引擎的执行

服务发布者匹配某个服务请求，必须是服务发布者说明能够"足够相似于"服务请求。显然，这里最关键的问题是如何定义"足够相似"。目前来讲，其最有力的解释是：发布者和请求者的服务说明完全一致，即提及的 Exact Pre/Post Match，两个服务的前置和后置条件完全相同。

由于强限制匹配使得匹配引擎只能发现完全匹配的服务，而这样常常会错过绝大多数满足了要求的服务发布。为了达到"相似"，实现令人足够满意的服务匹配，要求弱匹配（Flexible Match）在服务请求者和发布者之间计算出匹配程度，服务请求者向匹配引擎发出匹配请求的同时，给出它认可的匹配程度阈值。如果放松这个阈值，服务请求者就可以得到更多的更弱匹配。

匹配引擎可以作为组合服务的附属部件，但更普通的是，由于需要具备相关领域的专业知识以及搜索所有待选择服务的能力，匹配引擎本身常常也被作为一个服务向外界发布（类似于网页搜索引擎）。当其他的组合服务在更新它的执行计划时，就向匹配引擎的服务发出匹配请求。

在网络环境中，出于商业和其他目的，服务发布者为了得到更多的客户调用，通常声称自己能匹配所有的服务；服务请求者有时也可能声称自己需要所有的服务，而不是准确地说明自己的需求。这样造成的结果是满足要求的服务匹配数目的急剧膨胀。一般来说，为了减轻匹配引擎服务的负担，匹配引擎对要求较低的服务发布者和请求者排至较低的次序。

2. 避免环路调用

Web Service 体系结构的目的是：使互联网并不是网页的堆砌，而是服务的有机体。组合服务需要调用其他服务实现其相应的功能，而其他服务可以是基本服务，也可以是其他组合服务。其中，基本的服务并不依赖于任何其他服务，它们仅向客户发布具有的方法。

通常，把某具体的组合服务作为服务申请者（Requester），而把被调用的服务作为服务提供者（Advertisement）。然而，从全局来看，有些服务可能既是"下层"服务的申请者，同时又是"上层"服务的提供者。显然，这些服务之间是一个网状的调用关系。如果允许"递归调用"，就会存在服务调用自身的情况，形成环状调用关系。

例如，某个组合服务要求获取今年最畅销的小说书名。所用到的四个服务组件分别如下。

WSA: BookName GetBestSellBookName();	//得到最畅销的小说书名
WSB: BookNo GetBestSellBookNo();	//得到最畅销的小说书号
WSC: BookName GetBookName(BookNo);	//根据书号，获取书名
WSD: BookNo GetBookNo(BookName);	//根据书名，获取书号

其中，WSA 是一个组合服务，它的执行计划是：先请求服务 WSB，得到畅销书的 ISBN 后，再由另一个服务 WSC，得到这些畅销书的书名。

WSB 本身也是组合服务，它的执行计划是先请求 WSA 得到畅销书的书名，再由 WSD 得到畅销书的 ISBN 号。

如果服务 WSB 是一个基本服务，那么组合服务 WSA 的执行在理论上可以顺利完成，但 WSB 本身也是组合服务，它们的调用关系如图 9.11 所示。

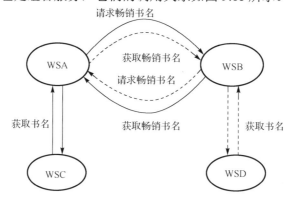

图 9.11　畅销书查询中的服务

可以看出，服务 WSA 的请求中包括服务 WSB，服务 WSB 的请求中也同样包含服务 WSA，它们互相引用着对方。

在执行过程中，组合服务 WSA 的一个实例会激发一个服务 WSB 的调用，而组合服务 WSB 的一个实例启动后，又会向组合服务 WSA 发出调用请求。由于服务器一般允许同时响应多个客户的请求，所以在没有一个现存的规范让服务器判断客户请求的情况下，服务 WSA 并不知道这个请求实际上最初是由于自己的一个实例执行引起的。于是，组合服务 WSA 则重新启动另一个实例完成服务 WSB 的请求。在相当一段时间内，两个组合服务形成的环状调用关系，会不断产生许多实例，直到耗尽服务器上的所有资源。在允许递归调用的情况下，仅一个服务也有可能造成执行灾难。

从全局范围看，造成上面执行灾难的原因是服务之间存在的环路调用。环路调用的出现意味着不良好的服务设计，然而环路调用却是很难避免的。

一是因为无法探测服务之间的调用关系。Web 服务的一个显著优势是它能够很容易地实现分布式的开发和集成（即服务的松耦合性），所以如果不同组织协同实现业务合作，就必然存在调用另一个组织服务的情形，而商业利益却常常会使服务请求方很难获取各服务组件的具体实现细节，也就无法在设计组合服务的执行计划时获知是否存在环路调用。

二是因为随着服务的急剧增多，即使知道了所有服务的调用关系，也无法快速推断出是否存在环路，并且在一个网络中检测环路也需要付出巨大的时间和空间代价。

事实上，为了减少环路调用所造成的执行灾难，可以增加服务的终止条件。也可以在服务的请求中，封装请求者的信息，类似于网络中 TTL（Time To Live）的方法，让组合服务的请求在达到一定深度时抛弃。这样的解决方案需要一些必要的准备工作：如何标示网络中的请求者；如何在协议中封装请求者的信息；如何定义恰当的 TTL；如何让后来的组合服务请求不再进行同样的失败尝试等。而这些正是服务组合流程顺利实现的有利条件和必要保证。目前，避免环路调用的具体实施方案还在不断地探讨当中，在这里不做深入讨论，只是简单假定下面的匹配组合流程中没有造成执行灾难。

9.4.4　组合服务的匹配

目前服务组合的研究十分活跃，各种解决方法也层出不穷。但是大多研究都仅处于理论探讨阶段，并且很多途径都采用逻辑推导的方法来实现，最终通过公式推导完成服务组合的自动求解，而并没有一个公认的比较好的实现方案。

本实验在这个阶段的总体目标是：在仅考虑服务的输入和输出，不考虑服务的事务、缓冲、代价等非功能性需求的情况下，实现服务参数语义上的功能组合。这里没有考虑组合计划的自动生成，事实上是实现服务查找。

1. 基于语义 Web 服务的组合框架

语义 Web 服务组合的目标是：按照待选择服务的参数语义（参数的语义引用一个已存在本体的概念来表示）来实现服务的自动化调用，达到对机器人运动控制流程的自动化处理。其中，如何基于本体来实现 Web 服务语义上的匹配组合是一个技术难点。

针对上述目标，对语义 Web 服务的组合框架进行构建。其中，组合服务的外部视图如图 9.12 所示。

从服务的外部实现过程来说，图左边

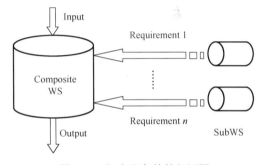

图 9.12　组合服务的外部视图

的组合服务模块可以看成资源的协调者，负责接收服务使用者的输入信息，然后从若干个子服务中得到它的需求，并将输出结果返回给客户，从而完成组合功能。

从内部的实现过程，组合服务一般需要分为两个过程来完成对外的功能，如图 9.13 所示。

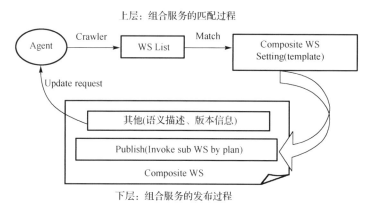

图 9.13　组合服务的内部视图

一是匹配过程：组合服务按照用户的需求从相关领域的服务中找出含有与本次匹配相关的语义服务（服务的搜索阶段 Crawler）；然后对搜索到的每个服务（记录于 WS List）进行分析，把它们的语义与本次的服务请求进行比较，将备选服务的参数语义本体载入本体的推理机（OWL Reasoner）进行推理，查看是否满足用户的某个需求（服务的匹配阶段 Matcher）；最后对符合需求的子服务进行排序，记录下服务的语义描述、版本等调用信息后存入配置文件（服务的记录阶段 WS Setting）。

二是发布过程：该过程是服务的执行过程。当收到一个客户的调用后，组合服务首先读取配置文件；然后按照一定的流程对配置文件中指明的子服务进行检查和调用；最终把子服务的结果经过恰当的计算返回给客户；并将该组合服务针对自己的语义描述和版本等控制信息提供给外界。

2. Crawler 过程

组合服务框架中，Crawler 阶段的最终目的是从机器人控制领域服务中找出含有与用户需求相匹配的相关语义服务。

针对 Crawler 过程，一个比较完整的实现流程参考图如图 9.14 所示。

由于一个服务可以提供多个方法，所以令其中一个方法的声明如下。

```
[WebMethod]
    public string svGetServiceDescription()
    {
        return @"http://localhost/Webservice/WebSite1/ GetVelAxisPara. xml";
    }
```

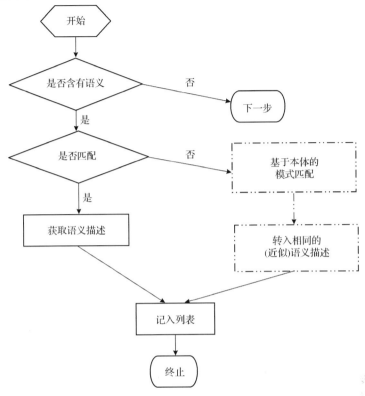

图 9.14　Crawler 过程参考流程图

其中，GetVelAxisPara.xml 是 Web 服务的相应描述文件，其内容如下。

```
<?xml version="1.0" encoding="utf-8"?>
<ServiceDescription Source="http:// localhost /Webservice/WebSite3/GetVelAxisPara.asmx">
<OWL Domain="http:// localhost/Webservice/uddi/RobotControl.owl"/>
  <Operation Name="svGetVelParaService" Class="GetVelService">
    <InputParam>
      <Knowledge>
        <Parameter Name=" strRouteAxisRecord " Type="string" OwlClass="AxisRecord" />
        <Parameter Name=" strLeftMotion " Type="string" OwlClass="LeftMotion" />
      </Knowledge>
    </InputParam>
    <OutputParam>
      <Return>
      </Return>
      <Param>
        <Parameter Name="strRobotServiceName" Type="string" OwlClass=" RobotControl
Service" />
```

```
        <Parameter Name="dtServiceStartTime" Type="DateTime" OwlClass="ServiceStartTime
PerDay" />
        <Parameter Name="dtServiceEndTime" Type="DateTime" OwlClass="ServiceEndTime
PerDay" />
        <Parameter Name=" strControlParaValue" Type="float" OwlClass="ControlPara" />
    </Param>
  </OutputParam>
  </Operation>
```

可见，服务的描述文件是一个 XML 文档，它的根节点是 ServiceDescription，并且一定含有一个子节点 OWL，其中的 Domain 属性值指向一个 OWL 文档，如 Robot Control.owl。

OWL 文档描述了一个具体领域的本体，它的 URL 地址可以作为本体的唯一标志。如果匹配引擎发现这个 URL 在它的相应领域的 OWL 列表中，说明这个服务含有与这次匹配过程相符的语义；如果不在，也不能说明语义完全不一致，可以根据本体定义的层次结构和本体映射理论，进一步判断是否属于相近的语义。

本体映射是把两个本体在概念层次上联系起来，根据它们的语义关系，把源本体的概念变化到目标本体。由于常常无法获得足够的待选择服务的参数本体实例，这里只考虑基于计划（Schema-based）的本体映射。

本体的定义形式一般如下。

```
owl:Class rdf:about="# Velocity">
    <rdfs:subClassOf rdf:resource="# RobotControl Service "/>
  </owl:Class>
  <owl:Class rdf:about="#SystemTime">
    <rdfs:subClassOf rdf:resource="#Time"/>
  </owl:Class>
  <owl:Class rdf:about="#Acceleration">
    <rdfs:subClassOf rdf:resource="# RobotControl Service "/>
  </owl:Class>
    …
```

如果知道语义相近的本体具有部分相同的 Class，就从这些 Class 出发，使用本体映射（Schema-Based Ontology Mapping），可以进一步推导出其他不相同的 Class 的语义关系。这样就可以解决请求服务和发布服务的参数语义定义在相近但不相同的 OWL 上的匹配问题，把参数语义的模糊关系用三元组或者矩阵记录下来，如（Velocity，VelPara，0.9）就意味着定义在不同 OWL 上的 Velocity 和 VelPara 具有 90%的语义相似度，一个请求 Velocity 参数输出的服务请求可以近似使用输出 VelPara 的服务。

最终，匹配引擎在 Crawler 阶段尝试调用每个服务的 svGetServiceDescription()方法。如果成功，将匹配结果写入具有相近语义服务的 WS List 文件 Robotregister.xml 中；如果失败，则说明这个服务不是我们期望的语义服务。

因为没有实现本体映射，所以本次实验没用判断待选择服务的参数语义是否定义在 RobotControl.owl 上，而是在给出的 Robotregister.xml 文件中事先记录了提供"机器人控制参数计算"的相关 Web Service，如图 9.15 所示。

图 9.15　具有相近语义的服务

3. Matcher 过程

Matcher 阶段的最终目的是分析来自 Crawler 过程搜索到的每个服务，把它们的语义与本次服务请求作比较，并且把匹配结果写入组合过程的配置文件。

针对 Matcher 过程，一个比较完整的实现流程参考图如图 9.16 所示。

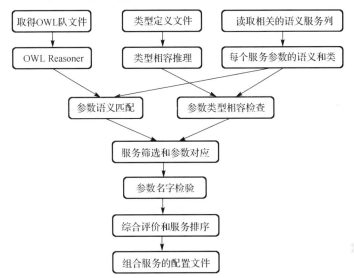

图 9.16　Matcher 过程参考流程图

Matcher 过程首先要把备选服务的参数语义本体载入本体推理机（OWL Reasoner），本次实验采用的是基于 Java 开发的 Pellet 推理机。类型定义文件中记录了匹配引擎知道的可用参数类型，用于说明可转换类型之间的关系。

如以下类型转换关系。

（1）int　→ long　　　　0.2;

　　int　 → float　　　　0.6。

（2）Semicolon delimited string → string[]。

　　类型转换（1）中说明了 int 类型可以转换为 long 类型和 float 类型，后面的 0～1.0 之间的数值为类型转换的准确率，从 int 到 long 比从 int 到 float 要准确些。

　　类型转换（2）描述了分号隔开的字符串到字符串数组之间的转换关系，如

　　　"Force; Velocity; Acceleration" → {"Force"," Velocity"," Acceleration"}

　　需要强调的是：所有服务的参数类型必须能在类型定义文件中找到，否则匹配引擎无法让组合服务以恰当的方式访问这个参数。

　　在"参数语义匹配"和"参数类型相容检查"阶段，匹配引擎分别对参数的语义和类型进行检查，判断其是否匹配。其中，语义匹配是决定性的，而对类型匹配的情况也需要仔细检查，如 bool 和 string 一般认为不匹配，但如果某个服务定义字符串"true"（或者"T"）代表 true，"false"（或者"F"）代表 false，在这种约定下，两个类型就可以相互转换。

　　"服务筛选和参数对应"阶段，主要针对服务参数的语义和类型的匹配结果，将不匹配或者匹配程度小于给定阈值的发布服务直接丢掉，得到相匹配的服务和请求服务之间的参数对应关系。

　　一般说来，对于相似语义的参数，人们倾向于使用相似名称。"参数名字检验"的目的就是进一步按照名字的相似性推断语义相似性，例如，可以采用相应算法衡量两个名字字符串的距离和相似度。

　　最后，按照语义匹配程度、类型匹配程度、名字的相似程度以及参数整体的相似程度，采用一定的规则综合评价两个服务的匹配程度，对这些匹配服务进行排序，并将结果纪录到组合服务的配置文件中。本实验中，将匹配结果记录于 RobotControl.setting 配置文件中。

9.4.5　语义推理

　　在 Crawler 和 Matcher 过程中，涉及两个重要环节：

（1）为各 Web Service 组件添加语义信息；

（2）把备选服务的参数语义本体载入本体推理机（OWL Reasoner）进行推理，获取匹配结果。

　　本实验采用 NWSAF 或 Radiant 为各 Web Service 添加语义信息；采用 Pellet 推理机对各 Web Service 组件的语义关系进行分析，实现语义推理。

　　1. OWL 语言及其推理机制

　　在实际运用中，常会考虑 OWL 的表示能力和计算能力，即是否能够实现完整的定义和计算机的完全自动计算。由于计算机本身的极限，以及现今社会中不可计算性的问题存在，从表示能力和计算能力考虑，将 OWL 分为 3 个子语言：OWL-Lite、OWL-DL、

OWL-Full，它们的语义表达能力逐渐增强（关键词越来越多，限制越来越少），推理能力逐渐减弱。

1）OWL-Lite

从语法上说，OWL-Lite 是最容易使用的。但是其功能限制比较多，只提供最小的表达能力和最强的语义约束，适用于仅需要层次式分类结构和少量约束的本体。如果某本体中类的层次结构很简单，且只有简单的约束，就很适合使用它来描述本体。例如，在需要把一个已存在的辞典移植到另一个差不多简单的概念层次时，OWL-Lite 就可以做得又快又好。因为语义较为简单，所以 OWL-Lite 还比较容易被工具支持。

2）OWL-DL

OWL-DL 得名于它的逻辑基础——描述逻辑，和 OWL-Lite 相比，其表达能力要丰富许多，并能兼顾表达能力和可计算性。它几乎支持所有的 OWL 语法结构，且在 OWL-Full 之上加强了语义约束，使得能够提供较强的计算完备性（即任何结论都确保通过计算得到）和可判定性（即所有结论都保证在有限时间内得到）。

3）OWL-Full

OWL-Full 提供最丰富的表达能力和最大的 RDF 语法自由度，支持 OWL 的全部语法结构，但没有可计算性保证。因而，比较适合在那些对表达能力要求高，却不用太关心可判定性（Decidability）或是计算完全性的场合下使用。但是，由于 OWL-Full 自身表达能力太强，所以其表示的本体基本很难不能实现自动推理。

显然，OWL-Lite 是表达能力最弱的语言，OWL-Full 表达能力最强，而 OWL-DL 的表达能力则介于它们之间。也可以认为 OWL-DL 是 OWL-Lite 的扩展，而 OWL-Full 是 OWL-DL 的扩展。

OWL 基本上是基于描述逻辑来实现推理的。描述逻辑是一种基于对象的知识表示的形式化，又称概念表示语言或术语逻辑。一般来讲，描述逻辑中的推理问题基本上都可归结为可满足性问题，而可满足性问题是可判定的，但由于构造方法的不同，其复杂性也存在一定的差异。

OWL-DL 和描述逻辑有着良好的映射，可以借用描述逻辑的推理机，如 Pellet、Jena、Racer 等，完成 OWL 的推理问题。

2. 推理过程及结果

本实验中，Web Service 参数的语义是引用同一个本体的 Class 来表示的，它们之间的关系采用 Pellet Reasoner 进行推导，推理流程如图 9.17 所示。

首先，可以采用 Java 语言开发出的 NWSAF 或 Radiant（Meteor-s Web Service Annotation Framework）来为各 Web Service 添加语义信息。NWSAF 或 Radiant 都是基于 Java 的一种代码框架，用户可以将 Web Service 和相应的*.owl 本体库文件一起导入运行界面中，程序运行后即可以完成由*.owl 本体库中的 Class 对相应 Web Service 的语义描述文件 WSDL 进行语义标注。

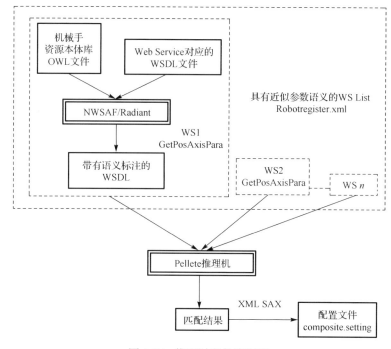

图 9.17 推理过程的流程图

然后，针对具备语义标注的结果文件，选用基于 Java 开发的 Pellet 推理机，对本体及语义 Web 服务描述等资源信息进行推理。Pellet 是一个开源的 OWL-DL 推理机，它能够通过 Jena 或者 OWL-API 进行调用，在很大程度上满足用户的实际需求。Pellet 可以完成的主要功能如下。

（1）检查本体的说明；

（2）检查多个本体之间的一致性；

（3）对术语（概念）分类；

（4）检查本体的继承性；

（5）回答 RDQL 的一个子集查询（ABox Queries in DL Terminology）。

由于 Pellet 推理机暂无 C#版本，所以本实验的匹配过程是在 Eclipse 3.2 平台下用 Java 语言实现的。

最后，匹配结果采用 XML 描述，记录于 RobotControl.setting 配置文件中，其配置文件中的核心代码如下。

```
<requirement>
    <group multiple="False">
      <Target>
        <parameter Name="CurrentTime" Type="int" Owlclass="CurrentTime" />
      </Target>
```

```
<Match URL="http://localhost/RobotControlWebSite2/GetCurrentTimeService.asmx"
Class="GetCurrentTime" Method="svGetCurrentTime">
    <Input/>
    <Output>
      <Alignment>
        <consumer Name="CurrentTime" Type="int" Owlclass="CurrentTime" />
        <provider Name="" Type="int" Owlclass="CurrentTime" />
      </Alignment>
    </Output>
  </Match>
</group>
<group multiple="True">
  <Target>
    <parameter Name="ControlParaValue" Type="string" Owlclass="ControlPara" />
    <parameter Name="StartTime" Type="DateTime" Owlclass="ServiceStartTimePerDay" />
    <parameter Name="EndTime" Type="DateTime" Owlclass="ServiceEndTimePerDay" />
  </Target>
  <Match URL="http://localhost/RobotControlWebSite3/GetVelAxisPara.asmx" Class=
  "GetVelPara" Method="svGetVelPara">
    <Input>
      <Alignment>
        <consumer Name="RobotAxisRecord" Type="string" Owlclass="AxisRecord" />
        <provider Name="strRobotAxisRecord" Type="string" Owlclass="AxisRecord" />
      </Alignment>
      <Alignment>
        <consumer Name="LeftMotion" Type="string" Owlclass="LeftMotion" />
        <provider Name="strLeftMotion" Type="string" Owlclass="LeftMotion" />
      </Alignment>
    </Input>
    <Output>
      <Alignment>
        <consumer Name="ControlParaVelValue" Type="string" Owlclass="ControlPara" />
        <provider Name="strControlParaVelValue" Type="string" Owlclass="ControlPara" />
      </Alignment>
      <Alignment>
        <consumer Name="StartTime" Type="DateTime" Owlclass="ServiceStartTime
PerDay" />
        <provider Name="dtServiceStartTime" Type="DateTime" Owlclass="ServiceStart
TimePerDay" >
      </Alignment>
      <Alignment>
        <consumer Name="EndTime" Type="DateTime" Owlclass="ServiceEndTime
```

```
PerDay" />
        <provider Name="dtServiceEndTime" Type="DateTime" Owlclass="ServiceEnd
TimePerDay" />
      </Alignment>
    </Output>
  </Match>
```
……

9.4.6　组合服务的执行

组合服务的匹配过程完成之后，把配置结果文件 RobotControl.setting 放入一个约定的地址，如 C:\。当收到一个客户的调用命令后，组合服务就在恰当的时候调用配置文件中指明的子服务，并将返回的结果经过处理后回馈给客户。

从客户角度看，组合服务的执行过程和基本服务几乎完全一致（除了速度上的略微差异），客户根本无需知道他调用的是组合服务还是基本服务，因为服务执行过程对客户是完全透明的。

　　1.　组合服务的配置信息

一般来说，一个组合服务需要调用多个子服务以满足它的需要。在本实验中，机械手控制服务就需要调用获取当前时间的服务、各控制参数计算的服务等。

这些需求都被记录在组合服务配置文件的<requirement>的各<group>节点的<target>子节点中。当匹配过程结束后，组合服务可能会找到多个相匹配的服务，并将每个匹配服务的调用信息（如版本、输入/输出参数等）都记录在<group>的<match>节点下。

对于每个<match>节点，URL 标示了相应子服务的地址；Class 是子服务的名称（同时也是 C#的类名）；Method 是具体的方法名称。每个<alignmen>节点记录了每个子服务（服务提供者）与服务请求者间每个参数的对应关系。

　　2.　服务的动态调用与自适应

如果在动态调用的过程中，组合服务发现某一个子服务无法访问，它还可以继续调用配置文件中的下一个备选服务（如果存在），这就是所谓的自适应过程，可以有效地避免组合服务的失败返回。

9.4.7　实验结果与评价

　　1.　实验结果验证

在本机调试组合服务，输入组合服务 GetCommunicationService 的链接地址 http://localhost/RobotControlWebSite1//GetCommunicationService.asmx，打开一个服务的测试页面，如图 9.18 所示。

图 9.18　本地 ASP.NET 服务调试图一

选中图 9.18 页面中的操作方法 svGetAvailablePara，服务即"智能"地生成一个要求用户输入参数的表单，如图 9.19 所示。

图 9.19　本地 ASP.NET 服务调试图二

在轴号 RobotAxisRecord 和运动命令 Motion 中分别输入"1"和"left"（意义为 1 号轴向左转）。执行后，转至图 9.20 所示页面，得到"轴位移:18；运动速度:6；运动加速度:8；"。

图 9.20　组合服务执行结果

若停止"轴位移参数值获取服务"，重新运行匹配过程后，这时执行结果变为"运动速度:6；运动加速度:8；"。

若改变"速度参数值获取服务"的语义描述，例如，将参数 strLeftMotion 的 OwlClass

从 LeftMotion 改为不相关的 ServiceEndTimePerDay，重新运行匹配过程后，这时执行结果会变为"轴位移:18；运动加速度:8；"。

2. 实验结果评价

通过对所实现的组合服务的匹配和执行过程的实验验证，表明如下几点。

（1）选用 NWSAF / Radiant 对 Web Service 的 WSDL 文件进行语义标注的方法是可行的。

（2）各 Web Service 组件间的关系选用基于 Java 开发的 Pellet Reasoner 进行推导，并将推理结果写至配置文件的方案是合理有效的，基本实现了针对本体及各语义 Web 服务描述等资源信息的推理。

（3）所构建出的基于本体类的语义 Web 服务实现模型及其服务的组合框架在实验中得到了验证，实验结果表明：匹配过程能够从当前可利用的服务列表中挑选出具有正确参数语义的子服务；组合过程也能够根据匹配过程配置的执行计划正确调用相应的服务。

（4）实验基本完成了语义 Web 服务功能组合的控制流程实现，达到了客户端与 Web Service 各组件之间实现异步通信的目标。

可以看出，本实验最终按照服务匹配的结果完成了组合服务的执行，实现了一个小范围的应用，并为今后实现智能化的远程智能机器人控制系统提供实践依据和技术参考。

参 考 文 献

曹文. 2007. 基于磁阻传感器的地磁信号检测[D]. 武汉：华中科技大学.

陈伟. 2006. 基于温度器件检定的高精度温度控制系统的研究与实现[D]. 南京：东南大学.

但永平. 2005. 基于GPRS的多要素自动气象站[D]. 郑州：郑州大学.

范军太，王晋. 2011. 微机保护装置抗干扰性措施的一点研究[J]. 科学之友，24:30-31.

复杂网络的基础知识[OL]. http://wenku. baidu. com/view/37da00ece009581b6bd9eba1. html.

高涛. 2006. 基于Vxworks实时操作系统的电力负荷控制终端的研究[D]. 武汉：华中科技大学.

高占凤. 2010. 大型结构健康监测中信息获取及处理的智能化研究[D]. 北京：北京交通大学.

龚瑞昆. 2001. 改善传感器特性的软件处理方法[J]. 传感器世界，02:43-47.

龚瑞昆，李奇平. 2002. 改善传感器特性的软件处理方法[J]. 自动化仪表，06:8-11.

龚元明，萧德云，王俊杰. 2002. 多传感器数据融合技术（上）[J]. 冶金自动化，04:4-7.

管天云. 1998. 多传感器信息融合研究[D]. 杭州：浙江大学.

郭润龙. 2009. 基于RBF神经网络与D-S证据理论的数据融合方法及应用研究[D]. 哈尔滨：东北林
    业大学.

国内第一本深入剖析云计算技术的教材《云计算》[OL]. http://wenku. baidu. com/link?url=GkYkdffW7C9
    hj1UUxkSJVn0AzhbAQzseQk3ilbh02vRcF-giJlMR9Nr95NvdGGPATWtXEnG3eytHz7cpg2zY2V
    M8t54aM3ltygYBSoKG0y.

胡炎华. 2007. 野外油气管道监测的无线传感器网络协议研究与设计[D]. 南京：南京理工大学.

华韡. 2008. 激光驾束制导仿真测试系统的研究[D]. 南京：南京理工大学.

黄惠宁，刘源璋，梁昭阳. 2010. 多传感器数据融合技术概述[J]. 科技信息，15:72-73.

黄伟. 2005. 本体构建与语义集成研究[D]. 南京：东南大学.

计算机总线技术基础知识[OL]. http://wenku. baidu. com/link?url=Gqqyl43zsjwRTjWJwh7dQTa0hXMZa
    4kDSHOFmyexQLzL3UigsuUSaxwx5W2z3uG2IH2TZojRNKYUCdTCA-ok283lBA4HjL4qeqBT-
    Vl6zqK.

琚新刚. 2004. 智能气压传感器系统的研制[D]. 郑州：郑州大学.

雷海霞. 2008. 网络化传感器与多传感器数据融合技术的应用研究[D]. 重庆：重庆大学.

李飞. 2006. 控制网与信息网的数据融合[D]. 阜新：辽宁工程技术大学.

李光. 2008. 基于分簇的无线传感器网络路由协议的研究[D]. 哈尔滨：哈尔滨工程大学.

李红. 2008. 基于Zigbee的无线传感器网络的研究[D]. 武汉：湖北工业大学.

李倩. 2012. 基于MapReduce模型的eMTM三维人体模型生成引擎[D]. 上海：东华大学.

李彦岑. 2006. 无线传感器网络数据感知节点与接入汇聚技术研究[D]. 南京：东南大学.

李正晓. 2005. IEEE 1451网络化智能传感器的研究[D]. 北京：国防科学技术大学.

刘东栋. 2007. 一种VxWorks内存管理方案[J]. 电子科技，02:63-65.

刘杰. 2004. 一种大功率除尘电源的研究[D]. 武汉：武汉大学.

刘荣利. 2008. 巴克豪森噪声技术检测管道压力的研究[D]. 北京：北京化工大学.

刘玮. 2007. 基于 VxWorks 的声卡驱动及音频数据压缩算法研究[D]. 哈尔滨：哈尔滨工程大学.

刘小康. 2005. 基于电气制导与误差修正的几何量计量新方法及新型栅式智能位移传感器研究[D].
　　重庆：重庆大学.

刘亚雄. 2012. 基于数据融合的无线传感器执行器网络数据可靠传输[D]. 上海：上海交通大学.

刘幺和. 2011. 物联网原理与应用技术[M]. 北京：科学出版社.

刘幺和，宋庭新. 2008. 语音识别与控制应用技术[M]. 北京：科学出版社.

马奉先. 2009. 基于农田环境的无线传感器网络 LEACH 协议的改进研究[D]. 南京：南京农业大学.

马小静. 2006. 基于音频适配器的流体参数传输系统研究[D]. 重庆：重庆大学.

倪霞. 2011. 基于 CC1000 的无线传感器网络节点的研究与设计[D]. 武汉：湖北工业大学.

宁国勤. 2002. 激光打标控制系统的研究与实现[D]. 武汉：华中师范大学.

潘建. 2001. 霍尼威尔 PPT 智能压力传感器及其应用[J]. 国外电子元器件，12:9-12.

嵌入式操作系统 VxWorks 简介[OL]. http://wenku. baidu. com/link?url=PTplTe3PWnW466QhZYUWkB
　　fhzq3XGxrvmowIQSH1SXc0bUszOiVX86vBNPkU_PKYTzyPVpVVB-Iq2XXXdW5v3b8oz0bbm_
　　m32QtVx0i1BZW.

嵌入式系统：后 PC 时代的擎天之柱[OL]. http://www. yesky. com/485/207485_1. shtml.

沈国海，穆斌，胡学钢. 2004. 语义 Web 本体及本体库系统设计技术[J]. 微机发展，07:125-128.

宋先红. 2003. VxWorks 下嵌入式数据采集与控制系统的研制[D]. 西安：西北工业大学.

所认识的嵌入式[OL]. http://wenku.baidu.com/link?url=6Pcahq57tus_GgEjROyZIqsBt_ecX8QPhu8xJlCf
　　OkveB6xXMr0vwzCy3pMHlSlxmnIBDzWi4Zi3m6ygOQc2v8pC3hTGZprO5bma5K36lp.

谭斌. 2012. 基于服务的数据挖掘关联规则技术的研究[D]. 武汉：湖北工业大学.

谭振江. 2003. 多传感器光测系统数据融合技术的应用研究[D]. 长春：中国科学院研究生院长春光学
　　精密机械与物理研究所.

唐晓茜. 2009. 多传感器螺栓预紧检测方法研究[D]. 杭州：浙江工业大学.

陶炎焱，黄会雄. 2006. 单片机测控系统中的数字滤波器设计[J]. 湖南工业职业技术学院学报，
　　02:21-22，56.

田丽. 2010. 基于玻莫合金磁阻传感器的三维磁场测量系统的设计[D]. 大连：大连交通大学.

田培军. 2009. 语义 Web 和本体关键技术的研究及应用[D]. 武汉：湖北工业大学.

田培军，刘幺和，谭保华. 2008. 基于语义本体的检验医学信息系统的研究[J]. 计算机应用研究，
　　12:1790-1792.

田武锋. 2008. 基于统计方法研究复杂网络的演化特性[D]. 武汉：武汉理工大学.

屠乃威. 2005. 多传感器信息融合技术在矿井环境监测系统中的应用研究[D]. 阜新：辽宁工程技术大学.

王程. 2005. 汽车燃油蒸发污染物排放测试及控制技术研究[D]. 南京：南京理工大学.

王剑波，龙华伟，兰波，等. 2008. 某型地空导弹发控车车载测试系统抗干扰设计分析[J]. 计算机测
　　量与控制，05:684-687.

王金选. 2004. 智能控制技术在智能建筑中的应用[D]. 泉州：华侨大学.

王锦江. 2007. 农药变量施药控制系统研究[D]. 北京：中国农业机械化科学研究院.

王磊. 2006. 基于嵌入式操作系统 VxWorks 的 NAT 网关研制[D]. 北京：北方工业大学.

王莉，于盛林，严仰光. 2001. 多传感器信息融合结构及其实现[J]. 仪器仪表学报，S2:279-280，299.

王瑞鹏. 2009. 某便携式制导武器靶场记录系统研究[D]. 济南：山东大学.

王耀南，李树涛. 2001. 多传感器信息融合及其应用综述[J]. 控制与决策，05:518-522.

网络爬虫[OL]. http://baike.baidu.com/link?url=F3HaKkdNWT2ldrJqP-BkCA_SfrTtuEBvInXri1kaUW9BPn
　　　PUJ_H2-HPopSLFkni6Ntel2OOeaW6tzZ70pmvQK.

网络爬虫[OL]. http://blog. sina. com. cn/s/blog_4df9b70901009a9v. html.

网络爬虫基本原理[OL]. http://www. cnblogs. com/wawlian/archive/2012/06/18/2553061. html.

未来的电子技术就是嵌入式系统技术的天下[OL]. http://www. docin. com/p-251547698. html.

吴聪聪. 2007. 基于本体的专业搜索引擎的研究[D]. 天津：天津大学.

吴丹. 2012. 基于本体的服务搜索引擎关键技术研究[D]. 成都：电子科技大学.

吴敏. 2009. 小世界神经元网络的同步和随机共振[D]. 兰州：兰州理工大学.

吴强. 2008. 基于 LabView 的远程多路测温系统的设计与实现[D]. 上海：华东师范大学.

吴彤. 2004. 复杂网络研究及其意义[J]. 哲学研究，08:58-63，70.

吴紫峰. 2002. 差压传感器智能化技术研究[D]. 哈尔滨：哈尔滨工程大学.

夏辉丽. 2008. 基于语义本体的工业机器人控制系统关键技术研究[D]. 武汉：湖北工业大学.

夏辉丽，刘幺和，宋庭新. 2008. 面向机器人远程控制的本体建模及应用研究[J]. 计算机仿真，
　　　09:86-88，103.

邢洲. 2005. 低压电容补偿智能控制装置[D]. 太原：太原理工大学.

许鹏远. 2007. 复杂网络上的传染病模型研究[D]. 大连：大连海事大学.

薛永存. 2008. 新型煤与瓦斯突出预测系统研究[D]. 阜新：辽宁工程技术大学.

易大川. 2007. 非集成化智能传感器系统电磁兼容技术研究[D]. 成都：电子科技大学.

硬件工程师教程[OL]. http://www. docin. com/p-53432424. html.

云计算系统实例与研究现状[OL]. http://wenku. baidu. com/link?url=V3QsIuJcZtABhrdhDhkFrbAc98fM3
　　　siZzmoqpfxCXYgRdnaqwu2kmduKKqFclvw8T8m1RzrViUOa28LIAUFa_InZTmVPm4oWzoWM1Ij
　　　6VM7.

张超. 2007. VxWorks 操作系统在雷达信号处理中的应用[D]. 西安：西安电子科技大学.

张素妍. 2004. 粗糙集理论在数据融合中的应用研究[D]. 北京：北京化工大学.

张天恒. 2010. 直线式时栅位移传感器实验方法与精度研究[D]. 重庆：重庆理工大学.

张学辉. 2005. 一种基于 ARM 的无线家庭网关的研究与实现[D]. 西安：西安建筑科技大学.

张永豪. 2009. 无线传感器网络平台设计与开发[D]. 南京：南京理工大学.

张铮，涂汉雾，杨光友. 2010. 基于无线传感器网络的环境参数测量仪设计[J]. 计算机测量与控制，
　　　07:1694-1696，1700.

章春华. 2012. 无线传感器网络 LEACH 路由协议研究与改进[D]. 武汉：湖北工业大学.

赵丹丹. 2007. 多传感器数据融合在目标识别中的应用研究[D]. 太原：太原理工大学.

赵志冲. 2010. 几类典型期刊作者群虚拟阅读行为的建模与分析[D]. 武汉：武汉纺织大学.

者明礼. 2002. 智能化光纤传感测温系统的研制[D]. 西安：中国科学院研究生院西安光学精密机械研究所.

郑阳. 2010. 连锁故障传播机理及搜索模型的研究[D]. 北京：华北电力大学.

周谷. 2009. 基于 VxWorks 的机载雷达模拟吊舱软件的设计与实现[D]. 南京：南京理工大学.

周海平. 2009. 复杂网络的演化模型及传播动力学研究[D]. 贵阳：贵州大学.

朱大智. 2006. 基于度分布的复杂网络拓扑结构建模研究[D]. 北京：国防科学技术大学.

MongoDB 的基本特性与内部构造[OL]. http://jingyan. baidu.com/article/6f2f55a199ef95b5b93e6c1d. html.

MongoDB 快速入门教程[OL]. http://wenku. baidu. com/link?url=qmrPPsRjENp5vUNGwfwdYYG20l-Cqr3oC5-jLgfVLksVCopMgIcnONlXmI56p8aHMpr5aUoK6qgy8jBkaf1rk2SXt6vn3SYdnOsgnW0 EZaK.

Spider 软件产品[OL]. http://baike. techweb.

University of Georgia [EB/OL]. Http://protege. stanford. edu/.

WinCE 介绍[OL]. http://wenku. baidu. com/view/63bfce15866fb84ae45c8dc9. html.